书籍设计

主编 赵成波 蔡婷婷

参编 徐倩 任重 张萌 刘雨桥 关静 周雷 韩丽萍 关春阳 于海宁 薛冰倩

北京理工大学出版社
BEIJING INSTITUTE OF TECHNOLOGY PRESS

内容提要

本书详细介绍了书籍设计的历史脉络和发展过程，总结了书籍设计的流程和基本原则。通过讲解书籍设计从整体到局部、从外部到内部、从平面到立体、从传统到创新的过程，对书籍整体设计进行了剖析和总结，建立了全面的书籍设计知识框架。本书理论知识与经典案例剖析相结合，图文并茂，可以帮助学生更好地理解和掌握书籍设计的实践技巧。

本书可作为高等院校艺术设计相关专业的教材，也可为从事相关专业的教育工作者和设计人员，以及对书籍设计感兴趣的社会人员提供参考。

图书在版编目（CIP）数据

书籍设计 / 赵成波，蔡婷婷主编.--北京：北京理工大学出版社，2024.4

ISBN 978-7-5763-3064-9

Ⅰ.①书…　Ⅱ.①赵…②蔡…　Ⅲ.①书籍装帧－设计－高等学校－教材　Ⅳ.①TS881

中国国家版本馆CIP数据核字（2023）第209827号

责任编辑：王梦春　　文案编辑：杜　枝
责任校对：刘亚男　　责任印制：王美丽

出版发行 / 北京理工大学出版社有限责任公司
社　　址 / 北京市丰台区四合庄路6号
邮　　编 / 100070
电　　话 / （010）68914026（教材售后服务热线）
（010）68944437（课件资源服务热线）
网　　址 / http：//www.bitpress.com.cn

版 印 次 / 2024年4月第1版第1次印刷
印　　刷 / 河北鑫彩博图印刷有限公司
开　　本 / 889 mm × 1194 mm　1/16
印　　张 / 10
字　　数 / 312千字
定　　价 / 89.00元

前言

书籍作为知识的载体，一直在为人们提供着无尽的智慧和启迪。随着科技的不断发展，以及人们阅读习惯的改变，书籍的设计也在不断地演变和创新。人们在阅读书籍获取知识的同时更加关注书籍能够提供的其他感官体验：创新的形态、翻阅的乐趣、美感的传递等。书籍设计作为一种艺术和科学的结合，越来越受到人们的关注。这也对书籍设计者提出了更高的要求。中国悠久的历史文化底蕴使得书籍设计在各个历史阶段都有着独具魅力的结构形态。从古至今，在不同阶段都在寻找适合当下书籍的结构、材料及工艺，使其在各个时期都有独具特色的艺术形式。时至今日对现代书籍设计的影响都极为深远。当代设计者应大胆尝试创新书籍设计形式，拓展空间，应用新技术创作出符合当下时代发展与审美需求的书籍作品。

本书旨在探讨书籍设计的理念、设计方法和创新实践，提高书籍的视觉美感和阅读体验，为当代书籍设计提供系统的知识体系参考。本书可作为高职高专院校艺术设计相关专业的教材，也可为从事相关专业的教育工作者和设计人员，以及对书籍设计感兴趣的社会人员提供学习和参考。

本书详细介绍了书籍设计的历史和发展过程，总结了书籍设计的流程和基本原则。通过从整体到局部、从外部到内部、从平面到立体、从传统到创新的过程对书籍整体设计进行了剖析和总结，建立了全面的书籍设计知识框架。本书理论知识与经典案例剖析相结合，图文并茂，可以帮助学生更好地掌握书籍设计的实践技巧。通过学习本书的内容，学生能够更加深入地了解书籍设计的精髓，并激发对书籍艺术的热爱。

党的二十大报告提出：“办好人民满意的教育。教育是国之大计、党之大计。培养什么人、怎样培养人、为谁培养人是教育的根本问题。育人的根本在于立德。全面贯彻党的教育方针，落实立德树人根本任务，培养德智体美劳全面发展的社会主义建设者和接班人。”本书在编写过程中以二十大精神指引，以培养德才兼备的人才为己任，在传播知识的同时培养学生正确的人生观、价值观，为社会培养有能力、有德行、有志向、积极进取、全面发展的后备力量。

编者在编写过程中参阅了国内外众多书籍设计优秀作品，采用了部分网站、杂志、书籍的图例。由于来源较复杂，不能一一标注出处及作者，均在此表示诚挚的歉意及由衷的感谢。

辽宁现代服务职业技术学院的领导、教师及学生对本书编写提供了大力支持和帮助，特此感谢。本书编写过程中难免存在不足之处，恳请广大读者批评指正，以便在今后的修订工作中加以完善。

编　者

CONTENTS

目录

MODULE I

模块一 智美结合——书籍设计概述

模块导入

“书籍是人类进步的阶梯”是著名文学家高尔基的名言。所谓“书中自有黄金屋，书中自有颜如玉”，书籍作为人类思想进步的承载物，是人类文明智慧的高度浓缩。历史越是前进，人类的精神遗产越是丰富，记录需要文字，文字需要被纸张印刷出来。所以说，书籍作为人类精神遗产的宝库，不仅丰富了人们的精神世界，同样其外在的物质介质也起到了重要作用。

随着时代的变迁，人们不仅看重书籍内容的内在美，同样也注重书籍外在的质感装饰。书籍设计正是为其披上了符合书籍气质的华美外衣，为人们同时追求精神富足和视觉盛宴而服务。书籍设计为书籍内容和形式寻求新的元素，使其内外结合、相辅相成，创新的源泉为书籍的新生命指引了方向。书籍不仅把内容传达给读者，同时也传达了视觉上的形式美和设计美，从而吸引读者的眼球。设计与内容的相互融合，使书籍的整体气质更加契合当代人的思想和需求（图 1-1）。

图 1-1 《国家形象》（2010 年上海世博会中国国家馆展示设计札）

学习目标

1. 知识目标

学习书籍设计的概念、功能，掌握书籍设计的具体流程和设计原则；了解书籍设计的历史脉络和发展过程，明确书籍设计的未来发展趋势；系统把控书籍设计的整体概况。

2. 能力目标

学会辨别书籍设计的优劣，具备较好的鉴赏能力；能够讲述各个历史时期书籍设计的特色与文化内涵。

3. 素养目标

培养学生正确的世界观和价值观；培养学生的组织沟通能力；培养学生的民族自信及对中国传统文化的喜爱。

单元一　书籍设计的概念

书籍设计不单单是纸张的组合和装订，因为书籍中的文字承载了知识、情感和思想，作者通过文字和读者进行心灵沟通、情感共鸣、思想传递。因此，在这个特有空间的整体设计上也要和作者的精神世界契合。书籍设计作为书籍内容的重要传递介质，需要通过文字的设计、图片的处理、色彩的使用、排版的韵律、材质的触感、装订的工艺等多方面技艺达到形神合一，促使读者在拿起这本书时就已经进入书籍传递的思想情感之中。读者在慢慢翻阅书籍的过程中通过观感、触感了解到了书籍内容的精髓，留下全面而深刻的体会。书籍设计将文字内涵传递的无形化为设计元素的有形，来满足当代读者日益增进的感官需求（图 1-2）。

图 1-2　《风筝史话》，2021 年，获选 2021 年度“最美的书”

一、何为书籍设计

首先我们要明确什么是书籍。

书籍是人类表达思想、传播知识、积累文化和传承文明的物质载体。人类文明的发展过程离不开书籍的记录。千百年来，书籍一直以文字、图形等视觉符号记录着人类社会的发展历程，在人类文明史上做出了不可替代的贡献。纸张的出现及印刷术的发明使得书籍可以大量印刷广泛传播，成为人类传播知识的工具。

书籍设计是一门独立的艺术门类，其综合了设计学、传播学、出版学等不同学科的相关内容，同时涉及字体设计、版式设计、图片处理、色彩搭配、软件应用、印刷与装订工艺等众多专业知识。并且从策划开始，需要经过多重工序的逐一探讨设计，才能最终完成一本书籍：从确定设计主题，到创意风格表现；从具体的设计制作，到后期印刷与装订。书籍设计是一个复杂且全面的动态的过程。

书籍设计是关于书籍的整体造型艺术，其是指书籍出版过程中关于书籍形态、各部分结构、内文版式设计、材料应用、印刷装订方式等内容经过策划、设计、制作等一系列设计活动的总和（图 1-3）。

图 1-3　《瀚书十七》书籍设计整体展示

书籍设计的主要目的是让读者产生强烈的视触觉感知，让读者在短时间内被书籍的外观吸引，并且在阅读过程中享受书籍内容和质感带来的双重体验。因此，在书籍整体有限的设计空间内，需要使各个构成元素能够与书稿的内容、气质相契合，在材料选择及印刷工艺上还需兼顾实用、美观及展示书籍内容特色的作用。这种书籍设计不但能够使书籍立体地展现出内容的魅力，还能够引发读者产生心灵共鸣。不仅增进了书籍的艺术效果，也使书籍能够永久保存下去。

书籍设计包括书籍形态设计、结构设计、内文版式设计，材料、工艺制作等。在书籍的形态设计中又涵盖了多种设计原理和设计内容，包括书籍开本的选择、装订样式等。而结构设计也涵盖了多方面，包括封面、封底设计，扉页、目录页、内页设计等。书籍内文版式设计主要有版心设计、文字设计、段落排版、图文编排等。材料、工艺制作主要是指印刷工艺、纸张选择、材料应用等。所以，这就要求书籍在整体设计上要时刻按照最初策划的主题创意实施，使每个步骤的内容都能紧密围绕设计主题，并且融入现代艺术内涵，树立新的设计观念，使书籍的设计更具艺术性和审美性。

现代书籍设计不仅要满足大众的审美要求，还要吸引大众对精神食粮不断摄取，这就需要书籍设计与时俱进保持不断地创新。伴随着如今材料科技的不断进步与发展，设计领域的不断延伸，书籍的形式也在不断演化，但始终以书籍的阅读感受、读者的感知、书籍的美感、便利等为原则，书籍设计的生命力将持久而绚丽（图 1-4）。

图 1-4　立体书《博物馆里的通识课——贝聿铭的建筑密码》

二、书籍设计的分类

随着社会的发展和各学科的拓展，书籍设计的种类也越来越繁多。各类不同书籍传递的精神内涵也千差万别。这就要求设计师对众多的图书进行分类，根据不同类别书籍的特点进行有差别的设计，供读者快速识别并身临其境地进入书籍内容中。根据书籍内容性质的不同可以将书籍设计大致分为以下几类。

1. 文学类书籍设计

文学类书籍的内容非常广泛，涉及小说、戏剧、电影、诗歌、散文、音乐、舞蹈、戏曲、杂文等。文学类书籍的设计形式比较活跃，具有较强的情感色彩。由于文学类图书内容的广泛性，设计师必须掌握图书的不同精神风貌，完全把握内容与形式的关系，使设计语言和形式风格完美融合。例如，散文类文学书籍一般意境深邃、语言优美，在设计上可更多采用“写意”手法，突出整体书籍的神韵，营造出一种淡而不简、素而不寡的视觉效果（图 1-5）。而小说类书籍一般情节跌宕起伏、节奏随着内容推进多变复杂，在设计上就更应突出内容的鲜明特性，可以用对比、烘托的手法进行设计，色彩上也可根据故事情节的悲喜进行色彩心理构色（图 1-6）。

图 1-5　《梁实秋散文作品集——雅舍谈吃》

图 1-6　小说《人生海海》

2. 科教类书籍设计

科教类书籍具有严密的逻辑性、科学性和一定的展望性。随着人类对外界的不断探索和科学技术的突破，科学的类别越来越多。科学的不断发展给设计者带来了许多新的挑战。科教类书籍的设计不仅在造型元素上与其他图书有明显的区别，而且需要对科技知识有一定的了解，并且能够将科学知识和艺术表现巧妙结合，既准确传播知识，又适当给予美的修饰，这就需要设计师具备一定的学习能力和艺术修养（图 1-7）。

图 1-7　科教类书籍设计

3. 工具类书籍设计

工具书一般包括字典、词典、行业标准、法律、法规等。这类书籍一般较厚、使用率高，因此在设计时应着重设计字体内容和排版形式。文字要清晰、大小适中、排版规矩、便于查找，重点应考虑条理性、规范性、检索性。在整体设计上应加强经久耐用的功效，防止磨损脱落。所以，材料的选择和装订的方式需要根据书籍开本、页数进行合理安排（图 1-8）。

图 1-8　《新华汉语词典》

4. 艺术类书籍设计

艺术类书籍内容独特，形式丰富自由。往往图文结合，受众群体更有针对性。艺术类书籍设计更多体现的是书籍的审美与个性，设计师在设计时可以更自由地表现风格，彰显艺术的与众不同。设计者应尽量通过对设计语言独具匠心的运用，突出设计情感的表现力与感染力，以形成多样化的风格特征（图 1-9）。

（a）

（b）

图 1-9　《坏设计》，荣获 2022 年"最美的书"，书籍设计：顾瀚允
（a）示意一；（b）示意二

案例：《坏设计》

5. 儿童类书籍设计

儿童类书籍的设计要满足儿童的心理。儿童的心理非常天真，充满好奇心，世界上的一切在他们眼中都是光明的、有趣的。因此，少儿书籍的设计与成年人书籍的设计完全不同，无论是色彩、图形、字体还是书籍的开本等都要考虑儿童身心的发展状况。少儿更喜欢明

亮、高纯度的颜色，喜欢卡通形象和有趣的图形，喜欢幼稚、圆润的字体。儿童的好奇心强，喜欢运用多重感官进行探索。设计中应大胆采用不同质感的材料，以及能够探索的机关环节，能够调动儿童多重感官的设计会更有优势。整体设计应给人快乐、活泼、跳跃、新奇之感（图 1-10）。

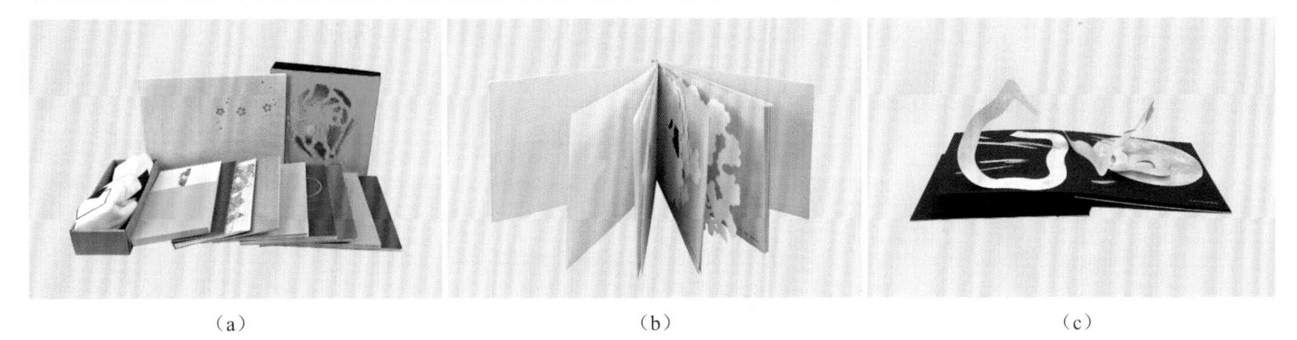

（a）　（b）　（c）

图 1-10　《中国童谣翻翻乐》（全十册），荣获 2022 年“最美的书”，书籍设计：友雅
（a）示意一；（b）示意二；（c）示意三

案例：《中国童谣翻翻乐》

6. 杂志类书籍设计

杂志的标志和刊名是不同杂志最重要的识别符号，设计上要有品牌个性，醒目突出，便于读者一目了然，从而培养读者对杂志特有符号的喜爱度。这类书籍一定要有明显的识别性和连续性。杂志内在的栏目结构一般相同，比较规范，但设计风格要体现出不同杂志性质的定位（图 1-11）。

图 1-11　杂志《天涯》，封面设计：韩家英

三、书籍设计的功能

由于图书市场竞争日益激烈，人们越来越看重书籍设计的社会功能与艺术价值，书籍设计需满足不同功能才能体现自身价值，得到认可。书籍设计的功能主要表现在实用功能、艺术审美功能、商业功能三个方面。

1. 实用功能

书籍的发展、装订形式的改进、载体的不断变化离不开人们对书籍使用的需求，所以书籍设计的功能性需放在第一位。它体现在翻阅方便、内容清晰、阅读流畅、易于携带、装订牢固、利于存放等。所以，书籍设计者在拿到书稿时就要对内容的篇幅、读者人群、阅读习惯等做深入调研与分析，包括作者的意图、读者定位、设计形式等都要考虑，将书籍的实用价值与内容统一（图 1-12）。

图 1-12　《江苏植物志》书籍内页版式，书籍设计：赵清

2. 艺术审美功能

读者在阅读书籍内容的同时也是在享受书籍设计美的过程。书籍的整体形式美感正是吸引读者阅读，增加阅读好感，享受文字和设计相互交融的旅程。通过书籍形态的设计塑造，读者能够感受到书籍设计所烘托出的气氛，更能深入地感受到作者要传达的思想意境，让阅读的过程充满了享受与惬意。每一个字符、每一种色彩、每一个插图、每一种质感都会给人传递不同的感受，人们可以沉浸在阅读的美好氛围中。在享受美的事物的同时，无形中也提升了人们的审美高度，这就是书籍设计的审美功能（图 1-13）。

（a）

（b）

（c）

图 1-13 《老人与海》（全译本），书籍设计：张志奇设计工作室
（a）示意一；（b）示意二；（c）示意三

3. 商业功能

书籍设计的好坏直接影响书籍的销售。随着社会的发展，图书品种越来越多，竞争也越来越激烈，人们的需求也随之水涨船高。所以，好的设计无形中提升了图书的商业价值，能够更加吸引人们的目光，让人们想要触摸、体会、享受阅读过程。更有一部分书籍是为了长久地保存下去，这对书籍的整体设计要求就更高了。设计不再是书籍的附加值，而是书籍本身价值的重要组成部分。书籍设计不断追求材质、结构、版式等方面的推陈出新也正是为了在更好地服务读者的同时提升书籍本身的商业价值（图 1-14）。

（a）

（b）

（c）

图 1-14 《天上掉下一头鲸》，书籍设计：林蓓
（a）示意一；（b）示意二；（c）示意三

单元二 书籍设计的历史和发展

书籍设计是随着书籍的出现而产生发展起来的。而书籍是人们在实践过程中不断发展实践的产物。随着社会生产力的不断进步，书籍设计的材料、形式和设计也发生了巨大的变化。

书籍的第一要素是文字，文字是人类传达、存储信息的最基本要素。文字的信息传达需要附着于一定的载体，这样的载体把信息收集和保留下来，于是书籍应运而生。在漫长的历史发展中，人类从未停止对优化文字载体即书籍的探索，如何更方便、更快捷、更长久地储存文字成了书籍发展的方向。书籍设计往往是适应社会和文化传播的需要应运而生的，又反过来促进社会发展与文化的进步。

一、中国书籍设计的历史演变

中国的书籍设计有着悠久的历史，其深厚的文化底蕴为世界所赞叹。历史上的中国古籍，天头地脚、行栏牌界等，都有独特的民族风格和审美特色。自秦汉，有简牍、卷轴、册页等书籍形式，再到后来演变成旋风装、经折装、包背装、蝴蝶装等，每一种书籍形式都在其历史时期与当时人们的需求和审美意识相契合。古代人们的智慧与审美创造了许多令人叹为观止的书籍艺术珍品，独秀于世界书籍之林。进入中国现代书籍设计，从早期新文化运动以“装帧”概念为核心理念的书籍设计到当代流行的书籍整体设计理念，书籍设计的材料、形式及其设计的范畴、方向也在不断地发生着变化（图 1-15）。

图 1-15　古代旋风装书籍《备三易》

谈到中国书籍设计的发展史，有三方面的重要因素：第一，文字的产生和发展；第二，纸张的发明和使用；第三，印刷术的出现。这三个因素在中国书籍发展的历史长河中起到了重大的变革作用，同时影响了书籍装帧样态的改变。

（一）中国古代书籍发展历程

1. 中国古代书籍萌芽阶段——文字的产生

（1）甲骨上的早期文字。书籍的萌芽始于中国最早出现文字的时期。中国商代出现了最早也最为成熟的文字体系——甲骨文。在河南“殷墟”出土了大量刻有文字的龟甲和兽骨，这是迄今为止我国发现最早的作为文字载体的材质，这也形成了书籍的最初样态。这种刻在龟甲上的文字被认为是我国最早的书籍装帧形态，距今已有三千余年（图 1-16）。

图 1-16　刻有甲骨文的龟甲和兽骨

（2）青铜器上的铭文。随着生产力的发展，在商周、春秋时期出现了大量铸刻在青铜器上的铭文——金文。中国在夏代已进入青铜时代，铜的冶炼和铜器的制造技术十分发达。因为周朝把铜也称作金，所以铜器上的铭文就叫作“金文”；又因为这类铜器以钟鼎上的字数最多，所以过去又叫作“钟鼎文”。这种刻在青铜器上的文字可以看作书籍的另一种古老样态（图 1-17）。

图 1-17　“后母戊”青铜方鼎及后母戊鼎铭拓片

案例：毛公鼎

（3）石碑上的刻字。到了秦代，秦始皇统一六国后，命当时的宰相李斯对文字进行统一编纂。李斯在秦国原来使用的大篆字体基础上进行删繁就简，产生了小篆字体，也称“秦篆”。这时候的文字已经几乎没有象形文字的痕迹了。

到了汉代，石刻尤为盛行。如把文字刻在石板上的称为经板；刻在长方形大石上的称为碑，圆头的称为碣；刻在山崖上的称为摩崖石刻等（图 1-18、图 1-19）。

案例：景云碑

图 1-18　东汉时期 景云碑

图 1-19　景云碑部分文字拓片

从出现文字到统一文字，再到改进文字，作为书籍第一要素的文字在不断丰富完善中。同样，作为文字的承载物，也在寻找着更为适合的材料。龟甲、石碑十分笨重，对于信息的流通非常局限，雕刻的工序也十分烦琐复杂。因此，人们开始逐渐探索新的可替代材料，在春秋战国时期便出现了简策、帛书等。

2. 中国古代书籍成型阶段——材料的探索

（1）竹简。竹简是将大竹竿截断，削制成统一规格的狭长竹片（也有木片，称木简），再放置于火上烘烤，蒸发竹片中的水分，防止日久虫蛀和变形，最后在竹片上书写文字。把很多书写完文字的竹简编制起来就称为“策”（通“册”），因此，用竹做成的书就称为“简策”。这是我国古代最早的，也是历史上使用时间最长的书籍形式，是纸张普及之前最主要的材料（图 1-20）。

图 1-20　用竹片制成的“简策”

（2）版牍。版牍是将树木锯成段，再剖成长度为二尺[1]、一尺五、一尺、五寸[2]，宽度为长度 1/3 的薄木板。一块木板称“版”，写上字则为“牍”。相对于简策的细竹条，版要宽得多。版是长方形的，所以也叫作“方”。版牍一般用来写短文章，往往一块儿版牍就是一篇文章，这也是和简策相区分的地方（图 1-21）。

案例：“三国孙吴录事掾潘琬文书”版牍

竹简版牍的缺陷也十分明显。其一是竹木材质难以长期保存，所以现在我们已经很难看到完好的古籍；其二是重量和体积大，史书记载，有大臣向秦始皇上表，也就是五千字左右的文章，结果用去竹简五百多斤[3]，几名壮汉吃力地抬到殿上，使用起来非常不方便。古人也为此苦恼，所以一直在寻找更好的书籍材料。

（3）缣帛。缣帛是一种光洁细薄的丝织品。秦汉时期，纺织工业开始发展，生产出了细薄的丝绢，由于丝绢具有质地轻便、尺寸可裁剪、可随意折叠、书写方便、易于保管、便于阅读等优点，补救了简册档案笨重

① 1尺≈0.33米。
② 1寸≈3.33厘米。
③ 1斤=500克。

量多，不便传运、难以保存的不足。所以在秦汉时期，即采用其作为书籍的材料，称为“帛书”或“缣书”“素书”。缣帛与简牍及其后的书写载体并存了很长一段时期。帛书尺寸长短可根据文字的多少，裁成一段，卷成一束，称为“一卷”。缣帛虽然具备众多优点，但由于其价高，普通人根本用不起，而且一经书写，不易更改，一般只用作定本，古代文献中有关帛书的记载，也大都是与皇家、贵族藏书有关。所以，帛书始终未能取代简牍作为记录知识的主要载体（图 1-22）。

图 1-21　“三国孙吴录事掾潘琬文书”版牍

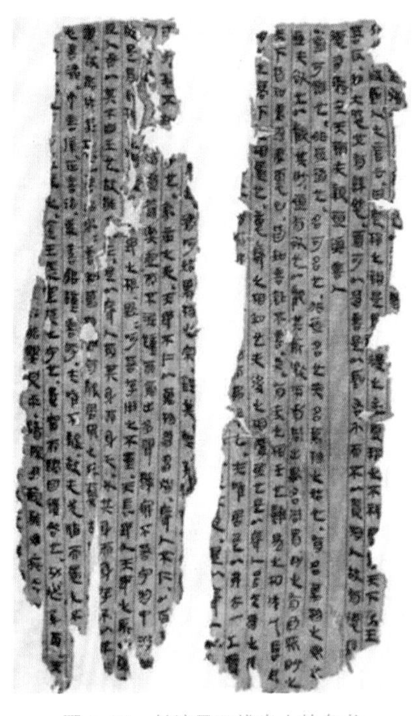

图 1-22　长沙马王堆出土的帛书

3. 中国古代书籍快速发展阶段——纸张的发明与印刷术的出现

（1）纸张的发明。中国的四大发明有两项对书籍装帧的发展起到了至关重要的作用，这就是造纸术和印刷术。东汉纸的发明确定了书籍的材质。西汉时期中国已经有了造纸术，东汉元兴元年蔡伦（图 1-23）改进了造纸术。他用树皮、麻头及敝布、鱼网等原料，经过挫、捣、炒、烘等工艺制造的纸，是现代纸的渊源。这种纸的原料很容易找到，价格又很低，质量也很高，逐渐普遍使用。为纪念蔡伦的功绩，后人把这种纸叫作“蔡侯纸”（图 1-24）。到魏晋时期，造纸技术、用材、工艺等进一步发展，几乎接近了近代的机制纸。到东晋末年，已经正式规定以纸取代简帛作为书写材料。

为何纸的出现迅速取代了其他材质呢？首先因为纸张轻便、灵活和便于装订成册，使得装帧成册的内容真正成了书；其次取材容易，造价低，便于广泛传播使用。因此，纸张代替其他材料成了最普遍的书籍材料。造纸术是书写材料的一次革命，推动了中国、阿拉伯国家、欧洲乃至整个世界的文化发展。

图 1-23　蔡伦纪念园中的蔡伦雕像

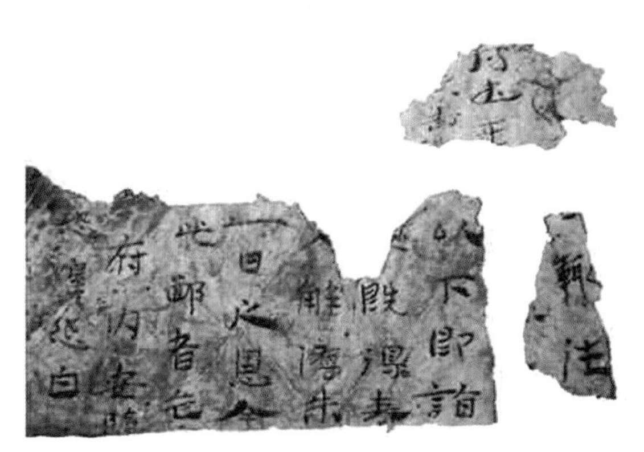

图 1-24　东汉“蔡侯纸”

（2）印刷术的出现。印刷术发明之前，知识信息的传播主要靠手抄书籍。手抄费时费力，又容易抄错、抄漏，既阻碍了文化的发展，又给信息传播带来了诸多不便。中国古代印章的使用和石碑拓印技术的出现给印刷术提供了直接的经验性的启示。唐朝随着科举制度的兴起，需要大量传播好的文章及知识信息。专业抄书匠们为了大量复制好文章，仿照拓印技术大量复印，后又结合印章阳文反书法，创制出了雕版印刷术。北宋时期，平民发明家毕昇总结了历代雕版印刷的丰富经验，经过反复试验，在宋仁宗庆历年间制成了胶泥活字，实行排版印刷，标志着活字印刷术的诞生。

知识拓展：印章、石碑拓印

（3）雕版印刷术。唐朝是中国历史上文化、科技的鼎盛时期。在国家统一、政治开明、文化繁荣的社会氛围下，人们对书籍产生了大量的需求，雕版印刷术应运而生。雕版印刷首先是将书稿的样本写好，使有字的一面贴在板上，即可刻字，刻工用不同形式的刻刀将木板上的反体字墨迹刻成凸起的阳文，同时将木板上其余空白部分剔除，使之凹陷。板面所刻出的字凸出板面 1～2 毫米。印刷时，用刷子蘸取墨汁，均匀刷于板面上，再小心地把纸覆盖在板面上，用刷子轻轻刷纸，纸上便印出文字或图画的正像。将纸从印板上揭起，阴干，印制过程就完成了。一个印工一天可印 1 500～2 000 张，一块印板可连印上万次。刻板的过程有点像刻印章的过程，但印的过程与印章相反。印章是印在上，纸在下；雕版印刷是纸在上，板在下。手法像拓印，但是雕版上的字是阳文反字，而碑石的字是阴文正字。此外，拓印的墨施在纸上，雕版印刷的墨施在板上。由此可见，雕版印刷既继承了印章、拓印的技术，又有创新和改良（图 1–25）。

（4）活字印刷术。到了宋朝，雕版印刷发展到全盛时期，其对文化的传播起了重大作用。但是雕版印刷也存在明显缺点：刻版费时费工费料；批书版存放不便；错字不容易更正。最后北宋平民发明家毕昇在总结了历代雕版印刷的丰富实践经验后，经过反复实践，在宋仁宗庆历年间制成了胶泥活字，实行排版印刷，完成了印刷史上一项重大的革命。毕昇的方法是先用胶泥做成一个个规格一致的泥块坯体，在上面刻上单字的反文字模，用火烧硬，形成单个的胶泥活字。为了适应排版的需要，一般常用字都备有几个甚至几十个，以备同一版内重复的时候使用。遇到不常用的冷僻字，如果事前没有准备，可以随制随用。然后根据书写内容把单字挑选出来排列在字盘内，涂墨印刷，印完后再将字模拆出，留待下次排版印刷时使用（图 1–26）。

图 1–25　雕版印刷过程演示

图 1–26　胶泥活字排版

印刷术的出现促成了书籍的批量生产及广泛传播。印刷术出现之前，文字的书写主要靠人工抄写方式，这种方式耗时长、产量低，需要一定人力，而且出错率高、质量参差不齐，并且无法纠正书写错误等。而活字印刷术的应用不仅缩短了书籍的成书时间，也减少了人力并且大大提高了书籍的品质和数量，从而推动了人类文明的快速发展。

（5）书籍形态的演变。随着纸张和印刷术的相继出现，书籍的装帧形式也几经演变。装帧是书籍出版中常用的词语，其本义是指将纸张折叠成一帧（量词），再用线将多帧纸装订起来，附上书皮，贴上书签，并进行保护的过程。古代书籍装帧是为了更方便地归纳、保存及携带书籍。书籍的装帧形式先后出现了卷轴装、旋风装、经折装、蝴蝶装、包背装、线装等。中国古代书籍装帧艺术的巧思与艺术造诣无不让世人惊叹。

1）卷轴装。卷轴装是指将印页按规格裱接后，使两端粘接于圆木或其他棒材轴上，卷成束的装帧方式。卷轴装的卷首一般都粘接一张叫作“褾”的纸或丝织品。褾头再系以丝带，用以捆缚书卷。丝带末端穿一签，捆缚后固定丝带。阅读时，将长卷打开，随着阅读进度逐渐舒展。阅毕，将书卷随轴卷起，用卷首丝带捆缚，置于架上（图 1-27、图 1-28）。

图 1-27　卷轴装示意

图 1-28　《大般若波罗蜜多经卷一百五十七》完整保存了卷轴装的书籍形态

卷轴装书籍形式的应用使文字与版式更加规范化，行列有序。与早期简策的装帧方式相比，卷轴装更加舒展自如，可以根据文字的多少随时裁切或添加，更为方便，一纸写完可以加纸续写，也可把几张纸粘在一起，称为一卷。后来人们把一篇完整的文稿称作一卷。卷轴装的书籍样态在今天已不被采用，但在书画装裱中仍在使用。

2）旋风装。旋风装外观和卷轴装相同，它用比书略宽的长厚纸做底，首页全幅裱在底上，从第二页右侧无字处用一纸条粘连在底上，其余书页逐页向左粘在上一页的底下，可根据文字多少增减页数。书页鳞次相叠，所以又称龙鳞装。阅读时从右向左逐页翻阅，收起时从卷首向卷尾卷起，从外表看与卷轴装无异，但内部的书页收起时宛如旋风经过，故称为旋风装。旋风装是我国书籍由卷轴装向册页装发展的早期过渡形式（图 1-29、图 1-30）。

图 1-29　旋风装示意

图 1-30　旋风装 唐写本《刊谬补缺切韵》

3）经折装。经折装是在卷轴装的形式上改造而来的。由于这种装订形式是随佛教传入中国的，是在佛经卷轴装的基础上进行改造而成的装帧形式，所以称为经折装。经折装的出现大大方便了阅读，也便于取放，还克服了卷轴装不易翻阅、查阅困难的弊端，可以根据需要直接翻阅到某一页，所以这种装帧形式被广泛地采用。经折装的具体装帧方式是：将一幅长卷沿着文字版面的间隔，以相等的宽度一反一正反复折叠起来，形成长方形的一叠，在首末两页上分别粘贴硬纸板或木板，便形成了一本书。它的装帧形式与卷轴装已经有很大的区别，外形和今天的书籍非常相似，是书籍装帧史上的一个里程碑（图 1-31、图 1-32）。

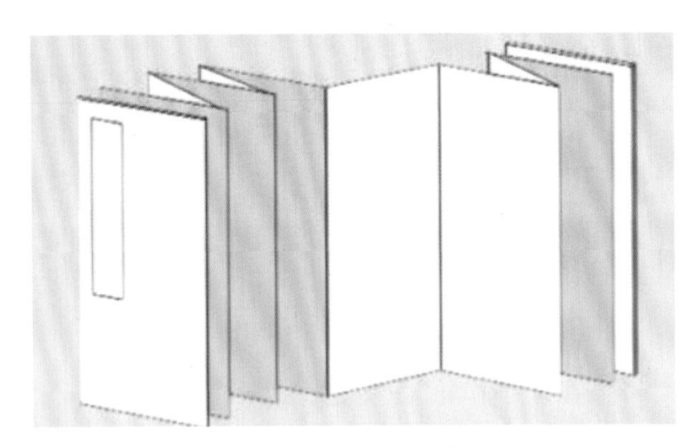

图 1-31　经折装示意

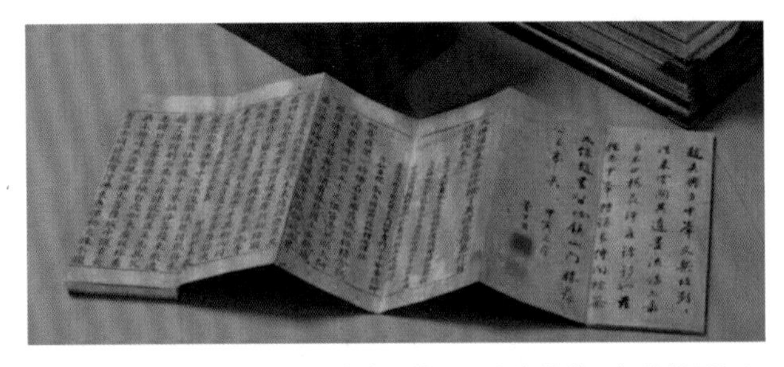

图 1-32　经折装《大佛顶如来密因修证了义诸菩萨万行首楞严经》

4）蝴蝶装。人们在长期翻阅经折装书籍的过程中，书籍的折缝处往往会断裂，而断裂之后就出现了一版一页的情况，这给了人们启示，逐渐出现了以书页成册的装帧形式。而最先出现的册页书籍装帧形式就是蝴蝶装。蝴蝶装是我国书籍最早的册页形式。唐五代时期雕版印刷已经趋于盛行，而且印刷的数量相当大，以往的书装形式已难以适应飞速发展的印刷业。经过反复研究，人们发明了蝴蝶装的形式。蝴蝶装就是将印有文字的纸面朝里对折，再以中缝为准，把所有折叠好的页码对齐，用糨糊粘贴在另一包背纸上，然后裁齐成书。蝴蝶装书籍的版心成对称式居中，书页朝左、右两边展开，翻阅起来就像蝴蝶飞舞的翅膀，故称蝴蝶装。蝴蝶装改变了沿袭千年的卷轴形式，适应了雕版印刷一页一版的特点，在选材和方法上善于学习前人经验，积极探索改进，使得书籍装帧形式又有了新的面貌（图 1-33、图 1-34）。

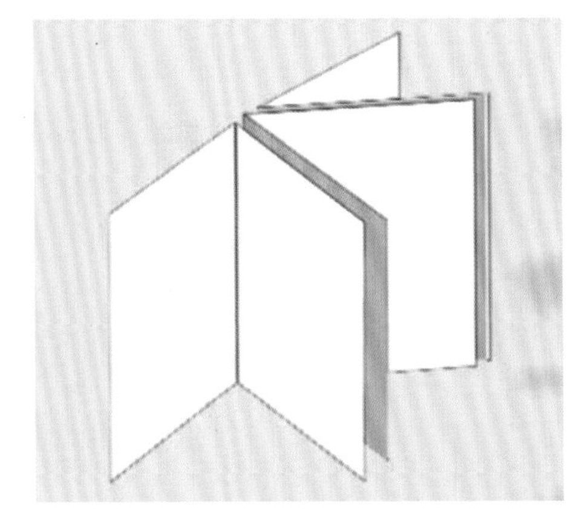

图 1-33　蝴蝶装示意

图 1-34　浙江图书馆藏 宋元递修本《通鉴纪事本末》

5）包背装。虽然蝴蝶装有很多方便之处，但也很不完善。因为文字面朝内，每翻阅两页的同时必须翻动两页空白页。因此，到了元代，包背装取代了蝴蝶装。包背装与蝴蝶装的主要区别是文字折页的方向不同（图 1-35）。蝴蝶装是文字向内折，而包背装是文字向外折，折口在书口处。所有折好的书页，叠在一起，戳齐折口，用纸捻穿起来。再用一张稍大于书页的纸贴住前后书背，从封面包到书脊和封底，然后裁齐余边，这样一册书就装订好了。包背装的书籍除文字页是单面印刷，且每两页书口处是相连的以外，其他特征均与今天的书籍无异（图 1-36）。

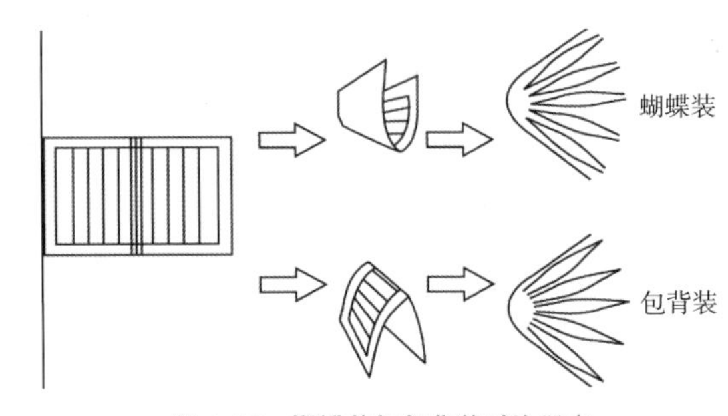

图 1-35　蝴蝶装与包背装对比示意

图 1-36　包背装书籍展示

图 1-38　线装书籍展示

6）线装。线装是古代书籍装帧的最后一种形式，也是古代书籍装帧技术发展最富代表性的阶段，具有极强的中华民族风格，使我国拥有了特有的书籍装帧艺术形式，至今在国际上享有很高的声誉，是“中国图书”的象征。

线装是用线进行装订，用线将书页连封面装订成册，订线露在外边的装订形式。锁线分为四、六、八针订法，订法常见的有龟甲式、麻叶式、唐本式。线装书不但样式美观、方便阅读，而且装订牢固、不易损坏。线装书籍的装帧工艺与包背装相似，只是包背装的封面用整张纸包裹，而线装书籍的封面前后各用一张纸，裁切后再以明线装订，均衡对称，十分美观。线装书只宜用软封面，且每册不宜太厚，所以一部线装书籍往往分为数册、数十册。于是，人们把每数册外加一书函（用硬纸加布面作的书套），或用上下两块木板以线绳捆之，以便保护图书。

线装是中国印本书籍的基本形式，是中国装订技术史上第一次将零散页张集中起来，用订线方式穿联成册的装订方法。它的出现表明了我国的装订技术进入了一个新的阶段（图 1-37、图 1-38）。

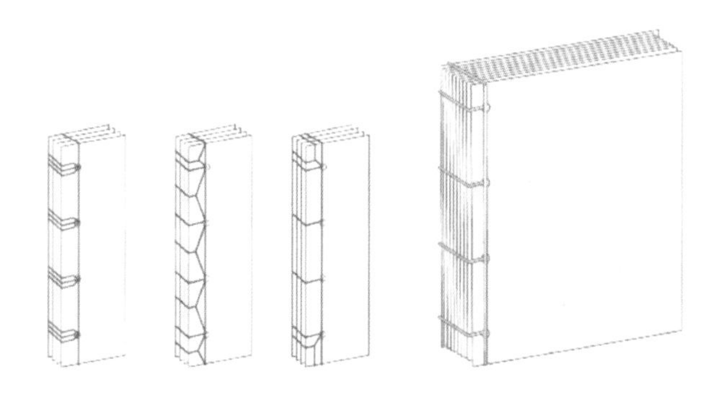

图 1-37　线装不同锁线形式示意

（二）中国近现代书籍发展历程

1. 中国近代书籍发展一波三折

设计在中国源远流长，古人创造了许多令人叹为观止的书籍艺术珍品，独树于世界书籍之林。中国现代书籍设计起于清末民初，尤其是受到“五四”新文化运动的推进以及西方科学技术的影响。在鲁迅先生的积极倡导下，陶元庆、丰子恺、钱君匋等一大批著名书籍装帧艺术家们的努力下，中国的装帧艺术开创了一个新时代。书籍的文字排版也由竖排转变为横排。19 世纪末，西方的金属凸版印刷技术传入我国，书籍装帧也脱离传统的线装形式逐渐走向现代铅印平装本。

鲁迅先生认为书籍装帧是一门独立的绘画艺术，是书籍不可或缺的部分。他还亲自为书籍进行封面设计，同时对书籍的版面、插图、字体、装订形式等有着严格的要求。鲁迅先生说“天地要宽、插图要精、纸张要好”。强调版面的结构和层次，注重书籍的整体韵味，并且能够将中国传统书籍装帧的精髓与外国先进的经验相结合（图 1-39）。

图 1-39　《萌芽月刊》，鲁迅主编、设计，1930 年

鲁迅先生曾为自己的文学作品《坟》的封面聘请陶元庆进行设计。陶元庆是一位学贯中西、极富文化素养的书籍设计艺术家，其封面设计作品构图新颖、色彩明快，颇具形式美感（图 1-40）。

图 1-40　鲁迅杂文集《坟》封面设计

除了鲁迅先生之外，很多学者、书画家也都不同程度地对书籍装帧设计工艺做出了自己的创新性贡献。例如，陈之佛先生从给《东方杂志》《小说月报》《文学》设计封面起，到为天马书店作装帧设计，坚持采用近代几何图案和古典工艺图案设计，形成了独特的艺术风格（图 1-41）。

案例：《坟》封面设计背后的故事

图 1-41　陈之佛设计的《东方杂志》

1949 年以后，出版事业的飞速发展和印刷工艺技术的不断进步，为书籍艺术开拓了广阔的前景。自此，我国的书籍艺术也开启了异彩纷呈、多元风格并存的格局。1956 年，中央工艺美术学院专门成立了书籍设计专业，由著名的书籍设计艺术教育家邱陵主持，为书籍设计事业培养了大批优秀的后续力量。改革开放以后，书籍设计进入了空前大发展的时期，书籍设计也由原来单一的封面设计拓展为整体设计的概念，包括印刷工艺技术、新型材料应用以及现代化的装订方式。

进入 21 世纪，随着书籍设计观念的不断更新、印刷技术的快速发展，以及新的书籍设计材料的使用，中国书籍设计取得了巨大的进步，大量设计作品在各大书籍设计盛会中多次获得奖项，中国书籍设计艺术已在世界书籍设计艺术之林中占据一席之地。

近现代书籍设计从新文化运动以“装帧”概念为核心理念的书籍设计到当代流行的书籍整体设计，现代书籍设计在中国已走过近百年历史（图 1-42）。

知识拓展：“世界最美的书”评选活动

（a）

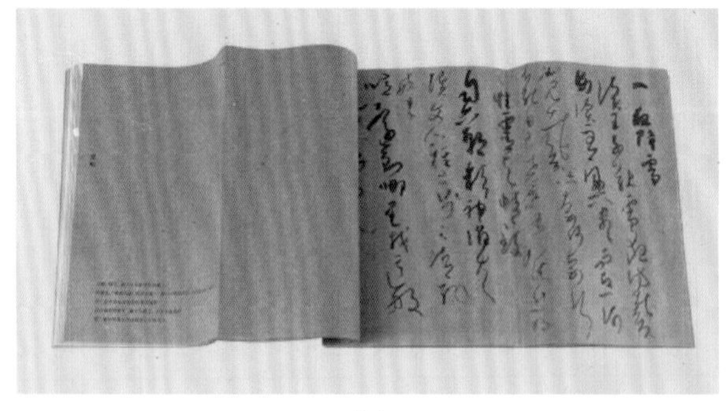

（b）

图 1-42　《悔琴居札记》，获选 2022 年“最美的书”，书籍设计：潘焰荣

（a）示意一；（b）示意二

2. 近现代书籍常用装帧形式

（1）简装。简装也称平装，是铅字印刷以后近现代书籍普遍采用的一种装帧形式。简装书的结构基本是沿用了中国传统书籍的主要特征，外观上它与包背装可以说是完全一样，只是纸页发展成为双面印刷的单张纸。机器印刷的纸张为整开，将书籍内容双面印刷后，将整开纸张通过折叠形成书籍所需的大小，然后把每个印张页于书脊处对齐后装订成册，再装上护封，除书籍的书脊处以外的三边裁齐便可成书。简装书生产过程普通、成本低，更多考虑经济快捷，适合较薄或普通书籍使用，因此拥有极大的市场（图 1-43）。

知识拓展：“最美的书”评选活动

图 1-43　教材平装书

（2）精装。精装书比简装书用料更讲究，装订更结实。精装书护封的工艺及选材要求更高、更坚固，主要起保护内页及美观的作用，精装书适用于质量要求较高、页数较多，需要反复阅读，且具有长时期保存价值的书籍（图 1-44）。

精装书的封面和封底分别与书籍首尾页相粘，护封书脊与书页书脊多不相粘，以便翻阅时不致总是牵动内页，比较灵活。书脊有平脊和圆脊之分，平脊多采用硬纸板做护封的里衬，形状平整。圆脊多用牛皮纸、革等较韧性的材质做书脊的里衬，以便起弧。封面与书脊间还要压槽、起脊，以便打开封面。

图 1-44　《西游记》精装书

二、外国书籍设计的历史演变

（一）外国古代书籍萌芽阶段——文字的产生和载体的变化

1. 象形文字

象形文字又称表意文字。埃及圣书体文字、苏美尔文字、古印度文字及中国的甲骨文字，都是独立地从原始社会最简单的图画和花纹产生出来的象形文字（图 1-45）。

图 1-45　刻在石板上的埃及象形文字

约 5000 年前，古埃及人发明了圣书体。圣书体是古埃及人使用的一种文字体系，由图形文字、音节文字和字母构成。它是最早的文字形式之一，书写正规，图画性强，使用时间是公元前 3000 年到公元 4 世纪。在早期，圣书体用于书写各种文献，出现在各种书写材料上，如石碑、陶片、莎草纸等。公元前 30 世纪，莎草纸成为古代埃及使用最广的文字载体。莎草纸是用盛产于尼罗河三角洲的纸莎草的茎制成的（图 1-46）。

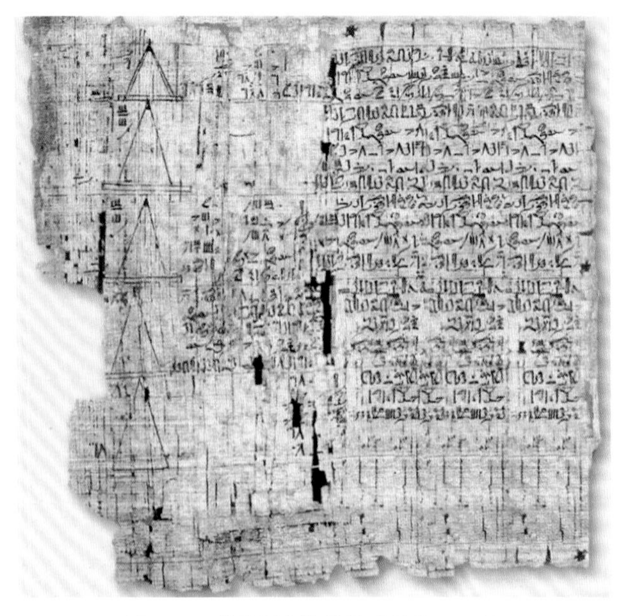

图 1-46　莎草纸残片 埃及 公元前 1650 年

图 1-46 所示的书卷是目前发现的古埃及最大的数学课本的一部分，其中记述了测量金字塔和其他建筑物高度的方法。

2. 楔形文字

楔形文字是苏美尔人所创，演变自象形文字。苏美尔人用一种三角形的小凿子在黏土板上凿上文字，笔画开头粗大，尾部细小，很像蝌蚪的形状。待泥板干燥窑烧后，形成坚硬的字板。到公元前 500 年左右，这种文字甚至成了西亚大部分地区通用的商业交往媒介（图 1-47）。

图 1-47　刻有楔形文字的泥板

公元前 2 世纪，埃及托勒密王朝为了阻碍帕珈马在文化事业上与其竞争，严禁向帕珈马输出埃及的莎草纸，于是帕珈马人就发明了可以两面书写的新材料——羊皮纸。羊皮纸比莎草纸薄而且结实得多，能够折叠，翻阅起来比卷轴式的莎草纸更容易，可以很好地进行查阅、收藏和携带。

（二）西方中世纪书籍成形阶段——书籍完整形态的确立

羊皮纸的出现彻底改变了书籍的形态，册页形式取代卷轴式变成了公元 4 世纪以后的主要书籍形式。

中世纪早期，文字记录仅限于教士阶层，修道院成了书面文化和拉丁文化的聚集地。书籍的制作也几乎都是在修道院等宗教机构完成，书籍内容也主要是以传播基督教文化为宗旨。当时印刷术尚未发明，教会为了向教徒宣传教义，许多修道院里成立了学术和艺术中心，负责手抄本的传抄和装帧。从这里源源不断地流出大量的福音书、说教集、教会史和诗篇集等各种宗教读物。这时的纸张制造技术还未从中国传到欧洲，人们主要运用珍贵的羊皮纸进行书写，书籍在那时是非常贵重和奢侈的事物（图 1-48）。

知识拓展：书籍手抄本

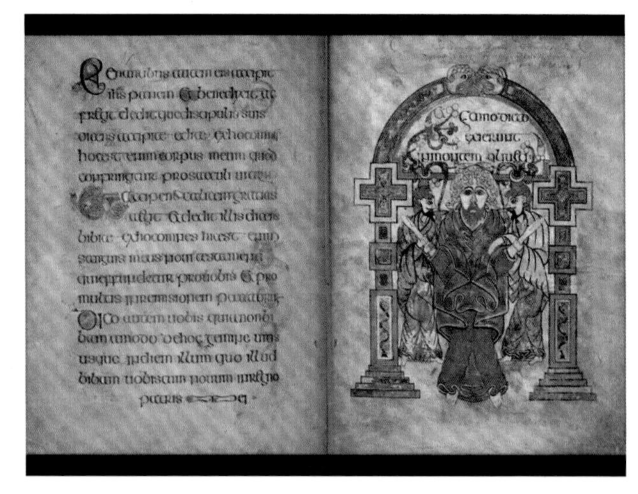

图 1-48　6—9 世纪 苏格兰《凯尔经》手抄本

（三）欧洲书籍快速发展阶段——金属活字印刷术革命

12 世纪，随着欧洲城市复兴、经济和文化的发展，人们对书籍手抄本的需求猛增，书籍开始走出宗教领域，向“专业化”“大众化”的方向发展。13 世纪左右，中国造纸术传入欧洲，客观的需求与条件促进了新技术的诞生。在中国活字印刷术的影响下，15 世纪中叶，德国美因茨地区一位名叫约翰 · 古腾堡的发明家发明了金属活字印刷术和木质印刷机，这一革命性技术的出现使得西方书籍的历史进入一个新的时代。

尽管四百年前在中国，活字印刷术就已经被发明出来，但其并没有广泛流传。其主要原因有：第一，汉字数量庞大，制作成本高昂。一副活字要满足排版的需要，最少也得有几万个活字。这样大的数量，制作成本很高，花费时间很长，一般私人的印刷作坊很难做到。其二，技术不成熟。泥活字的主要问题是容易破碎损坏；木活字纹理不均匀，接触水后，容易高低不平；铜活字的水墨附着性很差；以及人工印刷效率较低，没有一整套印刷系统。第三，封建制度的束缚迟滞了社会的发展。

古腾堡在 1439 年独立发明了铅活字印刷。这种被他在其后不断完善的活字印刷，用到的器材与技术包括：用铅、锡、锑与铋的合金浇铸的活字，能准确无误地浇铸出所需活字的可调铸模；可调整并可重复使用的定位活字位置的模具；油基油墨；类似于农业上用的螺旋压榨机的木制印刷机。因而近代的活字印刷术主要来自古腾堡的发明。但古腾堡的整个贡献远远超出了他的任何一项具体的发明或革新。他成为一位重要人物主要是因为他把所有这些印刷内容结合起来形成了一套有效的生产系统，古腾堡创造的不是一种小配件、小仪器，甚至也不是一系列的技术革新，而是一种完整的生产过程（图 1-49）。

图 1-49 古腾堡印刷机复制品

知识拓展：《四十二行圣经》

（四）西方文艺复兴时期书籍——版式丰富多变

14—16 世纪，文艺复兴运动风行全欧洲。人文主义者与印刷商、出版商密切合作，积极开始对新图书的探索。书籍中开始加入商标和版权页，开始使用阿拉伯数字标注页码；凸版印刷和木制雕版技术的进步使书中的插图开始增多。在对古代文化巨著的研究中，人们发现了伽罗林王朝的书抄本，他们借鉴该手抄本中的字体融合古代简介铭文的特征，创造了完美的罗马体铅字。印刷商阿尔多 · 马奴佐模仿人文主义者手稿中的草书，创造了优雅的斜体字。这些成就的取得使书籍不再只是古代作品的重版复制。这一时期的书页开始有了内部空间，不同的字体常常纵横交错在一起，形成了文本的多层次传达表现；印有出版商标志与地址的版权页已成型，并与卷首页开始成为书籍固定的元素；标点法的不断丰富，阿拉伯数字页码的使用等，在很大程度上方便了读者的阅读和查找（图 1-50）。由于西方对新大陆的探险，人们的视野不断开阔，世界的范围也超乎想象地扩大了。

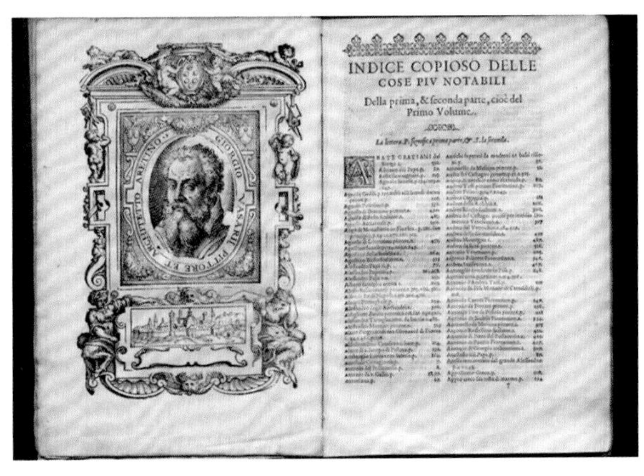

图 1-50 文艺复兴时期书籍内页版式

（五）外国近现代书籍的发展——书籍设计风格不断推陈出新

16—17 世纪，是欧洲多事纷乱的年代，但这个时期却是书籍不断发展与革新的时代，书籍的现代特征更加明显起来。大开本的书籍已不再流行，小说、诗集等大多采用 4 开或更小的开本印刷；小开本大小从 8 开、12 开到 16 开，甚至有 24 开本的书籍出现。

伴随着小开本的普及和新图书种类的不断出现，18 世纪出现了一股阅读的狂潮，书籍成为人们日常生活中不可或缺的物品。18 世纪，洛可可风格在法国宫廷盛行，这种风格强调浪漫情调，流行自然形态、东方装饰，色彩比较柔和。随着插图数量增多，绘画风格开始朝着个性化的方向发展。插图的上色最初都是通过手工完成的。此时期，人们进行了双色或多色版画的印刷实验，书籍开始出现印制的彩色插图。书籍设计艺术更是呈现了千姿百态的风貌，装帧形式也出现了许多华贵的类型。在书店里，人们可以买到按普通方法装订的书，也可另请装帧师按照自己的意愿进行个性化的装饰（图 1-51）。

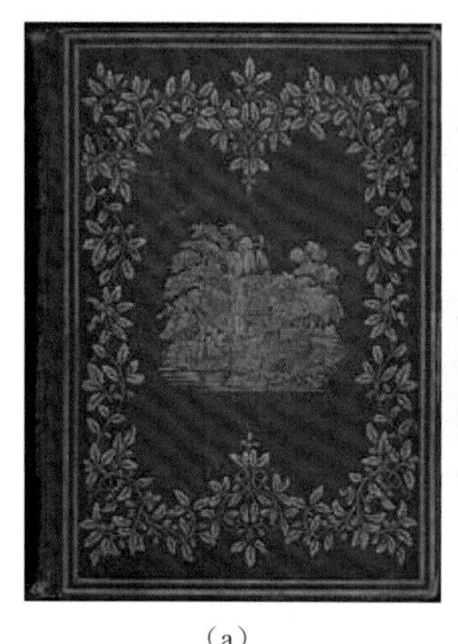

(a)

(b)

图 1-51　洛可可时期书籍封面设计

(a) 示意一；(b) 示意二

19 世纪末，被人们誉为现代书籍艺术的开拓者的威廉·莫里斯，在他所倡导的工艺美术运动的推动下，提出艺术品手工制作才是最好的，机械化不可能实现手工艺术，主张消灭艺术和生活的界限，使生活艺术化。他的成就不是以商业为目的，而是为书籍爱好者设计精美的封面、字体、版式，使用优质的印刷、油墨、装订方式。莫里斯认为应该将一本书作为建筑来设计，书籍设计的每个细节都要思虑周全。莫里斯在书籍设计中采用的纸张是由肯特郡的一家工厂按照他要求的规格手工制作的，用的油墨来自德国汉诺威，他还亲自为书籍设计了大量铅字。莫里斯的书籍设计版面编排构图很满，特别是在扉页和每章的首页，缠枝花草图案和精细的插图、首字母的华丽装饰方式，都具有强烈的哥特式复兴特征。扉页装饰往往采用整版的植物纹样为底纹，标题和精美的插图工整地对称编排（图 1-52、图 1-53）。

图 1-52　《威廉·莫里斯诗集》扉页草稿 威廉·莫里斯设计 1870 年

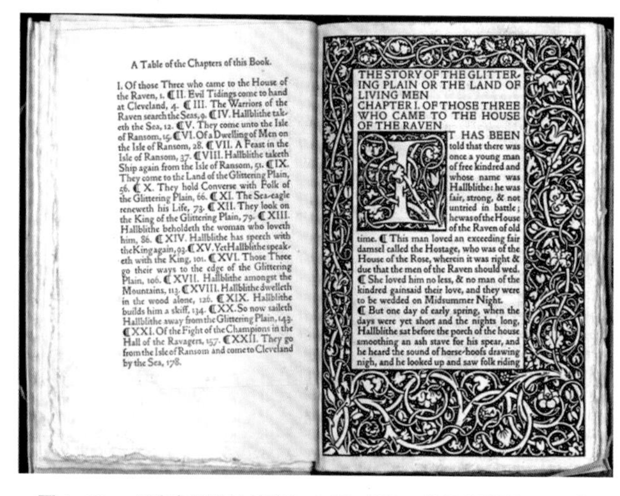

A Table of the Chapters of this Book.

I. Of those Three who came to the House of the Raven, 1. ¶ II. Evil Tidings come to hand at Cleveland, 4. ¶ III. The Warriors of the Raven search the Seas, 9. ¶ IV. Hallblithe taketh the Sea, 12. ¶ V. They come unto the Isle of Ransom, 15. ¶ VI. Of a Dwelling of Men on the Isle of Ransom, 28. ¶ VII. A Feast in the Isle of Ransom, 37. ¶ VIII. Hallblithe taketh Ship again from the Isle of Ransom, 51. ¶ IX. They come to the Land of the Glittering Plain, 56. ¶ X. They hold Converse with Folk of the Glittering Plain, 66. ¶ XI. The Sea-eagle reneweth his Life, 73. ¶ XII. They look on the King of the Glittering Plain, 79. ¶ XIII. Hallblithe beholdeth the woman who loveth him, 86. ¶ XIV. Hallblithe has speech with the King again, 93. ¶ XV. Yet Hallblithe speaketh with the King, 101. ¶ XVI. Those Three go their ways to the edge of the Glittering Plain, 106. ¶ XVII. Hallblithe amongst the Mountains, 113. ¶ XVIII. Hallblithe dwelleth in the wood alone, 126. ¶ XIX. Hallblithe builds him a skiff, 134. ¶ XX. So now saileth Hallblithe away from the Glittering Plain, 143. ¶ XXI. Of the Fight of the Champions in the Hall of the Ravagers, 157. ¶ XXII. They go from the Isle of Ransom and come to Cleveland by the Sea, 178.

THE STORY OF THE GLITTERING PLAIN OR THE LAND OF LIVING MEN

CHAPTER I. OF THOSE THREE WHO CAME TO THE HOUSE OF THE RAVEN

IT HAS BEEN told that there was once a young man of free kindred and whose name was Hallblithe: he was fair, strong, & not untried in battle; he was of the House of the Raven of old time. ¶ This man loved an exceeding fair damsel called the Hostage, who was of the House of the Rose, wherein it was right & due that the men of the Raven should wed. ¶ She loved him no less, & no man of the kindred gainsaid their love, and they were to be wedded on Midsummer Night.

¶ But one day of early spring, when the days were yet short and the nights long, Hallblithe sat before the porch of the house smoothing an ash stave for his spear, and he heard the sound of horse-hoofs drawing nigh, and he looked up and saw folk riding

图 1-53　《呼啸平原的故事》内页 威廉·莫里斯设计 1891 年

知识拓展：黄金字体

莫里斯“书籍之美”的理念影响深远，在欧美各国均兴起了书籍艺术运动，对德国表现主义、意大利未来派、俄罗斯构成主义、达达主义、荷兰风格派、超现实主义等均产生了巨大影响。20 世纪初，是世界工业革命和科学技术迅猛发展的时期，在相当长的一段时期，人们几乎经历着一场对传统意识形态的革命，其涵盖了哲学、美学、心理学、文学、艺术等一切领域，现代主义设计也随纷繁的时代意识潮流产生，现代主义的书籍设计充满着个性、主观性、民主性和革命性。受同时代艺术思潮的影响，表现主义、未来主义、达达主义、超现实主义、波普艺术等都在书籍设计中有所体现。书籍版面的设计更加自由开阔，不受约束。文字不再是传递信息、表达内容的工具，而是成为一种视觉元素作为图形来自由布局，对于传统的书籍设计产生了很大的冲击（图 1-54）。

图 1-54 《包豪斯展览图录（1919-1923）》
封面设计：莫霍利 · 纳吉 1923 年

意大利未来派书籍设计最大的特征是讲究书籍语言的速度感、运动感和冲击力。在版面中文字、图形富于动感，呈现不定格式的布局，是对传统线性阅读发起的挑战（图 1-55）。达达派书籍设计采用拼贴、蒙太奇等手法，表现出一种怪诞、抽象、混乱、毫无章法的书籍版面（图 1-56）。俄罗斯构成主义是现代书籍设计艺术的起点，它在版面设计和印刷平面设计两个领域都具有革命的意义，是一种理性和逻辑性的艺术，其版面编排以简单的几何图形和纵横结构为装饰基础，色彩较单纯，文字采用无装饰线体，具有简单、明确的特征（图 1-57）。

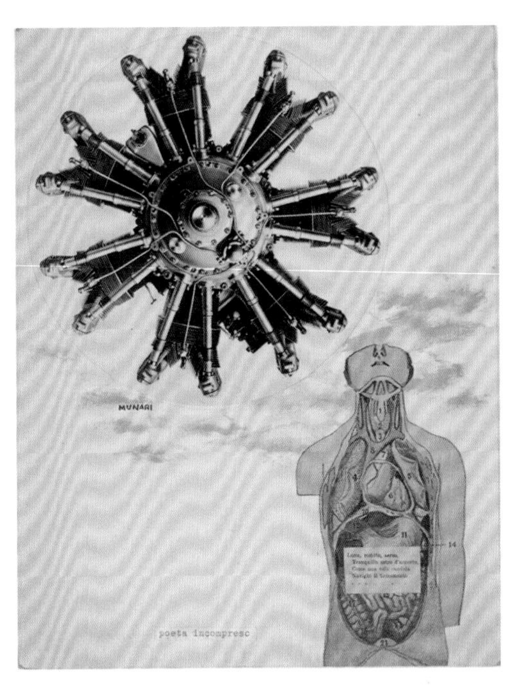

图 1-55 《不被理解的诗人》 纸本综合媒材
布鲁诺 · 穆纳里设计 1933 年

图 1-56 达达主义排版

图 1-57 《俄国：为世界革命的建筑》封面 封面设计：利西茨基

欧洲近半个世纪的设计探索和实验最终在包豪斯学院得以完善，并形成了体系。包豪斯（1919—1933），是德国魏玛市的公立包豪斯学校的简称，后改称设计学院，但人们习惯上仍称包豪斯学院。包豪斯学院的成立标志着现代设计教育的诞生，对世界现代设计的发展产生了深远的影响，包豪斯学院也是世界上第一所完全为发展现代设计教育而建立的学院（图 1-58、图 1-59）。

图 1-58　莫霍利 · 纳吉为格罗皮乌斯的著作设计的护封

图 1-59　《包豪斯》校刊第一期的版面设计（1926）

第二次世界大战爆发后，大批欧洲设计师逃亡到美国，将欧洲现代平面设计风格带到了美国。当时纽约聚集了美国大量的设计师，欧洲来美的大部分设计师也集中于此，因此，纽约成为美国现代设计最重要的发源地，并形成独具风格的纽约平面设计派。包豪斯学院解体以后，瑞士的设计师们继承了包豪斯的设计思想。到 20 世纪 50 年代，一种简单明确、传达准确的设计风格开始在联邦德国与瑞士形成，被称为瑞士平面设计风格（图 1-60）。20 世纪 60 年代，日本经济高速发展，在书籍设计上其一方面紧跟国际潮流，尤其注重对俄罗斯构成主义的学习和借鉴；另一方面也非常注重对日本传统的民族历史文化的继承，最终形成了独特的日式东方风格的书籍设计。

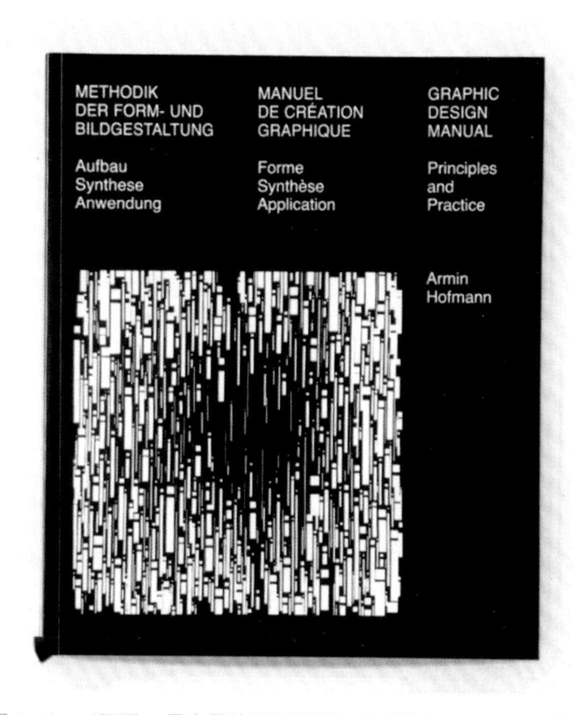

图 1-60　《阿明 · 霍夫曼的设计原则》封面设计：阿明 · 霍夫曼

三、当代书籍设计的发展趋势

随着科技的飞速发展，人们审美能力的不断提高，销售方式的不断改变，书籍艺术已打破传统模式，形式上有了新的样貌。它不仅仅是书，同样可以是科技的产物，艺术的化身。书籍设计艺术逐渐趋向于多元，书籍设计艺术在现代社会中蕴藏了越来越丰富的形式、样态、面貌。随着时代的不断发展以及国际之间文化的不断交流，当前书籍设计也发生了巨大变化（图 1-61）。

当代书籍设计不只停留在书籍的封面、版式、装帧设计，而是更注重读者的观感体验，书籍的整体设计概念在不断增强，设计师在探索新形式与新工艺的同时注入了更多的情感与文化内涵。在表现手法上，电脑绘画、胶版印刷、新型材料等新工艺、新技术的广泛应用，使书籍形态呈现出了前所未有的艺术效果和繁荣景象。

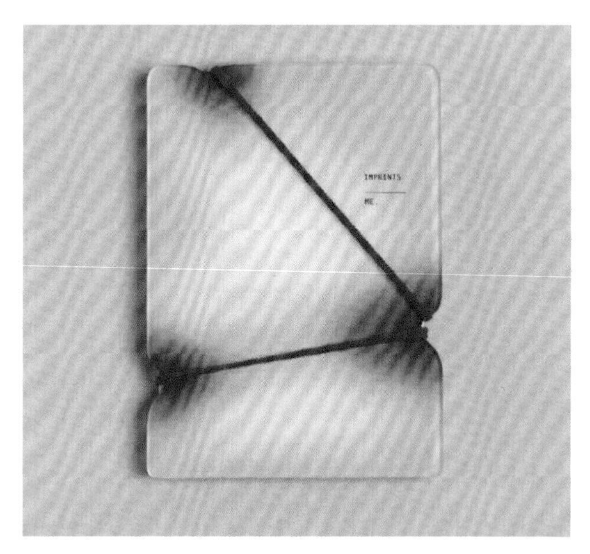

图 1-61 《皮肤勒痕》第二十三届白金创意国际大赛获奖作品
书籍设计：郑萱

1. 视觉盛宴——突出个性风格，形式独特多样

当代书籍设计打破了传统书籍的面貌，不再一味遵循固有的形式风格。书籍设计要做到适应现代社会和读者的审美欣赏习惯，设计师就需要不断创新求异，形成既有丰富内涵，又适应市场需求的书籍设计语言风格。近年来，有很多设计师在继承书籍发展过程中优秀的设计形式的同时，不断探索和研究更具个性化的语言形式。现代的书籍设计不再局限于某一风格、某一方法，设计的思维、方法、风格都呈现出多样化特点。

当代书籍设计风格可以说推翻了传统书籍设计所追求的理性、秩序的法则，设计师更多的是根据读者的需求特定书籍的风格样貌，重新定义色彩、文字、图像这些平面设计中最基本的设计元素。在当代书籍设计中，元素被颇具想象力的方式解构重组，一行字被断成数截，不同字号、行距、字体的文字混合编排，文字和图像被糅合在一起构成一种新的设计元素。传统书籍过于讲究理性与统一的结果，是对视觉表现的个性化与趣味性的忽视，展现了较为僵化的视觉形式。在某种程度上，当代书籍设计的风貌正是弥补了这些被传统所忽视的东西（图 1-62）。

2. 触感体验——加强材质美感，融入独特魅力

书籍作为一个实实在在的产品实体，具有一定的触感。传统书籍装帧上都是以纸质为主，其材料种类也较为统一。随着时代的变化，大量不同的新型材料被应用到书籍设计中，增加了书籍现代设计之美的同时也将书籍设计的表现力更充分地展现出来。不同形态特质的材料所展现的视觉或触觉，通过不同的途径传递给读者，让读者有阅读之外的附加感受，并能够引起共鸣。一件出类拔萃的书籍设计作品，无论是从护封到内封，还是从扉页到内页，都会使读者在阅读时，感受到由于选择材料的恰当、合理而带来的独特体会。

（a）

（b）

图 1-62 《不裁》，获得“中国最美的书”和“世界最美的书”，一本需要边裁边看的书 书籍设计：朱赢椿 2007 年
（a）示意一；（b）示意二

在当代书籍设计领域中，不同材质的运用也有着各自的功能与意义。这些材质既保证了书籍作为一种载体的实用价值，也保证了书籍的传播与阅读这一基本功能的实现。虽然从古到今，读者对于一本书的喜爱程度绝大部分原因都集中在对这本书图文风格样式的喜爱，但从实际的视觉效果和触觉感受上来看，这些材料的选择与运用都丰富了书籍的表现形式，不仅强化了书籍带给广大读者的视觉感受和触觉感受，也对书籍的多样形态进行了再塑造。

3. 科技引领——阅读习惯改变，电子书籍崛起

随着数字、多媒体技术的发展，人们生活方式和阅读习惯发生了很大改变，这也为当代书籍设计事业带来了新的机遇和挑战。20 世纪后期，随着计算机技术的快速发展，各种设计软件的出现，计算机辅助技术被广泛应用，对书籍设计及制版印刷带来了革命和繁荣，使书籍设计迈入了精细化、个性化和多元化的轨道。进入 21 世纪以来，伴随着网络技术的飞速发展，网上阅读正在成为越来越多人的阅读习惯。新时代下，多媒体电子读物、网络出版物等对传统书籍设计的出版都带来了巨大冲击。电子书籍便于携带、易用、容量大的特点非常适合现代快节奏的生活方式。书籍设计者需要重新思考书籍设计的方向。书籍设计已经不仅仅属于平面设计的范畴，还存在互动设计等领域的新型设计概念，以构成三维的空间关系，从而形成观赏触摸听觉的实用之物。电子书籍的出现使传统书籍的阅读习惯、排版方式、功能特点等都发生了很大改变。但电子书籍包含的基本元素依然是文字、图形和色彩及适用于电子设备的阅读方式，阅读功能和信息价值本质上没有变化。所以，电子书籍也并不是完全脱离了传统书籍的设计方法，只是在传统书籍设计的基础上丰富了更多感官的调动。在版面上可以出现彩色图片与互动字体、动画、音乐，运用动态画面、有声文字与图片结合，在生动的画面效果中激发人们的视觉感知，颠覆传统设计的表达，使视觉、声音、互动元素等完美结合，再现一个鲜活的具有崭新生命力的科技产物。

信息时代的来临给书籍带来了不同的视觉化和形式化。信息时代改变了传统书籍的阅读形式，转变了大众对传统书籍的需求和观念。在进行书籍设计时，通过视觉、声音及动态等形式来进行书籍信息的传递。书籍设计正以全新的、合理美观的形式将信息更好地呈现给人们，让读者在阅读的过程中具有全新的体验感（图 1-63）。

图 1-63　电子书阅读展示

4. 无限想象——充满实验性的概念化书籍

书籍结构及形态的演变发展，展现了人类智慧的足迹。概念是反映对象本质属性的思维方式，概念书籍的设计更加强调的是书籍本身的实验性质。所谓概念书籍即在传统书籍的基础上，寻求书籍内容表现可能性的另一种新形态的书籍形式。它包含了对书籍内容的充分表达，对书籍形态及阅读形式的大胆革新，是为了寻求新的书籍设计语言而产生的一种新型设计形式。概念书籍设计是书籍设计中的一种探索性行为，为书籍设计未来的形式和发展提供了一定的参考（图 1-64、图 1-65）。

综上所述，当代书籍设计是在不断发展、不断完整、不断进步的。虽然书籍设计还处于方兴未艾的年代，但是在其发展现状中呈现出了多种多样的方式。因此，随着经济水平的进一步提高，当代书籍设计还将取得更大的进步和发展。当代书籍设计观念已极大提升了书籍设计的文化含量，充分地扩展了书籍设计空间，未来书籍设计还将向着这个方向继续发展，由过去单向性的平面结构向多方位、多元化的书籍整体设计去转化。只要书籍设计师的想象力无边无际，那么书籍设计未来的发展将有无限可能。

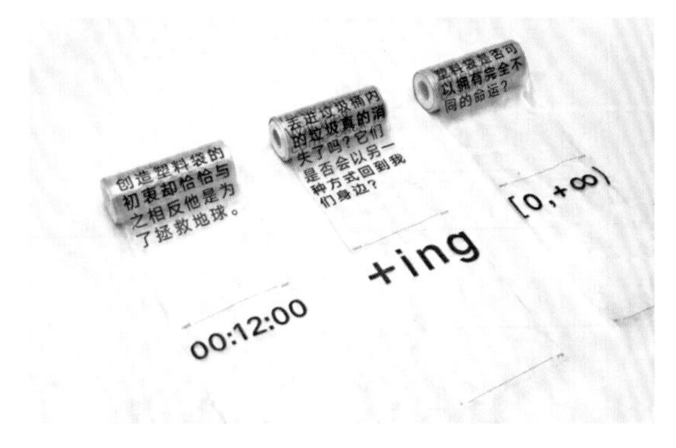

图 1-64　《十二分钟》实验性书籍 书籍设计：十二分钟小组（中国美术学院）

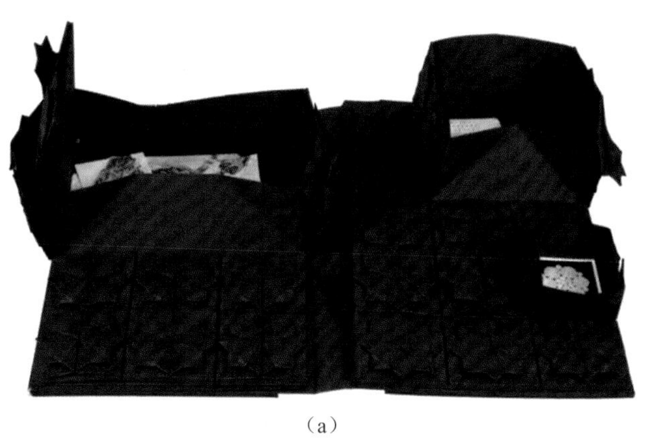

（a）

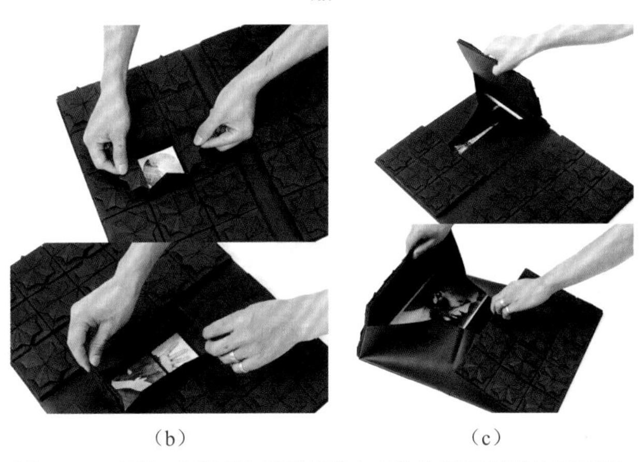

（b）　　　　　　　　（c）

图 1-65　《线》书籍设计 采用折纸方式设计出不同层级可开启的盒子，每个大小不一的盒子中都装有不同尺寸的书籍内容
（a）示意一；（b）示意二；（c）示意三

单元三　书籍设计的基本原则

书籍设计是根据书籍客观内容展开的具有想象力和实验性的综合艺术表现形式。书籍设计的语言是多元化的，有效且恰当地反映书籍的内容、特色和作者意图是书籍首要考虑的原则；同时还需考虑不同读者的年龄、职业、性别、偏好等，以及特定人群的审美欣赏习惯，这样设计的书籍才能赢得市场。所以，在进行书籍设计时需要遵从一定的设计原则。

一、思想内容与创意形式的统一

在书籍设计中，书籍的文字内容决定了其设计风格和表现形式，设计必须反映和揭示该书的内容及作者要表达的文字内涵。形式是由内容而生的，一本书籍一定要做到“表里如一”，才能打动读者。

如果只注重内容而忽视创意表现，那么这本书籍将毫无生机。它缺乏美感，不够吸引读者，再好的内容可能都不会被人熟知，在阅读的同时体验感也将大打折扣。同样，如果书籍的创意表现形式过于天马行空，与书籍的内容无法呼应的话，就会给读者造成误解或产生歧义，书籍的内容就无法正确地传达，那么书籍就失去了其本质意义，形式也就没有存在的价值。

综上所述，一本好书的思想内容与创意形式缺一不可，而且要高度统一。所以作为书籍设计者要深入了解书籍内容、作者意图、读者喜好，根据掌握的信息汇总确立主题风格、表现形式。通过寻找内容与形式的结合点，将书籍内涵通过创意形式表现出来，直击读者内心深处（图 1-66）。

（a）

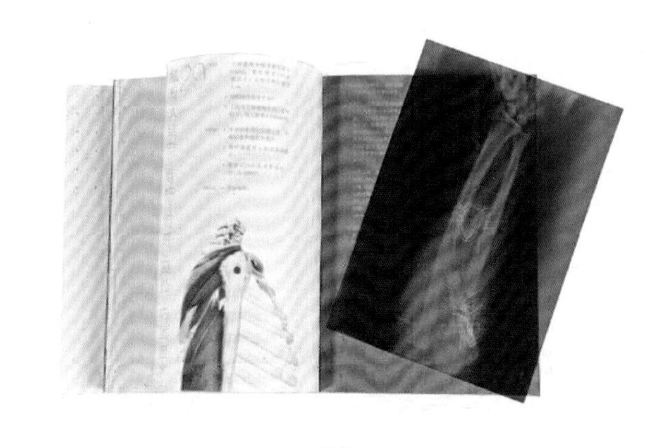

（b）

图 1-66　《骨科小手术》2019 年“最美的书”书籍设计：尹琳琳
（a）示意一；（b）示意二

二、整体风格与局部设计的统筹

书籍设计是一项综合系统的工程，它是立体的、多面的、多维度的。整体的设计包括从内容到形式、从意向到具象、从设计到销售，每个环节都要做到和谐统一，追求书籍整体之美。所以，书籍设计应该根据书籍

内容总体构思去进行每一个局部、每一个细节的关联设计。每一个局部环节都要服从整体，而且各个局部之间在整体的限制下要做到协调统一。

当读者被一本书吸引时，从他看到封面上的内容和设计元素时就开启了一场心灵旅程，每一个设计元素都是书籍内容的传递符号，感染读者的是从整体到局部的和谐统一。书籍的外部设计有函套、护封、封面等，它们起着宣传和保护的作用；书籍的内部设计有环衬、扉页、正文、插图、版权页等；书籍整体形态及材料的设计有开本、材料、纸张、印刷、装订等；对书籍运输及销售的设计有书盒、包装箱、手提袋、广告、宣传册等，这些都是书籍整体统一的形象。设计者必须仔细考虑每一个细节，任何一个细小的环节都不可大意或省略，每一个局部，都会给读者连续性的视觉感受。读者在翻阅的过程中能够体会到每一个细小局部给整体设计带来的精彩，使得整体有更充实的内涵。所以，书籍设计要把握好各个局部之间的互相配合，以及整体风格与局部设计的统筹考虑，才能打造出一本优秀的书籍（图 1-67）。

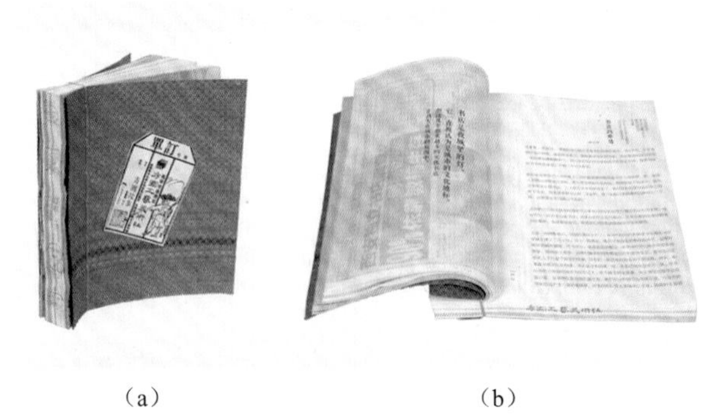

（a）　（b）

图 1-67　《订单——方圆故事》2016 年“世界最美的书”金奖 2015 年“最美的书”书籍设计：李瑾

（a）示意一；（b）示意二

三、传统文化与现代技术的融合

中国传统文化博大精深，艺术底蕴丰厚，为现代设计带来了无尽设计的源泉。中国最早的书籍形式简册，文字排版为竖排版形式，翻页由左向右，构成了具有中国传统文化的形式语言。装帧形式更有卷轴装、旋风装、经折装、蝴蝶装、包背装、线装等，都是极具特色而又蕴含中国传统文化底蕴的书籍形式。中国传统书籍既注重工艺性，又非常注重材料的使用。古人崇尚书是清高、古朴、淡雅的思想代表，文人墨客更追求精神层面的摄取，书籍的整体设计偏向淡薄高雅的品性，无套色，无复杂的图形，封面更多体现的是材质的美，以及书法的艺术魅力。长期的历史积淀使中国文人对书的审美形成了“雅”的观念。这些传统的文化审美思想都成了当代书籍设计中非常重要的文化养分（图 1-68）。

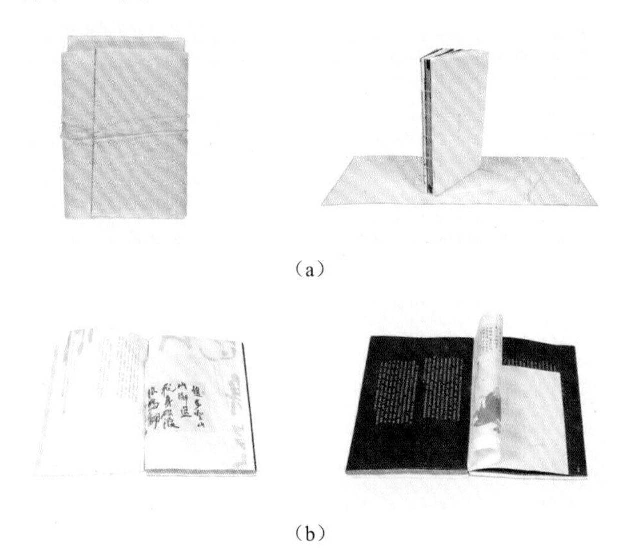

（a）

（b）

图 1-68　《学而不厌》2016 年“世界最美的书”铜奖，2015 年“最美的书”书籍设计：曲闵民、蒋茜

（a）示意一；（b）示意二

近现代随着书写方式与阅读方式的科学研究，符合人体工程学的左翻式逐渐占据了今天书籍形式的主要地位，横排版书籍设计为我们今天所习惯。科学技术不断发展、计算机技术全面覆盖、印刷工艺不断提升，使书籍设计有了更广阔的、更先进的发展方向。但一些人片面地强调计算机的作用，而设计作品缺乏个性，引入的西方现代设计对其不进行消化，生硬的模仿照搬，使得设计失去了自己的风格。趋同性的设计及铺天盖地的现代设计风格元素的堆叠，使得书籍设计仅存在技术性语言而缺乏个性与特色。

当今的书籍设计必须具有现代感，但我们不能盲目崇拜西方国家的设计风格。书籍是知识文化的载体，一定要具有民族文化的内涵。中国有五千年的文明史，祖先给我们留下了取之不尽的宝贵文化财富，我们应该拥有文化自信，继承中国传统文化的精髓。同时结合西方现代设计的先进方法，使传统艺术和现代技术完美融合，为中国书籍设计注入既有中国韵味又紧跟时代步伐的新鲜血液，使民族性的书籍设计语言逐渐走向世界（图 1-69）。

（a）

（b）

图 1-69 《曹雪芹风筝艺术》2006 年“世界最美的书”荣誉奖，2005 年“最美的书” 书籍设计：赵健工作室
（a）示意一；（b）示意二

知识拓展：《曹雪芹风筝艺术》

四、实用功能与艺术审美的兼容

在书籍设计中，功能性与艺术性是对立统一的关系。艺术性是从属于书籍的，书籍设计的艺术性要为书籍的内容服务。书籍设计的艺术性可以使功能性体现得更加完美，促使书籍的使用价值体现得更鲜明，让书籍更有利于阅读，从而唤起读者的阅读兴趣。功能性是艺术性展开的基础，凡是符合书籍功能性的艺术性才是美的。书籍设计不能只考虑功能性，否则书籍的阅读过程将索然无味，同时书籍设计也不能只看形式美感的“表面功夫”，这样的书籍徒有虚表，无法传递书籍内容的真实内涵，必将遭到淘汰。书籍设计的审美价值必须寓于书籍的使用价值之中，从书籍的使用价值中直接产生出来的设计之美，才能让书籍从内而外地散发出光芒（图 1-70）。

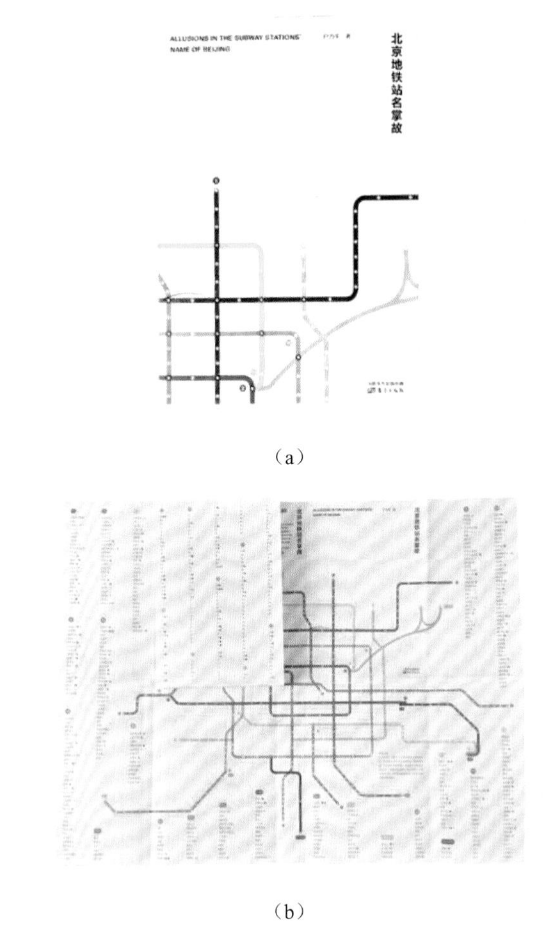

（a）

（b）

图 1-70 《北京地铁站名掌故》 书籍设计：T. M. T. Studio
（a）示意一；（b）示意二

单元四 书籍设计的流程

书籍设计是一个系统工程，要想让书籍获得读者认可，就需要从多角度分析市场需求，确定图书主题，明确设计风格，完成设计制作。所以，书籍设计是一个复杂的动态过程，其中包含很多的步骤。每一个步骤都需要设计者认真钻研、努力探索，最终形成的书籍才能符合当代读者的需求，符合书籍内容所体现出的气质。具体书籍设计的实施过程可分为市场调研与整体策划阶段、设计制作与沟通修改阶段及印刷出版与推广发行阶段。

一、市场调研与整体策划

（一）阅读原稿

原稿是书籍设计服务的对象，一本书的主题风格是由原稿内容决定的。书籍设计不是个人情感、才气的随意表现，它必须忠实于原稿，依据原稿内容所表达的深刻内涵来进行创作。设计之初必须对书籍内容进行深入解读，包括书籍内容、书籍主题精神的解读；也包括书名、书籍类型、出品方式等的解读。明确作者要表达的精神内涵之后，才能确立书籍整体的风格定位，让读者由内而外感受书籍的气质魅力。好的书籍设计在充分演绎原稿的内容、精神内涵的同时，需要增添符合原稿气质的创意表现，这样的书籍才更具说服力与价值。

有些时候书籍出版留给设计师的创作时间很短，没有办法花时间和精力去剖析内容，甚至有时候设计师都不能阅读到书稿，这就使书籍内容的解读难以进行。此时，设计师需要与作者进行有效沟通，明确作者的创作意图，通过深入交流和提出问题，化解无法阅读书稿的问题。如此才能把握好书籍设计的方向。

（二）市场调研

在书籍设计之初需要进行全面详细的市场调研，这样可以准确把握图书市场的情况，明确读者对书籍设计的需求，避免后续问题的产生。这些调研信息可以识别和界定市场营销的机会和问题，改进和评价整个设计活动。不做系统客观的市场调研与预测，仅凭经验或不够完备的信息，就试图给出合理的策划方案对于任何设计都是非常危险的，也是十分落后的行为。通过市场调研可以了解市场上同类型书籍的设计现状、阅读群体、设计形式、工艺材质等。客观地收集、识别和分析这些信息，形成具有说服力的建议及完善的策划方案，以供设计者进行有目的、有方向的设计创作，避免设计偏离轨道，设计结果不尽如人意。通过对书籍市场的观察和分析，可以了解市场所需求的重点、当前的设计潮流、市场中同类书籍的定位、设计风格的新变化，以及与同类书籍相比，此书的特点和优势是什么等信息。掌握这些市场信息，不仅可以在设计方向上起到正确引领的作用，同时可以让书籍设计具有更大的发挥空间，帮助设计师对设计方向进行正确的判断。

书籍的受众广泛，作者对书籍的熟悉以及出版社对市场的了解，决定了他们对书籍设计提出的意见有特别重要的价值。设计师要学会仔细聆听，需要有足够的耐心，全面分析这些意见和建议，并结合自己的专业知识和技能，大胆提出自己的想法，把握好设计方向。避免造成设计的混乱是设计师的职责。

（三）整体策划

在深入了解原稿以及分析调研市场后就可以对书籍进行整体策划，要有计划地安排设计工作的开展，合理调配时间，明确工作步骤，从而达到事半功倍的效果。

1. 明确设计目标

书籍设计的目的是以艺术的手法明确地展现书籍内容的精髓，其直接目的就是在第一时间打动用户，促进销售。因此，设计师首先应明确该书内容特点和读者需求，然后逐一解决设计问题。

2. 设计风格定位

从书籍目标出发，根据书籍的体裁、题材、类别、读者对象、作者意图等确定书籍的风格。风格定位是整个版式设计的关键因素，要突出书籍特色，个性鲜明有创意，整体风格统一。书籍是文化的载体，书籍设计需要有文化的内涵，除了平时的积累、相关资料的借鉴，还应该注重民族文化传统的继承与发扬。设计师应该学会从各个方面寻找灵感和创作激情，只有将各类知识融会贯通，才有利于创作出适宜而又新颖、独特的书籍设计。

书籍设计的风格定位影响着书籍整体的设计效果。风格定位是否准确到位直接关系到书籍设计是否成功有效。例如，根据书籍题材的不同书籍风格大相径庭。文学类书籍的设计风格更浪漫文雅，可以采用写意风格或者叙事风格描绘故事内容；而科普类书籍的设计风格则更注重严谨写实，可以采用现代设计风格。如果根据读者群体不同进行风格定位，儿童类书籍更强调儿童心理和生理感受，设计风格多为色彩大胆艳丽、突出童真童趣；而读者受众多为女性群体的话，设计风格可以更为温柔、清秀。

书籍的艺术风格在某种程度上指的就是书的气质和艺术格调，作为精神产品的书，它是一切文化传播的载体之一。不同题材的书在不同的历史发展阶段都具有各自的风格，因而书籍设计的发展历程，也是书籍设计风格变化的历程，在它的每一个发展阶段，都有着它相应的审美形态和风格特征，拥有很高的学术价值和艺术价值。书籍设计艺术风格与出版行业和书籍市场的相互关系十分紧密，它对促进出版事业发展和书籍市场繁荣有重要的意义，同时出版业和书籍市场又影响着书籍设计风格发展的方向。

3. 创意表现形式

找到适合于书稿内容的设计艺术表达方式，是整个书籍设计工作的核心，这就涉及书籍各个结构的具体创意表现。

书籍的外部形态设计包括开本大小、装订方式、材料选择、工艺应用等。围绕书籍内容、读者需求，创意表现形式要在遵循整体设计风格的基础上进行发挥。例如，书籍开本形状、开本大小是否符合书籍本身，什么样的形式感既有创意又符合书籍气质；装订样式是线装还是胶装；用什么样的材质适合，纸张的厚度、质感要突出怎样的形式美感；封面适合大面积留白还是适合元素堆砌等，这些都是在对书籍全面了解的基础之上展开的形式表现。书籍是立体的、多面的、多层次的，书籍与读者的审美关系是动态的关系。所以，书籍的形式创意表现应该在立体的、多面的、多层次的、动态的空间中展开。

接下来就是平面元素的构成。书籍的封面、书脊、封底、内文版式上的平面视觉图像，其相对独立的平面设计要具有自身的形式意味，与外在的书籍立体形态的形式意味融合在一起，构成书籍设计艺术的整体魅力。在书籍的设计中图形、文字、色彩的多种组成方式造就了书籍设计形式创意的又一个重要手段。例如：对比与和谐、对称与均衡、有节奏的重复，以及由大至小、由强至弱、由粗至细的渐变，都是构成形式创意的要素。另外，线的节奏、色彩的节奏、符号的节奏、形状的节奏也都是发挥形式创意的空间。图形、文字、色彩的形式创意美渗透在书籍创作的一切空间之中（图 1–71）。

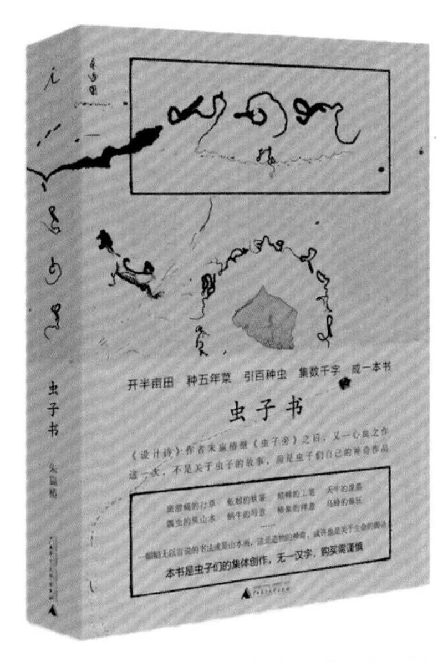

图 1–71 《虫子书》 书籍设计：朱赢椿

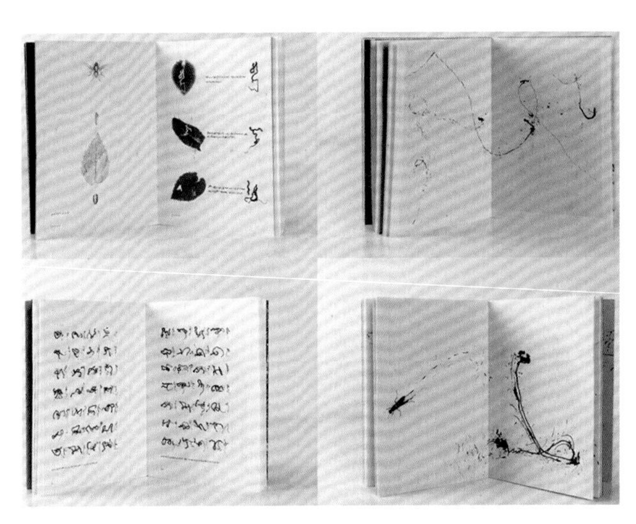

图 1–71 《虫子书》 书籍设计：朱赢椿（续）

知识拓展：《虫子书》

二、设计制作与沟通修改

明确设计风格及表现形式后就可以开始着手进行设计制作。把策划方案的计划和设想转化为实际成果的过程需要不断地修改和调整，最终才能获得最佳效果。

1. 草图方案

明确设计风格，整理创作思路后就要着手开始进行设计。首先可以将设计灵感进行简单勾勒，将大致开本、形状、封面版式、各结构页内容及涉及的细节元素进行草图绘制。把重要的设计理念进行标注，这样在运用计算机进行设计时会有整体的轮廓，对细节把握也更准确。草图的绘制过程非常重要，一些重要灵感的迸发正是在草图勾勒的过程中产生的。

2. 素材准备

素材准备是根据设计风格与草图内容收集相关设计素材和图片。如封面、内页图形元素、文字字体、内容相关图片等，以及一些工艺表现素材；材料肌理、纸张色彩、装订工艺样式素材等都要提前做好准备。

3. 计算机制作

选择适合的设计软件、依据草图构想对书籍各个结构逐一进行创意设计。完成书籍全部设计后需要进行打印校对，需对比策划方案中确定的风格样式是否达到一致，并反复阅读明确视觉的流畅性，调整细节问题，对不足之处进行改进。

4. 沟通修改

为了检验设计作品的印制效果，需要对设计作品进行打样，将设计的数字文件制成样品。同时，将样品提供给客户（作者、读者、出版社等），与客户沟通交流，听取他们的修改意见，然后根据需要对作品进行修改和调整，直至最终定稿。

三、印刷出版与推广发行

设计定稿完成后就是具体实施印刷装订过程。需根据之前所确定的方案选择材料品种、纸张克数、印刷工艺、装订方式，这也是非常关键的一步，关系到物化成形是否能够达到预期想要展示的效果。设计师要做到时刻与印刷厂进行有效沟通，确认印刷装订样品合格，保证完成的质量达到设计的最终效果。

图书作为商品，需要一个整体的营销过程。作为书籍整体设计的最后一个环节，挑选能够吸引读者的信息制作宣传海报、宣传册、布置宣传展台等视觉广告，配合图书销售进行推广，同时也是对书籍设计效果的最终检验评估（图 1-72）。

图 1-72　2010 年法兰克福书展中国展厅图书展示

思／考／与／实／践

1. 思维训练

随着当今科学科技的不断发展，书籍设计的样态变得丰富多样。新材料与新工艺在书籍设计上的尝试，使得人们对书籍的需求也变得求新求异。纵观书籍设计的发展历史，展望书籍设计发展的未来，畅想一下，未来的书籍设计会是什么样子。

实训目标：

结合古今书籍设计发展脉络，延伸到未来书籍可能预见的形式，对书籍设计建立全面系统的知识架构。

2. 调研实践

对市面上的畅销书籍进行市场调研。走访书店、图书馆、网络平台，对畅销书籍的外观设计、材质使用、装订工艺等进行分析，并对受众人群进行调研，分析总结主要受众人群的特点和喜好，完成调研报告。

实训目标：

通过实践训练掌握书籍的分类、功能、设计原则，并能自主进行总结概况知识体系，提升自主学习及实践探索能力。

模块二

MODULE 2

三维美学——书籍形态与书籍结构设计

模块导入

现代书籍作为知识有形的载体，为受众提供了前所未有的良好阅读体验，这归功于书籍作为立体的、多维度的、动态的形态特征。现代书籍设计是把书籍看作一个雕塑，从立体面的外部向内部逐渐进行雕琢，使得书籍在任何一个方面都能做到精致有韵味，符合当下人们逐渐严苛而全面的需求口味。这就需要设计者从书籍的形态到各个结构逐一进行符合全局策划的设计（图 2–1）。

图 2–1　《望江南》书籍整体设计展示

学习目标

1. 知识目标

学习书籍的形态设计，掌握开本设计的方法；明确书籍的基本结构，以及各个结构的功能和设计要点；掌握书籍封面的整体设计要求和方法。

2. 能力目标

通过学习会选择符合书籍特色的开本；能根据书籍内容需要设计不同形态的书籍结构；能根据书籍需要进行创意构思与表达；能独立完成书籍封面整体设计。

3. 素养目标

培养学生德育为先、能力为重的价值觉悟，强调社会责任感及实践能力；提高自身的职业素质。

单元一　书籍的基本结构

不同的书籍在形态与结构上不尽相同。书籍各个结构展现着各自的功能，同时也展现着自身的魅力。书籍的结构是指书籍各部分基本构成要素之和。精装书的结构，其构成要素相对全面。从开本的大小到封面的设计，从外部的图文到内部的排版，小小的书籍蕴含着诸多的构成要素，每一个结构在设计时都不能被忽视。虽然书籍的结构可繁可简，但其基本结构主要包含书籍的外部结构和书籍的内部结构两大部分（图 2-2）。

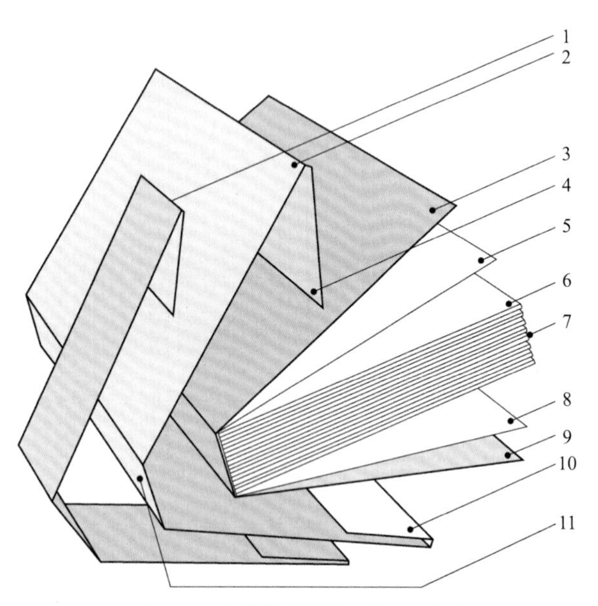

图 2-2　书籍基本结构示意图及名称

1—腰封；2—护封；3—封面；4—前勒口；5—前环衬；6—扉页；7—切口；8—后环衬；9—封底；10—后勒口；11—书脊

一、书籍的外部结构

书籍外部结构的构成，依据不同的装订手法各有不同。一本完整的书籍外部结构主要包括函套、护封、勒口、腰封、封面、封底、书脊、切口等。简装书的外部结构受成本等因素的制约，相对比较简单，主要包括封面、封底、书脊、切口等。

1. 函套

函套也称书套、书盒、封套，一般用于成套书籍或精装书的设计中。其主要起保护书籍、便于馈赠和收藏的作用。古代的线装书其形态柔软，难以站立，容易损坏，于是函套应运而生（图 2-3）。

图 2-3　《恶之花》书籍函套 书籍设计：刘晓翔

2. 护封

护封又称包封、外封，是包裹在书籍封面、封底外面的一张护书纸。护封多用于精装书，一般采用质量较好、档次较高的纸张，具有保护封面和装饰的作用。护封上通常印有书名和装饰性的图形，既能使书籍免受污损，又能增加书籍的设计感（图 2-4）。

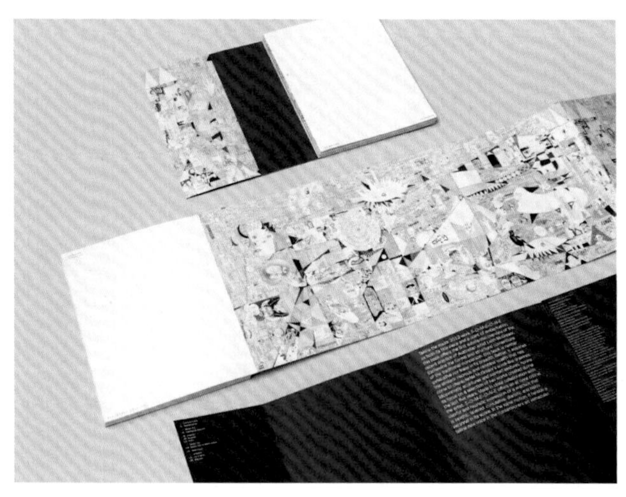

图 2-4　书籍护封展示

3. 勒口

勒口又称折口，是指书籍封面、封底的延长内折部分。其中与封面相连的称为前勒口，与封底相连的称为后勒口。勒口除用于保护书籍，防止封面、封底卷曲外，还可用于介绍书目和作者信息。一般以封面宽度的 1/3 ～ 1/2 为宜（图 2-5）。

图 2-5　书籍前后勒口展示

4. 腰封

腰封也称书腰纸，是指包裹书籍护封或封面的一条纸带，它犹如书籍的腰带；其宽度一般相当于图书高度的 1/3，也可更大些；长度则必须要能够包裹封面、书脊和封底，而且两边还各有一个勒口。腰封上可印与该图书相关的宣传、推介性文字、书籍补充的内容介绍（图 2-6）。腰封的主要作用是装饰封面或补充封面的表现不足，一般多用于精装书籍。

图 2-6　书籍腰封展示

5. 封面

封面是指书籍外皮的正面部分，它是针对书脊、封底而言的，必须与书脊、封底设计相互呼应。封面内容包括书名、作者名、出版社名和相关图文设计。封面具有保护书籍、美化书籍的作用，封面的图文结合需要在符合书籍内容的同时，最大限度地吸引受众注意（图 2-7）。

图 2-7　书籍封面展示

6. 封底

封底是书籍外皮的背面部分，是封面结构和内容的延展与补充。因此，在设计封底时要注意封底与封面的统一性和连贯性。封底的右下角通常印有书号、定价、图书条形码、二维码等。封底有时还印有书籍的内容简介、作者介绍、责任编辑名、设计者名及其他出版信息（图 2-8）。

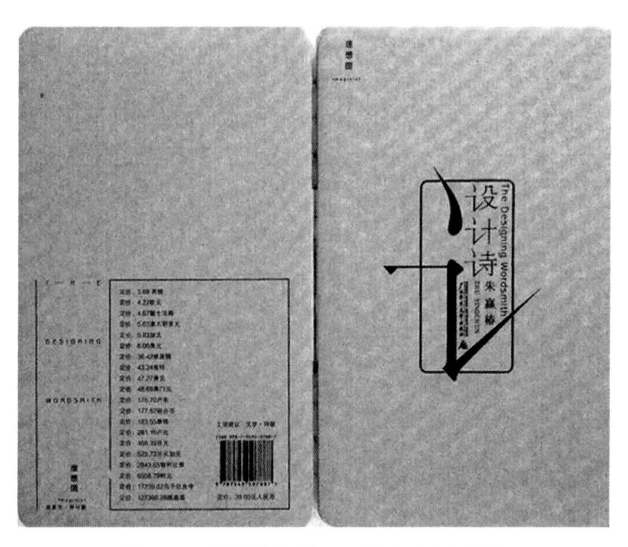

图 2-8　书籍封面（右）、封底（左）展示

7. 书脊

书脊是连接书籍封面、封底的部分。由于书籍内页的叠加形成了书芯，书芯是具有一定厚度的，经过装订便在书籍的订口部位形成了一定的宽度，附上包皮称为书脊。书脊的设计同样是封面设计的一种延伸。精美的、富有个性的书脊在书架上可以先声夺人，吸引读者的注意。因此，设计师都十分重视对书脊的设计，书脊上一般会有书名、作者名、出版社名等相关信息（图 2-9）。

图 2-9　书籍的书脊展示

8. 切口

大部分书籍是一个立方体，立方体具有六个面，除了封面、封底、书脊三个面外，剩下的三个面由书籍里每张纸的边沿叠加而成，这三个面在装订成册后会进行切齐，故称为切口。切口分为外切口、上切口和下切口（图 2-10）。

图 2-10　书籍的切口展示

9. 书签带

书签带是指一端粘贴在书芯的天头脊上，另一端不加固定，放在书页中起书签作用的丝带。书签带虽小，但属于外观装饰材料，可影响书籍的外观效果，所以不可忽视（图 2-11）。

图 2-11　书籍书签带展示

二、书籍的内部结构

书籍内部结构主要包括环衬、扉页、版权页、序言页、目录页、篇章页、内页等。除环衬外的书籍内部结构统称为书芯。书芯是将折好的书帖（或单页）按其顺序配成册并订联起来的称呼，也称毛书，即不包封面的光本书（图 2-12）。

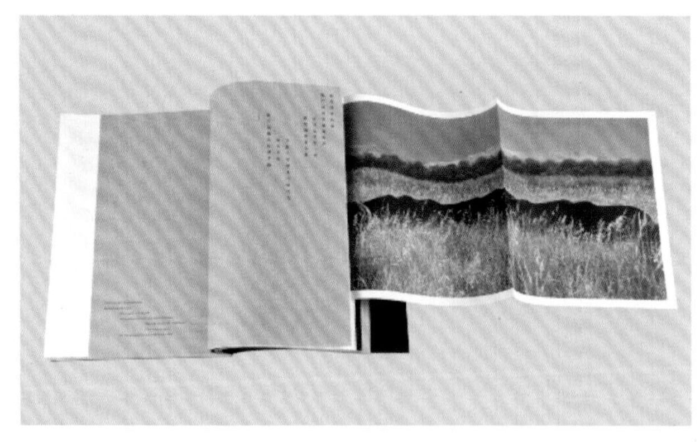

图 2-12　书籍内页展示

1. 环衬、衬页

环衬是连环衬页的简称。其位于封面之后、书芯之前，或书芯之后、封底之前的两页跨面纸。其中，连接封面与书芯的一页称为前环衬，连接书芯与封底的一页称为后环衬。它是精装书和索线平装书必不可少的部分。环衬的作用在于加固封面、封底和书芯间的连接，以使两者不至于脱离，同时也起着由封面到扉页、由正文到封底的过渡作用，是书籍的序幕与尾声（图 2-13）。

图 2-13　书籍环衬展示

衬页是衬在封面之后、封底之前，不跨页的一页或多页单张纸。衬页一般不印刷信息，只印有底色或使用有肌理的纸张（图 2-14）。

图 2-14　书籍衬页展示

2. 扉页

扉页又称书中副封面，一般位于环衬之后，目录页或前言页之前。扉页印有书名、作者、出版社等相关信息。其次扉页有装饰内部书页，增加美感的作用。书中扉页犹如门面里的屏风，起到一个承上启下连接封面和内文的作用。目前，国内外书籍的扉页往往比较简练，一般以文字和简单图形为主（图 2-15）。

3. 版权页

版权页是一本书的出版记录及查询版本的依据，故又称版本记录页。它是每本书诞生的历史性记录，一般位于书名页的背面、封三或书末。它记载着书名、作者（译者）名，出版、印刷、发行的单位，以及开本、印张、版次、印次、出版时间、字数、印数、书号、定价等有关信息（图 2-16）。

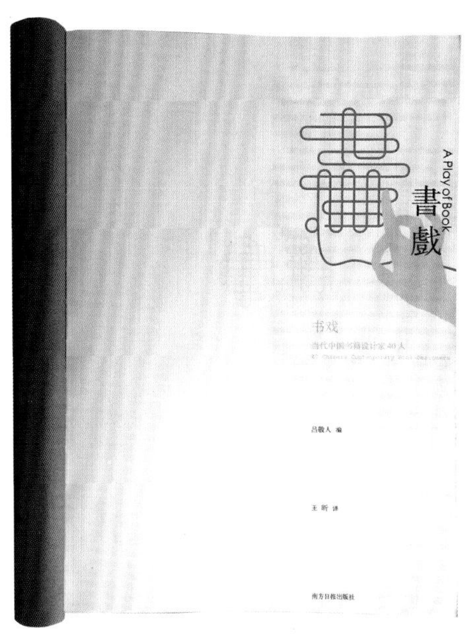

图 2-15　书籍扉页展示

图书在版编目（CIP）数据

图说人居电磁环境 / 吴桂芳主编；中国电机工程学会组编．—北京：中国电力出版社，2021.12

ISBN 978-7-5198-6144-5

Ⅰ．①图…　Ⅱ．①吴…　②中…　Ⅲ．①电磁环境－普及读物　Ⅳ．①X21-49

中国版本图书馆 CIP 数据核字（2021）第 227115 号

出版发行：中国电力出版社
地　　址：北京市东城区北京站西街 19 号
邮政编码：100005
网　　址：http://www.cepp.sgcc.com.cn
责任编辑：吴　冰（010-63412356）
责任校对：黄　蓓　李　楠
装帧设计：张俊霞
责任印制：石　雷

印　　刷：北京瑞禾彩色印刷有限公司
版　　次：2021 年 12 月第一版
印　　次：2021 年 12 月北京第一次印刷
开　　本：710 毫米 × 1000 毫米　16 开本
印　　张：4.25
字　　数：60 千字
印　　数：0001—1000 册
定　　价：29.00 元

版 权 专 有　侵 权 必 究
本书如有印装质量问题，我社营销中心负责退换

图 2-16　书籍版权页展示

4. 序言页

序言页包括序言和前言内容，是置于正文前的独立部分，在习惯上序言多用于学术价值、文化内涵较高的作品，而前言多用于教材和演绎作品（图 2-17）。

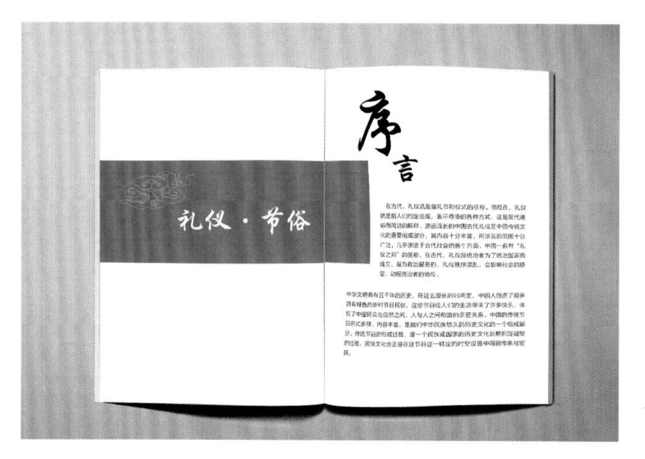

图 2-17　书籍序言页展示

5. 目录页

目录又称目次，是整本书的领航者。其内容包括篇、章、节的标题和页码等，起到给读者提供内容索引的作用。目录页大多安排在前言页之后、正文之前，便于读者查找相关内容（图 2-18）。

图 2-18　书籍目录页展示

6. 篇章页

篇章页又称辑封，是指在正文各篇章起始前，印有篇章名的一面单页。在设计篇章页时要求字体、图形、色彩具有统一性和连续性（图 2-19）。

7. 内页

内页是书籍主体信息的载体，在表现形式和内容传承上具有连续性。内页是读者视觉接触时间最长的部分，其设计的优劣直接影响了读者的心理状态（图 2-20）。

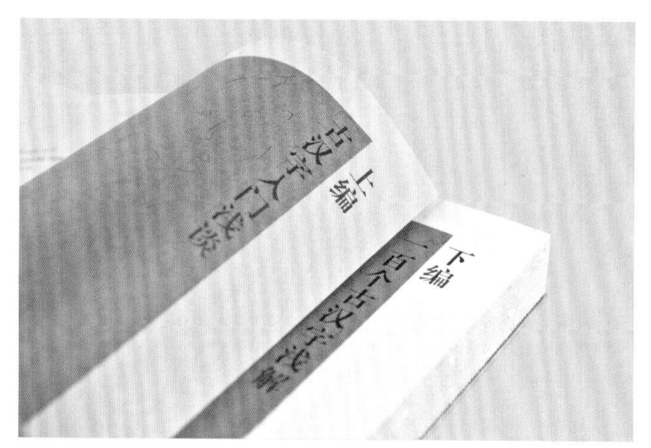

图 2-19　书籍篇章页展示

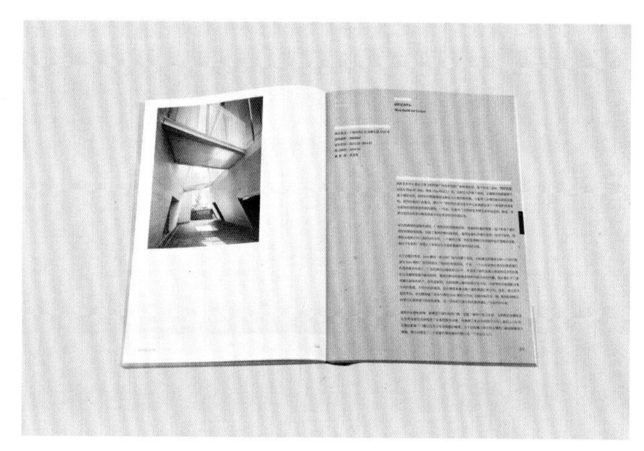

图 2-20　书籍内页展示

单元二　书籍开本的选择

早期的书籍由于是手工制作装订，纸张的大小并不统一，也没有固定的尺寸，所以没有出现“开本”的概念。直到机械化印刷出现，有了统一的纸张尺寸，才出现了现代书籍“开本”的概念。开本在现代书籍设计语言中是不能被忽视的设计部分。不同的开本给人传递的视觉感受和艺术性是完全不同的。这就需要我们了解开本的概念及开本大小与书籍的和谐统一关系。

一、书籍开本的概念

“开本”一词是机械印刷术与机制纸出现后，才真正确立的。开本是指一本书的幅面大小，也就是一本书的尺寸。开本是以整张纸裁开的张数作标准来表明书的幅面大小，只有确定了书籍开本的尺寸后才能进行之后的平面设计内容，包括确定版心、版面如何布局、封面图形、文字的设计等。

书籍印刷纸张大小的确定是以整开纸为基本单位的，每整开纸平均折叠和裁切后的不同大小尺寸则称为多少开，这些纸页的规格大小就是开本。开切的张数则为开本数。开本的绝对值越大，开本实际尺寸则越小。如 16 开本即为全张纸开切成 16 张大小的纸张。

全开纸的尺寸并不统一，所以同样开本数的书籍尺寸也会有所不同。目前最常使用的全开纸有正度纸，幅面为 787 mm × 1 092 mm（31 in × 43 in）的全张纸；以及大度纸，幅面为 889 mm × 1 194 mm（35 in × 47 in）的全张纸。正度纸裁切的 16 开尺寸称为正 16 开；大度纸裁切的 16 开尺寸称为大 16 开（图 2-21）。

纸张开数尺寸查询表

a大度 889 × 1 194(mm)　　C正度 787 × 1 192(mm)

a.597x889 / 2开 c.546x787　　a.444x1194 / 2开 c.393x1092　　a.398x889 b.410x880 / 3开 c.364x787　　a.440x750 / 3开 c.390x700　　a.444x597 / 4开 c.393x546　　a.298x889 / 4开 c.273x787

a.398x491 / 5开 c.329x457　　a.238x889 / 5开 c.218x787　　a.398x444 / 6开 c.364x393　　a.296x597 / 6开 c.262x546　　a.238x597 / 7开 c.218x546　　a.298x444 / 8开 c.273x393

a.222x597 / 8开 c.196x546　　a.296x398 / 9开 c.262x364　　a.214x487 / 9开 c.196x448　　a.238x444 / 10开 c.218x393　　a.177x597 / 10开 c.157x546　　a.238x398 / 11开 c.210x364

a.170x549 / 11开 c.156x470　　a.222x396 / 12开 c.196x364　　a.296x298 / 12开 c.262x273　　a.199x444 / 12开 c.182x393　　a.238x325 / 13开 c.218x284　　a.238x298 / 14开 c.218x273

a.238x296 / 15开 c.218x262　　a.177x398 / 15开 c.157x364　　a.222x298 / 16开 c.196x273　　a.149x444 / 16开 c.136x394　　a.199x296 / 18开 c.182x262　　a.148x398 / 18开 c.131x364

a.177x298 / 20开 c.157x273　　a.170x296 / 21开 c.156x262　　a.108x440 / 22开 c. 99x393　　a.199x222 / 24开 c.182x196　　a.148x298 / 24开 c.131x273　　a.177x238 / 25开 c.157x218

a.170x222 / 28开 c.156x196　　a.149x222 / 32开 c.136x196

常用图书开本（成品尺寸）

正度 8开：370×260；
正度16开：185×260；
正度32开：130×185；
正度64开：130×92；
大度 8开：420×285；
大度16开：210×285；
大度32开：140×210；
大度64开：140×101；

图 2-21　纸张开数尺寸表

二、纸张的开切方法

由于所需纸张幅面大小不同，所以整开纸的裁切方法也不同。主要考虑纸张使用的最大化，不产生浪费，节约成本。整开纸的裁切方法有几何级数开切法、直线开切法、混合开切法几种。

1. 几何级数开切法

几何级数开切法是将全张纸按反复等分（对折）方式开切，可开切出对开、4 开、8 开、16 开、32 开、64 开等开本。因其开切出的开数呈几何级数，故称为几何级数开切法。几何级数开切法正规、经济、纸张利用率高，可机器折页、印刷，装订方便，是最为常用的书籍纸张开切法（图 2-22）。

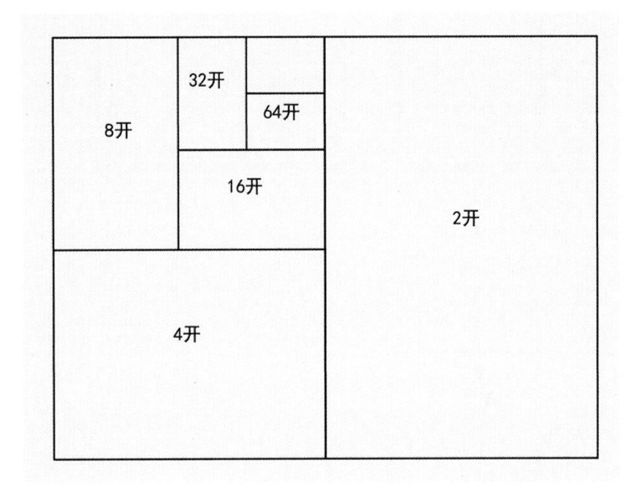

图 2-22　几何级数开切法示意

2. 直线开切法

直线开切法是对纸张有横向和纵向的直线开切，这类开切法具有对纸张的利用率较高、不产生浪费的优点。但缺点是页数的单双数不易控制，开出的页数双数、单数都有，给后续印刷装订带来了不便（图 2-23）。

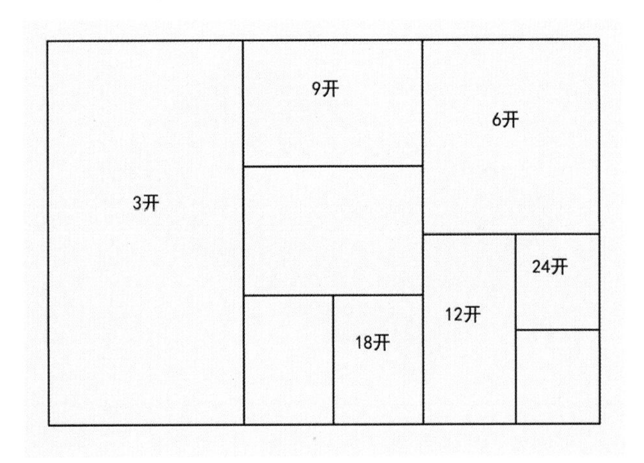

图 2-23　直线开切法示意

3. 混合开切法

混合开切法是纸张的纵向和横向不能沿直线开切，开下的纸页纵向横向都有。混合开切法可开切出任意开本尺寸，但纸张会存在浪费现象，即不能被全开纸张或大开纸张开尽，易剩下纸边造成浪费。混合开切法由于会开切出横纵向的纸张，所以不利于印刷和装订，相对成本就会增加，这类开本的书籍也被称为畸形开本书籍（图 2-24）。

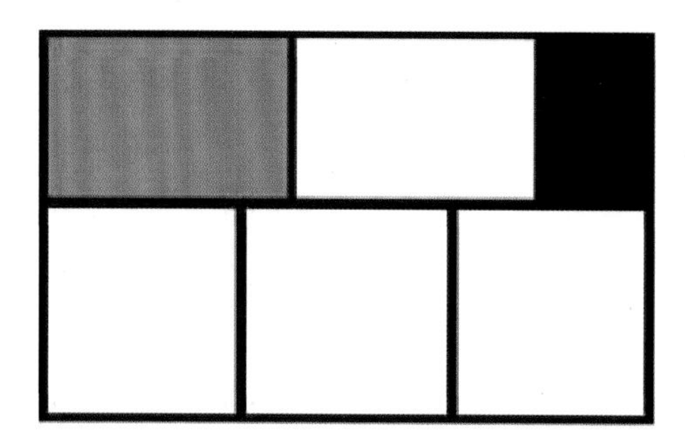

图 2-24　混合开切法 5 开，黑色部分为浪费纸张

三、书籍开本的类型

近年来，由于书籍的内容和形式越加丰富，书籍的开本类型也是越来越多样。不同的开本尺寸及形状给人们的视觉感受也大不相同。

1. 不同尺寸开本类型

书籍的常见开本类型根据尺寸不同可分为大开本、中型开本和小型开本。

（1）大开本。一般来说 12 开以上的开本被称为大开本。大开本幅面大而宽，视野开阔，展示效果好。大开本书籍一般多适用于图片、图表篇幅较多的画册和书籍（图 2-25）。

图 2-25　大开本书籍展示

（2）中型开本。16 ～ 32 开的开本选择一般定义为中型开本。中型开本大小适中，使用的范围比较广泛，各类书籍均可选择。

（3）小型开本。小型开本则指 32 ～ 64 开或更小的开本。小型开本小巧玲珑，便于携带，适用于各类工具书、手册、通俗读物或短篇文献等（图 2-26）。

图 2-26　小型开本书籍展示

2. 横、竖开本类型

（1）竖开本。竖开本是书籍上下（天头至地脚）长度大于左右（订口至切口）宽度的开本形式。竖开本形式适用于文字较多的书籍开本类型。

（2）横开本。横开本与竖开本相反，是书籍上下长度小于左右宽度的开本形式。在标注开本尺寸时，若大数字写在前面，如 285 mm × 210 mm（长 × 宽），则说明该书籍为竖开本形式；若大数字写在后面，如 210 mm × 285 mm（长 × 宽），则说明该书籍为横开本形式（图 2-27）。

（a）

（b）

图 2-27　《-40 ℃》封面及内页展示 书籍设计：樊响
尺寸：250 mm×355 mm×30 mm
（a）示意一；（b）示意二

3. 不同形状开本类型

（1）方形开本。方形开本类型是书籍最常用的开本形状。方形开本有利于设计的排版及读者的阅读习惯，其在设计及印刷制作等方面也都更便捷。

（2）异形开本。为了增强书籍本身的使用性、艺术性及趣味性，人们也在书籍的开本形状上进行突破。圆形、三角形等几何图形书籍以及动物造型、水果造型等自然形态造型也都出现在书籍开本中。异形开本通过多变的外形，使开本更具个性化的表现力和视觉语言，增加了书籍的艺术感染力，极大地拓展了现代书籍的形态表现方法。特别是一些儿童类读物的书籍设计，更增加了阅读的趣味性和娱乐性。但同时异形开本书籍在设计及加工时也提高了工艺难度和生产成本。所以不能一味追求新颖别致的开本形式，同时也要考虑后期在印刷装订及成本上是否可实现（图 2-28）。

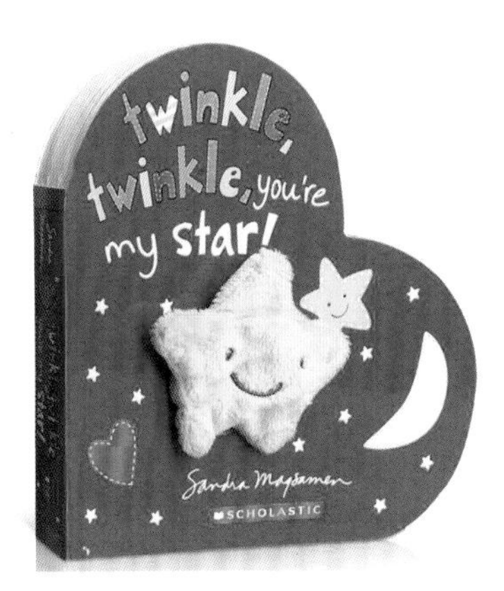

图 2-28　异形儿童书籍展示

4. 多种开本尺寸组合书籍类型

多开本组合是指将不同大小的开本书页，通过装订方式组合在一起，形成一本错落有致、纸张大小富于变化的书籍。多开本组合书籍要注意不同开本之间和谐统一的关系（图 2-29）。

图 2-29　多开本组合书籍展示

四、书籍开本的选择

在书籍设计中开本的合理选择非常重要，它是设计者将自己对书籍的理解转化为书籍形态的重要前提，书籍的内容及所有设计元素都是落实在“开本”这个三维实体空间之中的。开本的选择得当，使形态上的创新与该书的内容相得益彰，会更加受到读者的喜爱。

开本的选择可以从以下几个方面考虑。

1. 书籍的性质和内容

因为书籍的性质和内容各不相同，所以其所适用的开本也不尽相同。书籍开本的大小在很大程度上受到其内容和题材的限定，开本的几何尺度能够清楚地表达不同的情绪和视觉感受。宽幅的书籍给人舒展大气的感觉；窄幅的开本则俊美秀丽，而标准化的书籍则更加稳重质朴。

例如，诗歌题材的书籍，在内容形式上是行短而转行多，所以诗集多采用窄开本书籍类型；小说、传记等文学读物，一般采用小 32 开或 32 开大小的开本，以方便携带和阅读；经典著作、理论类书籍、学术性书籍由于篇幅较大，一般选择大 32 开，此开本显得庄重、大方，同时便于翻阅；科技类书籍和教材由于文字和图表较多，并且读者需要学习记录，因此多采用 16 开；画册因为图片较多且为了凸显图片的细节，一般来说开本较大。其中一些画册中的图版有横有竖，常常相互交替，这时可以选择近似正方形的开本，并且横开本的形式较多（图 2-30）。

图 2-30　《思在》杂记题材书籍 小开本
尺寸：210 mm×120 mm×23 mm

2. 书稿的篇幅

书稿的篇幅也是决定开本大小的一个重要因素。《辞海》《百科全书》等字数很多的书籍如果选择小型开本，那么书籍就会太厚，不便于翻阅并且容易造成装订开裂。如果一本书籍书稿篇幅不多而选择大开本，则会显得单薄、缺乏分量。所以，一本书籍的开本大小和书稿的篇幅多少要成正比，否则就会出现不和谐的效果（图 2-31）。

图 2-31　百科全书　尺寸：16 开

3. 阅读群体

读者由于年龄、职业等的差异，对书籍开本的要求也不一样。

例如，儿童类读物更适宜采用较大的开本，因为儿童的阅读多以识图为主，书籍常常有大量图片穿插，文字也多以大字号为主，所以大开本更适合儿童和青少年的阅读习惯（图 2-32），也可采用异形开本，符合追求新奇、与众不同的视觉心理特征；老人视力相对较弱，就要求书中的字号大些，以老年读者为对象的书籍宜选择较大开本；供旅游者阅读的书籍，开本不宜过大、过厚，以便于携带为宜。

4. 书籍的成本

同样的内容，不同的开本大小，就会产生不同的成本。全开纸张开尽的书既不浪费纸张，又方便印刷装订，成本大大降低（图 2-33）；而异形开本的书籍会剩下纸边造成浪费，且印刷及装订操作复杂，成本价格偏高。因此，在选择开本时必须考虑书籍成本及预算，不能盲目地追求大开本的气派及异形开本的独特，最终无法实现成品的印刷出版。

图 2-32　儿童类书籍 尺寸：16 开 270 mm×260 mm

图 2-33　教材　尺寸：正 16 开

开本作为书籍最外在的形态，是一本书给读者留下的第一印象。开本的大小比例体现了功能性与艺术性的完美结合。好的开本设计同时能在不知不觉中引导读者审美观念的多元化发展。

单元三　书籍的外部结构设计

书籍设计的整体形象是由外观的第一整体到内部的第二整体，通过视觉、触觉的审美活动感受书籍的存在。一般而言，书籍给人的第一印象是它外观的第一整体，即图书的基本形态和以封面为主导的外部结构部分；当图书被翻阅时，给人的第二印象则是质感及内页的内部结构部分。对于追求完美的图书来说，书籍整体设计形象不仅是外在形态与书籍内容的气质和谐，而且是外部结构与内部结构设计的协调统一。不同种类的图书都有其不同的形象，将书籍设计视觉化、立体化以反映书籍内容，让读者感受到书籍的生命力，是书籍结构设计的重点。外部结构设计以牢牢吸引读者的视线为第一要务，从而使读者愿意进一步了解书籍内容的美感。

总的来说，书籍的外部结构设计是门面，是包装手段。如何做到新颖、独特、有创意，需要设计者从整体出发进行构思，深入了解书籍内容，再结合独特的表现手法，创造出高质量、高品位、高格调的书籍作品。书籍外部结构的构成主要包括函套、护封、勒口、腰封、封面、封底、书脊、切口。不同结构的设计包含的元素各不相同。我们将从整体设计出发来探讨各部分如何进行设计能够达到为书籍内容服务，同时吸引读者目光的目的（图 2–34）。

图 2–34　书籍外部结构展示

一、封面整体设计

书籍封面整体设计是书籍艺术最重要的组成部分，它的作用除保护书籍外，更重要的是表达书籍的内容和格调，使读者在阅读之前已经初步了解书籍情感，具有一定的宣传作用。因封面、书脊、封底、勒口是包裹在书籍外部的一个整体，故我们将其称为封面整体。书籍封面整体包含的各部分结构不是独立存在的，而是互相呼应、联系紧密的关系（图 2–35）。

（a）

（b）

图 2–35　书籍封面整体设计

（a）示意一；（b）示意二

（一）封面设计

书本好像人的身体，封面就像人的面貌，好的面貌会更吸引人驻足，俗话说相由心生，脸上的表情是可以反映内心世界的。所以设计师在设计封面时，首先要对书的内容、思想、特点有所理解，考虑什么样的容貌最能反映书籍的精神面貌，并通过形象的设计以艺术的形式展示出书籍的内涵，给读者带来继续阅读的兴趣。因而在封面设计中，哪怕是一根线、一行字、一个抽象符号、一块色彩，都要具有一定的设计思想，既要有内容，同时又要具有设计美感。那么书籍封面设计都需要考虑哪些要素呢?

1. 书籍封面设计要素

书籍封面设计包含文字、图形、色彩、工艺、材料五个要素（图 2-36）。

（a）

（b）

图 2-36　书籍封面及细节工艺

（a）书籍封面；（b）细节工艺

（1）书籍封面文字设计。文字是封面设计中传达信息的重要元素。封面设计中一般包括书名、作者名、出版社名、内容摘要等文字信息。这些文字不能随意设置、摆放，而是需要设计者将这些文字通过不同的字体设计、字号大小、字距间隔、排列方向等方式组合在一起，从而表达书籍内涵，让读者初步了解书籍的气质，并通过对封面的观察展开对内容的丰富联想（图 2-37）。

图 2-37　书籍封面文字排版

封面文字在设计中起着举足轻重的作用。首先，文字的主要功能是传递信息，设计师要明确封面中的文字信息的重要程度，如哪些是主要的、哪些是次要的、哪些是可要可不要的，要依次进行排序，并通过设计文字所占版面的大小、位置、色彩等强化主要的信息，弱化次要信息，从而让读者明确书籍主要表达的内容，明确重点。这里说到封面文字最为重要的就是书名文字。其次，封面上的文字能够提高审美情趣。可把文字作为视觉图案进行设计；利用排版强调文字的美感；结合图形和色彩进行整体设计。

1）书名文字设计。书名是读者关注、明确书籍信息的核心。它是全书内容的高度概括，是封面设计中最重要的文字信息。因而书名的位置、大小、字体、颜色、工艺等要素都需要设计者深思熟虑。突出主题是书名设计的关键。最简单有效的方法是使书名在整个封面中占绝大部分空间，增强视觉冲击力，使人一目了然。此外，将书名进行图形化的装饰，也是现代设计常用的手法（图 2-38）。

书名的设计并非只能运用某一种字体、色彩或字号来表现，如果把两种或两种以上的字体、色彩、字号加以组合会让人耳目一新。在封面有限的空间里，书名文字的设计显得至关重要，无论采用何种设计手法和组合方式，都应该突出书名的主体地位。一般用于书名的字体包括印刷字体、书法字体、创意字体三大类。

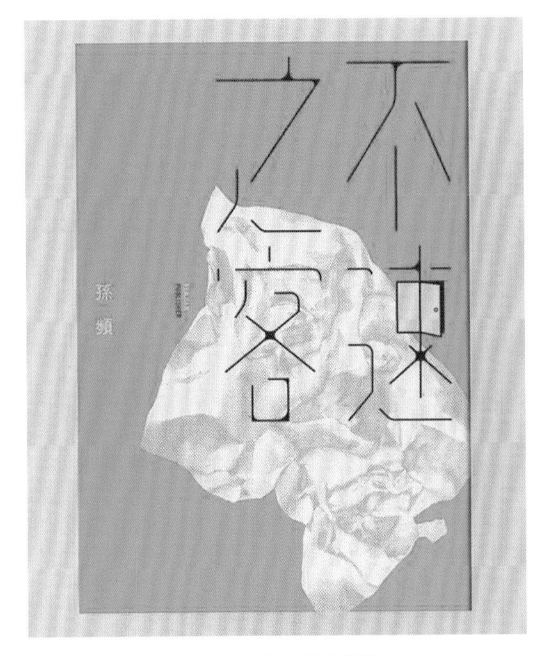

图 2-38　书籍书名文字设计

①印刷字体。印刷字体是指印刷时用的字体，其横平竖直，字符框架规范。计算机操作设计方便，会给人固定的情感联想。常用印刷字体有宋体、仿宋体、楷体、黑体（图 2-39）等。

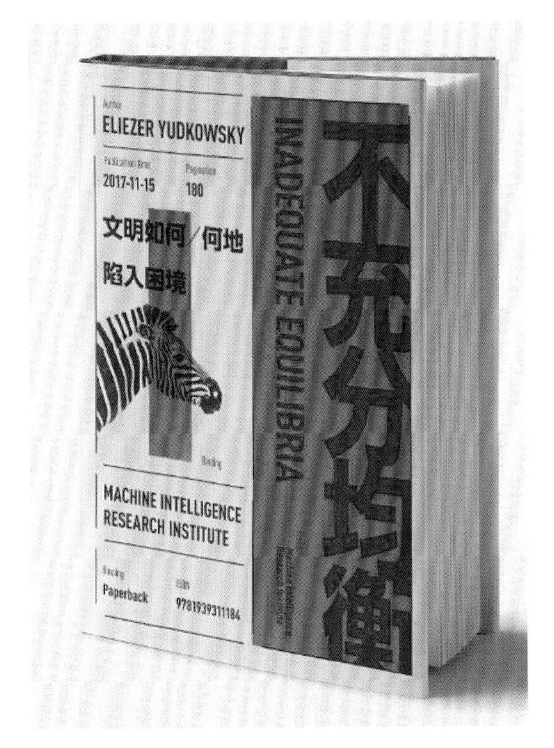

图 2-39　印刷字体（黑体）书名设计

②书法字体。书法字体一笔一画间尽显无穷的变化，给人以强烈的艺术感染力，具有独特的个性和鲜明的民族特色。书法字体大气美观，是中国特有的文化底蕴的体现（图 2-40）。

图 2-40　书法字体书名设计

③创意字体。创意字体强调变形自由、随意，不管是从笔画处理还是字体的外形变化都具有形式丰富、个性明显、设计感强、装饰性突出等特点。创意字体较印刷字体而言，具有更鲜明的个性，所以被许多书刊优先选用（图 2-41）。

图 2-41　创意字体书名设计

2）作者名、出版社名文字设计。作者名是封面设计必要的文字信息，作者名的字号不宜过大，以能够看清为宜，一般采用印刷字体。其位置的安排没有固定的格式，可以根据版式设计的需要灵活编排。如果作者影响力较大，则需要将作者名放在突出的位置，以吸引读者的视线，但是不可超越书名的版面大小。

出版社名在封面设计中处于次要地位，一般放在不太引人注目的地方，字号通常较小。对于大部分书籍而言，出版社名一般放在封面的底部（图 2-42）。

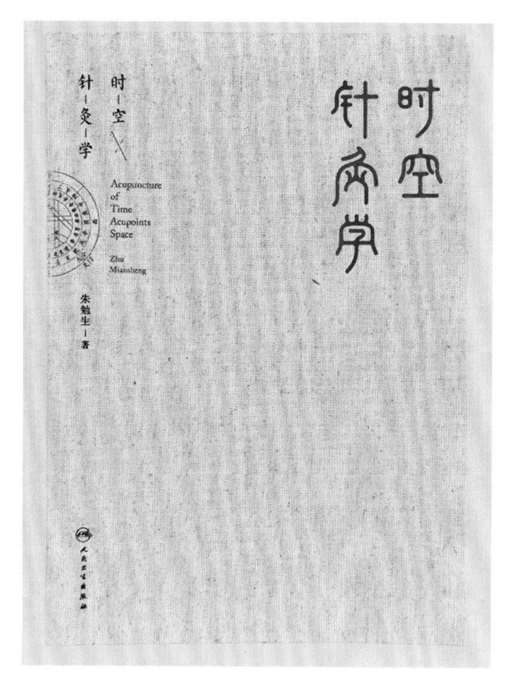

图 2-42　作者名、出版社名文字设计

3）其他文字设计。除书名、作者名、出版社名外的文字信息可作为图形装饰进行设计，例如，利用文字排版进行装饰，强调文字群的排列美感等（图 2-43）。

图 2-43　书籍封面文字排版装饰

（2）书籍封面图形设计。封面图形形式多样，它可以是任何一种形式，如摄影、绘画、图案，或抽象的或具象的，可以是写实风格，也可以是写意风格，都是表现图形常用的形式和手法。图形具有丰富的内在含义，在书籍封面设计中是强化主题的重要元素，也是封面设计不可或缺的组成部分。图形在调动人们的审美情趣方面具有不可替代的作用。相对于文字要素而言，图形具有可视、可读、可感的优势。同时还具备易识别、易理解，准确、清晰表达内容的优点。一幅好的图片可以胜过千言万语。所以，图形设计的好坏关系到书籍设计的整体效果。优秀的封面图形设计应该是在具有美感的同时让读者过目不忘、为之震撼（图 2-44）。

知识拓展：设计师王志弘书籍封面字体设计

图 2-44　书籍封面图形设计

书籍封面的图形设计是封面视觉形象的主体，书籍封面常用的图形类型包括具象图形、抽象图形和装饰图形。图形的选择和版式设计必须与书籍内容相一致，同时传达书籍内涵，让读者心领神会。

1）具象图形。具象图形相对直观，更易理解，一般适用于通俗读物和某些文艺类、科技类的书籍，可以将画面真实、准确、便利地展示在读者面前。具象图形常用的有摄影图片、插画作品等（图 2-45 ～图 2-47）。

图 2-45　摄影图形封面

图 2-46　插画图形封面

图 2-48　抽象图形封面

图 2-47　漫画图形封面

2）抽象图形。抽象图形具有简洁明了、概括性强的特点，适合于难以用具象图形表现的主题。其一般适用于政治、教育、金融、科技等方面的书籍。抽象图形利用点、线、面构成表现手法更能发挥内容的想象空间（图 2-48）。

3）装饰图形。装饰图形具有较强的形式美感，表现风格更加宽泛、自由，通常适用于一些传统文化类的书籍（图 2-49）。

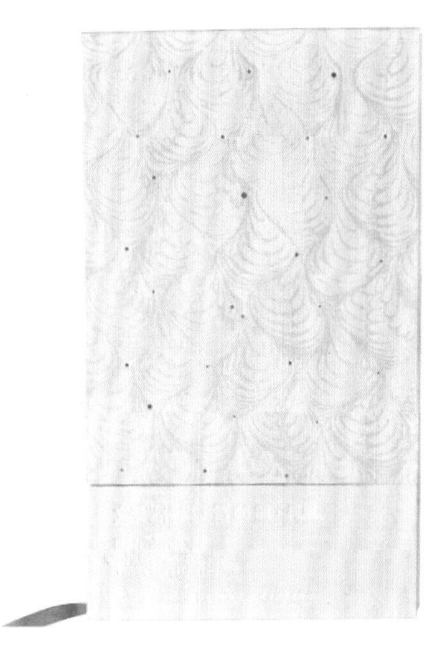

（a）

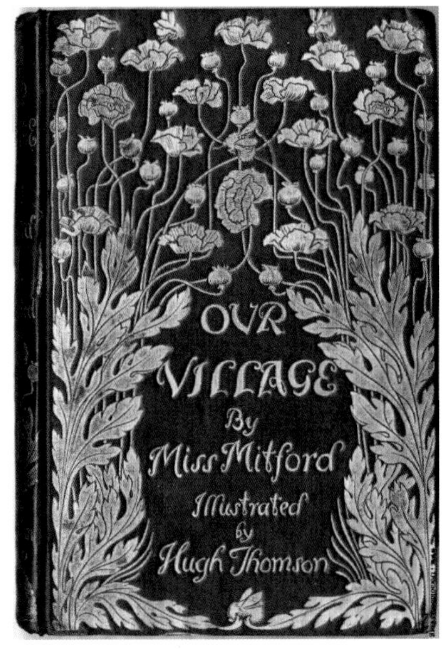

（b）

图 2-49　装饰图形书籍封面

（a）示意一；（b）示意二

（3）书籍封面色彩设计。色彩是书籍封面设计引人注目的艺术语言，能在众多书籍中起到夺目的作用。色彩是连接设计空间诸元素的黏合剂，鲜活的色彩组合能调动读者的阅读兴趣。与文字、图形及其他表现语言相比较色彩更具有视觉冲击力和抽象性，也更能发挥其吸引读者的魅力。色彩语言在封面设计中有着心理作用、抒情作用、联想作用和媒介作用。色彩的心理与人们的情感有着直接的联系，恰当地运用色彩的情感表现力，可以烘托出所需的情绪氛围，激发人们的联想（图 2-50）。

图 2-50　书籍封面色彩

1）色彩的情感。每种色彩都有特定的情感，在封面设计中将色彩的情感指向与书籍的内容、阅读人群、文化背景等因素巧妙地结合起来，可以准确地表达出书籍的内涵。例如，给人以活泼、快乐的红、黄等暖色调，给人以疏离、寂寞的蓝、紫等冷色调等（图 2-51）。

图 2-51　书籍封面的色彩情感

2）色彩的搭配。在封面设计中，通过色彩分布面积、距离、大小、深浅等的搭配，可以使版面空间充满张力，产生丰富的、充满韵味而又有秩序和逻辑性的视觉效果。如色相上的冷与暖，纯度上的艳与灰，明度上的黑与白、浓与淡，面积的大与小、宽与窄等色彩搭配都会使画面充满变化的美感（图 2-52）。

图 2-52　书籍封面色彩搭配

3）色彩的韵律。色彩的合理搭配可以体现出一种富有节奏感的韵律。动与静、曲与直、平与斜，这些色彩的对比都会凸显书籍封面的视觉效果，吸引读者的目光。

书籍文字与图形的搭配在色彩运用中都要充分考虑，表达不同的内容和思想就需要采用不同的封面色彩。设计者要把握色彩个性情感和内容的一致性，充分发挥色彩在书籍设计中的视觉作用（图 2-53）。

（4）书籍封面工艺设计。书籍封面设计除平面设计外，还包括工艺设计，为提高封面的功能性和装饰效果，在印刷时往往还要进行一些特殊工艺的加工，常用的加工方式有覆膜、烫印、压凹凸、模切、UV、激光雕刻等工艺（图 2-54）。具体工艺加工方式和效果会在之后章节做详细介绍。

图 2-53 书籍封面色彩韵律

图 2-54 书籍封面特殊工艺

（5）书籍封面材料选择。书籍封面设计材质的选择很重要，不同的材质形成不同的肌理和质感，它关系到整本书的格调和设计方式。合理运用材质有时会达到意想不到的效果。

纸张是最常用的材料之一，它轻便、价格适中、形式多样，不同的色泽、纹样、厚度的纸张会给人传达出不一样的感受。在封面材质的选择上，除纸张外，现如今选用木头、丝绸、皮革、麻织物、厚板纸、金属等材质日趋广泛。书籍封面材质的多样化更使书籍的样态呈现出意想不到的效果（图 2-55）。

图 2-55 特殊材料书籍封面

2. 书籍封面设计形式

书籍封面设计对设计师的排版能力、构图能力、色彩搭配能力、材质工艺和审美的运用都有着不小的要求，如何把这几个元素合理安排在封面这个有限的空间中，是设计的难题。现代书籍封面设计常用的几种设计形式如下：

（1）纯文字。纯文字即只用书名、作者名、文字段落等文字元素来设计封面，这类封面通常比较简洁，适合内容题材广泛不受限制。这类封面设计主要依靠排版与字体的选择来创造设计感。排版时要注意文字的字体形式、笔画粗细、字号大小、颜色对比等，为了增强设计感还可以加入点、线等抽象元素来辅助排版。此外，可以使用特殊材料（如花纹纸、皮革等）或者添加一些特殊的工艺（如压凹凸、磨砂、烫金烫银等），有助于增加纯文字封面的质感（图 2-56）。

图 2-56 纯文字封面设计

（2）文字加色块。纯文字的做法虽然简洁，但毕竟会有些单调且视觉冲击力不足，这时可以考虑通过增加色块来丰富画面。色块除可以增加视觉冲击力外，还能增加设计感，而且可以通过大面积的色彩对比传达情感。不过增加的色块不宜过多，也不要过于分散，而是要以大色块为主，色块的轮廓常用简单的几何形。通过恰当地运用色块的颜色对比、虚实对比、大小对比、前后对比，可以有效增加版面的层次感（图2-57）。

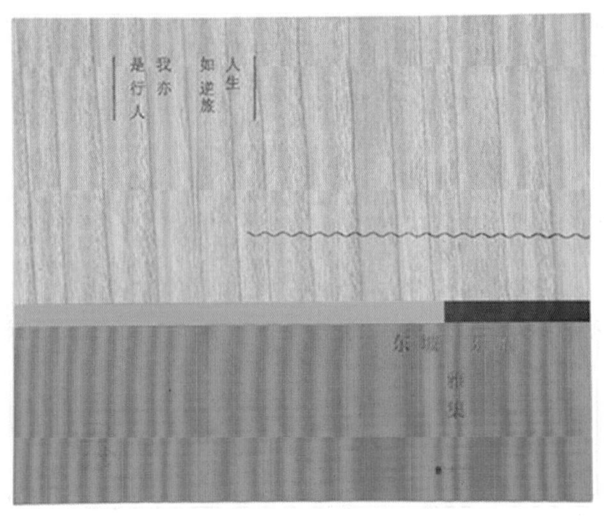

图2-57 文字和色彩组合封面

（3）文字加图形加色块。如果想在封面设计上传达某个概念，或者想让设计更真实具体，我们可以在封面上设计一个图形，把图形当成封面的主体，图形的风格和形式应与书籍整体的内容和设计风格相符。在封面设计中还可以使用与内容相匹配的摄影图片。如果使用一张图片，通常的处理方式是让图片占比较大的版面空间，图片的轮廓以简单的几何图形最为常见。去底图片也会经常被用到封面设计中。有时还会对照片进行特殊处理，采用撕裂、拼贴、剪影等方式，表达独特的视觉魅力。文字与图片的排列方式有文字排在图片上、文字与图片交叉、文字与图片分离三种。有些封面主题或画册内容很难用一张图片来概括，这时可以同时使用多张图片来设计封面。多张图片的处理可采用有规律的排列方式，也可以形成主次关系和谐的视觉层级。

文字加图形加色块的组合在广告设计和海报设计中应用广泛。它的优点在于变化丰富、设计感和视觉冲击力强。图片与色块的组合能创造出强烈的视觉效果，但同时要避免画面的过度繁乱（图2-58）。

图2-58 书籍封面设计

（4）书籍封面构图。书籍的封面设计除文字、图形、色彩的组合外，还要将这些要素置阵布势，在封面上组织成一个富有形式意味并且协调完整的画面，这便是构图。一个合理、清晰的构图能够引起读者的关注。在进行构图时，应在风格统一的前提下注重点、线、面的构图布局，在大小、形状、比例、位置的设定，画面的分割，以及色彩的搭配上进行恰当的设计，使书籍的封面新颖、独特又耐看，既能体现书籍设计的整体性，又有一定的视觉冲击力。

构图可以是上下编排、左右编排、线形编排、重复编排、中心式编排、散点式编排的形式等。

1）上下编排。上下编排是平面设计中较为常见的形式，是将版面分成上、下两个部分，其中一部分放置图片，另一部分安排文字。这种构图形式给人平稳、规矩、正式的感觉（图2-59、图2-60）。

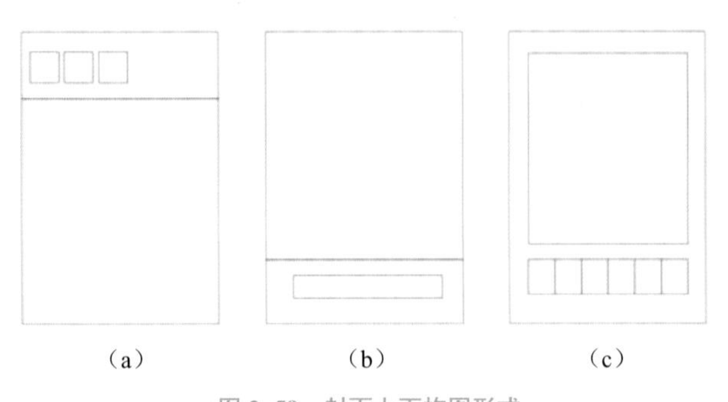

图2-59 封面上下构图形式

(a) 示意一；(b) 示意二；(c) 示意三

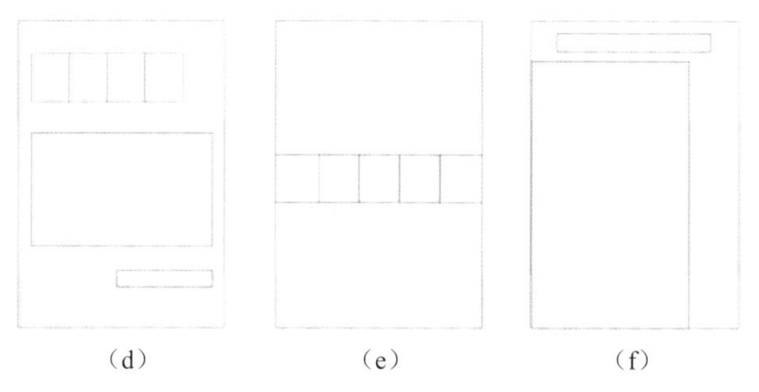

图 2-59　封面上下构图形式（续）
（d）示意四；（e）示意五；（f）示意六

图 2-60　上下编排书籍封面构图

2）左右编排。左右布局在书籍封面设计中会给人崇高肃穆之感。图片和文字形成的对比由于视觉上的原因，图片宜配置在左侧，右侧配置小图片或文字，如果两侧明暗上对比强烈，效果会更加明显（图 2-61、图 2-62）。

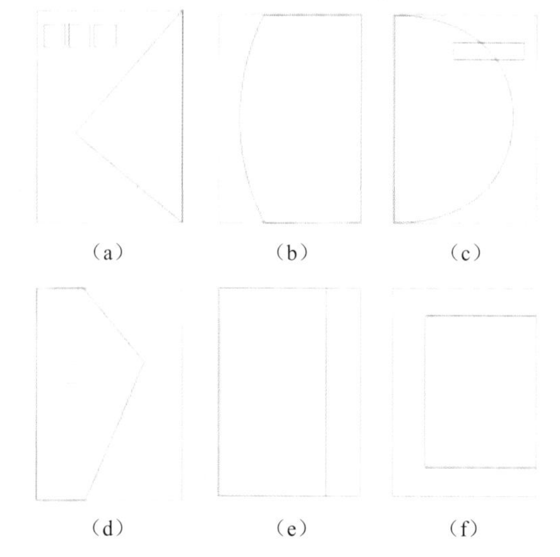

图 2-61　封面左右构图形式
（a）示意一；（b）示意二；（c）示意三
（d）示意四；（e）示意五；（f）示意六

图 2-62　左右编排书籍封面构图

3）线形编排。线形编排的特征是多个编排元素在空间被安排为一个线状的序列。线不一定是直的，可以扭转或弯曲。这种版式会将人的视线引向重点，给人极强的动感，仿佛画面是流动的（图 2-63）。

图 2-63　线形构图封面构图

4）重复编排。重复编排是版面中一个元素以一种规律的方式不断重复的效果。重复编排的三种基本形式如下：

①大小重复：外形不变，大小比例发生变化，构成重复。

②方向重复：外形不变，在一个平面上形的方向发生变化，构成重复（图 2-64）。

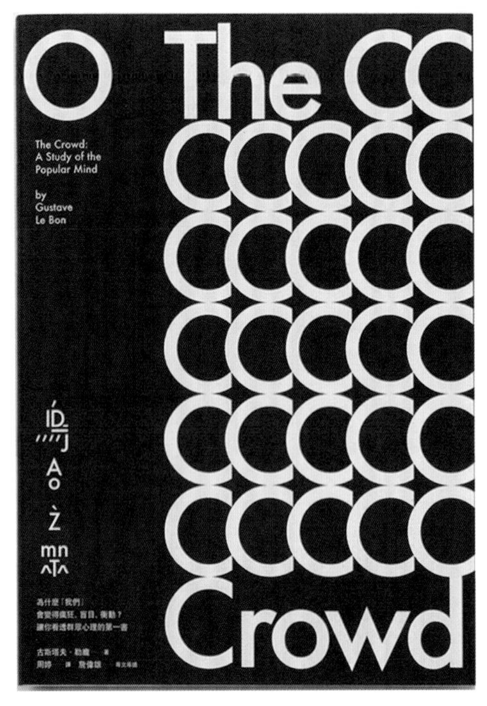

图 2-64　重复编排封面构图

③网格单元重复：网格单元相等，位于单元内的形由不同的编排元素组成，构成重复（图 2-65）。

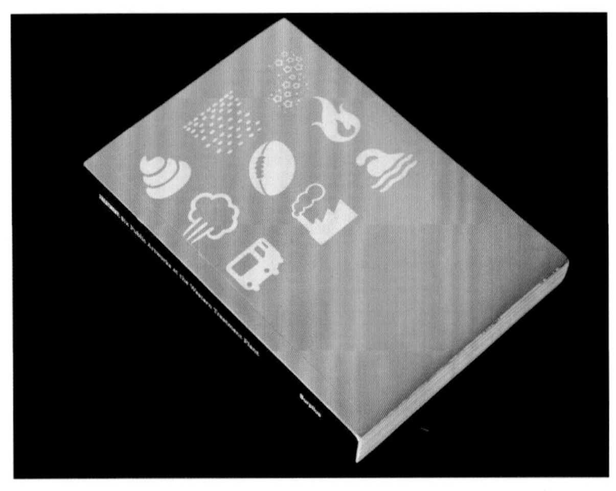

图 2-65　网格单元重复式封面构图

5）中心式编排。中心式编排是稳定、集中、平衡的编排。作为中心的主要形通常成为一个吸引人的形状，人的视线往往会集中在中心部位，将需要重点突出的图片或标题字配置在中心，能够起到强调的作用（图 2-66）。

图 2-66　中心式构图

6）散点式编排。版式采用多种图形、字体、色块的结合，散落在画面的各个位置，使画面富有活力、充满情趣。散点式编排应注意图片的大小、主次的配置，还要考虑疏密、均衡、视觉引导线等，尽量做到散而不乱（图 2-67）。

图 2-67　散点式构图

3. 书籍封面创意构思

（1）发挥想象。想象是构思的基础，我们所说的灵感，也就是知识与想象的积累与结晶，它是设计构思的源泉。在进行封面设计时，设计师除需要研究书籍内容外，还应结合自己的生活积累，通过艺术手法，对作品所塑造的形象进行补充和改造，在作者鲜活的内容之上创造出有血有肉的生动形象。运用有趣的、富有想象的、突出个性的图文编排创造出独一无二的封面设计（图 2-68）。

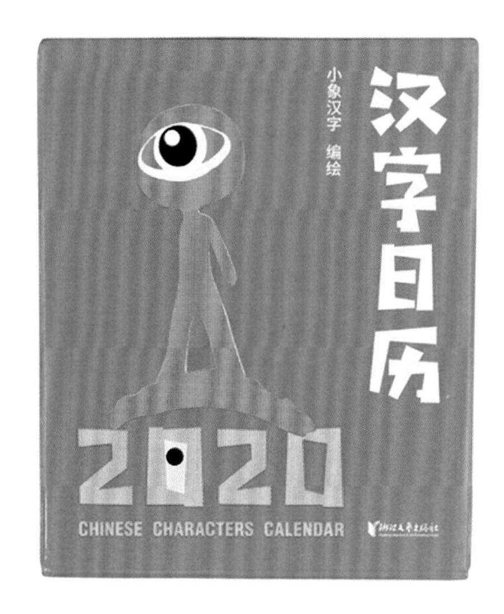

图 2-68　充满想象力的封面

（2）充分联想。封面设计若要确切地表现书籍的主题，就必须突破封面自身容量的局限，借助联想去扩大意境，使读者不局限于封面的表象，而是通过封面的表象联想到更多的内容。这既能使读者加深对书籍主题的理解，同时也能丰富封面的表现力，使读者由此及彼，由表及里，在无尽遐思中得到美的享受（图 2-69）。

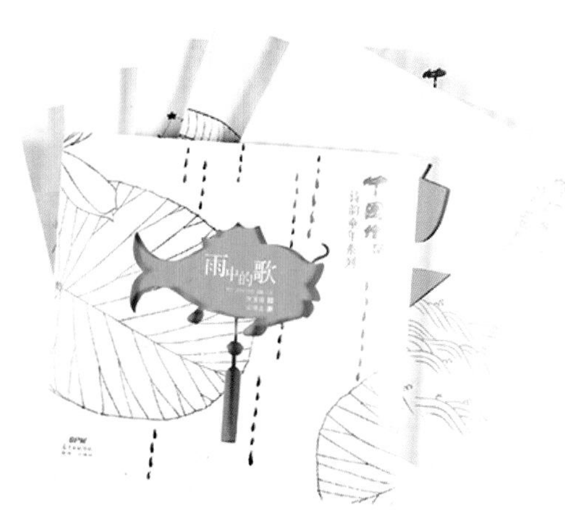

图 2-69　合理联想的封面

（3）合理舍弃。构思的过程往往想得很多，堆砌得很多，对多余的细节爱而不舍。对不重要的、可有可无的形象与细节，坚决忍痛割爱。合理的舍弃，用最简练、最概括、最典型、最美的形象来设计封面，会给读者留下更多的自我寻找空间。给人一种意犹未尽、回味无穷的感觉。留白和出血也是非常好的版式设计方法，因为并不是所有的书籍都追求抢眼的视觉效果。有的书籍封面虽然没有鲜艳浓墨的色彩、标新立异的图形，但也可以让读者因为其简单而为它驻足，留白可以突破视觉的限制，取得以少胜多的设计意味（图 2-70）。出血同样可以提高视觉张力，提高书籍封面设计的视觉效果。

图 2-70　留白的封面设计

通过对书籍封面设计语言的要素设计和研究，不难发现，不同的配色、不同的字体、不同的插图、不同的材质、不同的编排均可以展现书籍封面设计不同的传达效果，在书籍设计中，每一个点都能影响书籍的整体效果，不能放过任何一个细节。设计一开始就要深思熟虑，确定好风格，选择对设计元素，把握好每一个细节，才能设计出吸引受众，获得关注的书籍封面。

（二）封底设计

封底是书籍外部结构设计整体美的延续。封面设计的创意追求可以在封底设计中得到更好的发挥。在设计封底时要注意与封面的统一性和连贯性。封底的右下角通常印有书号、定价、图书条形码。封底有时还印有内容提要、作者介绍、责任编辑名、设计者名、出版社名及其他出版信息。封底起到了继续传播形象、色彩、信息的作用，同时也可以进一步宣传图书或出版社，弥补宣传的不足。书籍封底可以使读者在挑选图书的过程中从视觉到心理上都有一个完整的结构，便于读者挑选心仪的书籍（图 2-71）。

图 2-71　书籍封面封底设计

1. 封底设计方法

封底设计体现在颜色图形等设计元素对封面的延续。封底不像封面那样先声夺人，张扬、尽情地表现自己。它更像配角一样不声不响地烘托着封面，但又不可缺少，起到连续传播视觉信息的作用。

封底是依托封面设计而进行的，封面和封底一般共同进行设计。常用的设计方法如下：

（1）整体设计。整体设计就是抛开书籍的各个组成部分，而将图形色彩以跨页的形式出现，将封面、封底和书脊的界限模糊化，看作一个整体进行设计。整体设计中图片和色彩是贯穿封面封底的，所以要注意图片的选择和处理，使封底部分内容主要起到延展的作用（图 2-72）。

图 2-72　书籍封面整体表现

（2）相似设计。相似即封面和封底的图形、色彩、构图等形式基本相同，这种方法运用得也比较普遍，其主要原因也在于其整体性更容易把握。封底切记不要出现书名，混淆主次。同样，封底文字信息（如条形码等）也要设计得简练、不突兀（图 2-73）。

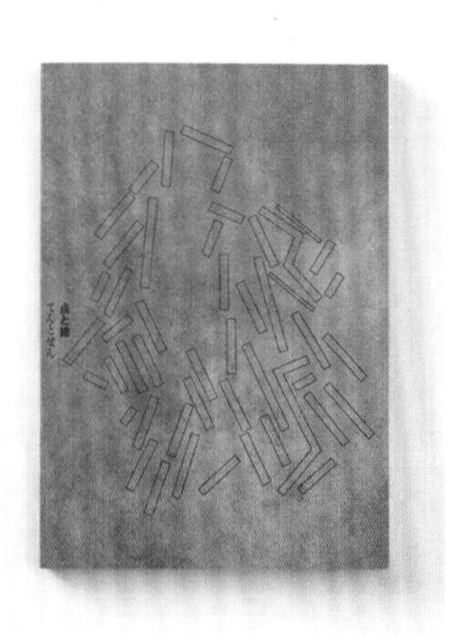

图 2-73　封面封底相似设计

（3）独立设计。封面封底设计元素完全不同，有的采用对比的方法，封底与封面形成完全对立的视觉效果，以体现书籍的立体形态。但封底的独立设计不是脱离封面和内容的设计，而恰恰是对书籍内容的精准把握。独立设计只是形式上相对于封面而言具有冲突的视觉效果，但往往这种对立的效果更能突出书籍内容的精髓（图 2-74）。

图 2-74　封面封底独立设计

2. 封底设计原则

封底的设计需要遵循以下原则，才能与封面互相配合默契，达到最佳设计效果。

（1）封底与封面设计要保持统一性。

（2）封底与封面设计要注意连贯。

（3）封底与封面设计应前后呼应。

（4）封底与封面设计之间是主从关系。

（5）要充分发挥封底的作用。

（三）书脊设计

书脊是封面的一部分，处于前后封之间。摆放在书柜或书架中的图书第一眼看到的就是书脊。书脊是展示时间最长、与读者照面最多的部分。虽然书脊的面积很小，但它承载着很多重要内容的设计，我们需要在小范围内做大文章。精美的、富有个性的书脊在书架上可以先声夺人，吸引读者的注意。因此，现代书籍对书脊的设计十分重视。书芯的厚度决定书脊的宽度。在设计书脊的时候应先明确书脊的厚度。厚度在 5 mm 以上，可以印有书名、作者名以及出版社名等信息（图 2-75）。

图 2-75　系列书籍书脊设计

书脊设计面积是一个狭长的平面，由于书脊宽度有限，一般书脊构图都采用竖版排版形式，上面和中部通常放置书籍的名称，下面一般放置书籍的出版社名和出版社标志。如果书脊较厚，可以采取横版构图的形式，有些图文可以放在一边，这种设计往往可以增强视觉冲击力，从而更能引起读者的注意。

书脊中主要设计元素有文字元素，即书名、作者名、出版社名。为了确保书脊的信息表达得清晰明了，应尽量减少过多的设计元素添加。书脊上的图形元素（如标志、符号等设计）应简洁。功能要求是书脊设计的首要任务，它主要依靠文字来传达视觉上的信息。显然书名应是最重要的元素，在进行书名字体设计时应注意字体结构大方美观、对比明显、容易识别，这样主次分明，易于读者识别重要信息，便于购买。

1. 书脊设计的整体性

书脊不是单一的设计，它要与封面和封底结合在一起设计。书脊的设计应充分考虑到整体书籍的设计风格，使艺术性与其功能性达到完美结合。书脊和封面、封底是不可分割的，所以要把书脊设计当成封面一样的平面来构思。书籍的种类繁多，所面向的读者也不同，每一本书都有自己独特的设计风格。是华丽的还是朴素的，是优雅的还是严肃的，是轻快的还是苦涩的，要根据书籍的内涵设计不同格调的书脊（图 2-76）。

图 2-76　封面整体设计

2. 书脊的视觉要素设计

书脊最终是通过视觉效果向读者传达自身所具有的信息，如何让书脊在众多的书籍中一目了然，其实并不容易。在符合整体设计风格的同时，如何吸引受众是设计的难点，需要从视觉要素着手，从文字的编排、图形和色彩的运用三方面展开。

（1）文字要素的编排。书脊字体的大小受书脊的厚薄所制约。书名、作者名、出版社名作为文字要素在字号搭配上要有所差别。书名作为最主要的文字信息，字号应最大，字体要醒目，这样才能更加突出书名的作用。如果文字排列不恰当，拥挤杂乱，不仅会影响整体的美感，还影响读者查找书籍。要营造良好的视觉效果，关键要找出字体之间的联系，对其进行合理的组合编排，在保持各自特点的同时，又能取得整体的协调感。当然强调书脊字体编排设计的重要，并不是可以忽略其余的设计要素，只有使这些众多的要素做到和谐共存，才能使书脊设计更加富有表现力和生命力（图 2-77）。

在书脊设计中，对文字本身进行处理加工，能使文字具有视觉传达的效果。例如，对文字形态进行设计，通过笔画的处理、结构的调整、外形的强化及变形处理，或是对文字的外表进行设计等，将文字进行效果处理。

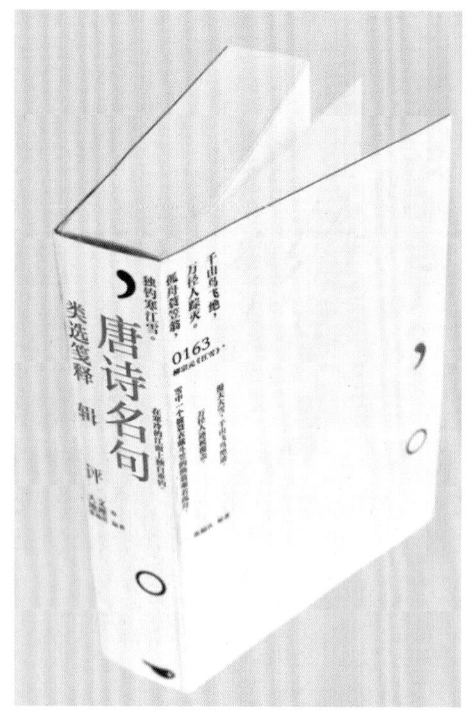

图 2-77　以文字为主的书脊排版

（2）图形元素的运用。书脊的面积虽然很狭小，但是在书脊设计中可以适当地选用一些简洁的图形。图形在运用的时候要注意与封面、封底的联系，不可以一味地展示图形而遮挡了文字，主次不分，造成混乱。要注意图形和文字的有机结合，通过图形吸引读者，然后让读者通过图形了解文字内容，这样才能让读者对此书充满好奇（图 2-78）。

图 2-78　书脊图形元素添加

（3）色彩要素的添加。色彩在整个书籍装帧中起着承前启后的重要作用，不同的色彩关系能营造不同的意境，或热烈狂放或幽深静谧或优雅婉约，这些都影响着书籍的外观品格。书脊在用色上要根据主题和整体设计进行筛选。或和封面、封底形成整体，运用统一颜色；或突出个性运用对比风格，产生强烈冲突感。但切忌过分花哨，喧宾夺主。所以，书脊的色彩要视觉冲击力强，但不宜色彩运用得过多，色彩不是孤立存在的，它的运用一定要和书籍本身、书脊部分设计完美结合在一起，表现书的思想和内涵（图 2-79）。

图 2-79　和封面色彩呼应的书脊

（4）无书脊形式。有的书籍设计为了整体创意，采用特殊结构进行装订，如线装形式，书脊处是纸张裸露在外没有包裹地形成了自然的装订形态，则书脊处没有平面视觉要素的设计（图 2-80）。

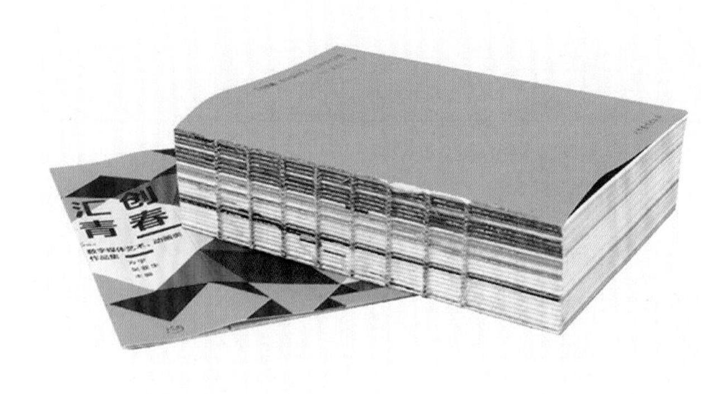

图 2-80　无书脊设计

总之，书脊是书籍设计中不可缺少的部分，书脊的设计务必要和封面、封底相适应，并且要体现出它本身所具有的视觉性、功能性及艺术性，只有这样的书脊才能使图书在市场上具有竞争力，才会在众多的书籍中脱颖而出。

（四）勒口设计

勒口也称折口，是指书籍封面、封底的延长内折部分。勒口除能够保护书芯、防止封面封底卷曲外，还用于补充介绍作者信息、译者简介等内容。勒口可分为前勒口和后勒口，前勒口与后勒口通常需要与书籍封面设计风格保持一致。前勒口可以放置这本书的内容简介或简短的评论等信息，后勒口一般包含作者的简历和照片或印上作者其他的著作，也可以不添加任何内容，仅为图形色彩等视觉化信息的延续。例如，封面封底有底图，需要勒口的图文和封面封底图文连在一起时，设计上就把书籍封面、封底、书脊、勒口看成整体一并设计（图 2-81）。

图 2-81 书籍勒口展示

勒口的宽度并不是随意设定的，必须根据书籍的厚度、封面的宽度和勒口的功能来进行设计。勒口的宽度太窄则显得过于小气，不仅不能很好地包住内封还容易在翻动时造成书籍衬页的脱落，无法起到保护作用；而勒口宽度太大则加大书籍材料成本的消耗，显得累赘和多余，收折不方便等。当然，有一些书籍会根据勒口功能的需要，有意识地将勒口宽度拉长另作它用，以体现书籍的多样功能和创意设计。一般书籍的勒口设定尺寸以封面封底宽度的 1/3 ～ 1/2 为宜。

1. 勒口设计是封面设计的延展

勒口作为书籍整体设计的一部分，与书籍封面之间必须保持形式美感的一致性。它不仅承担着延伸书籍封面主题内容的重任，还依靠着勒口向内或向外的翻折特点承担着创新功能的展示。勒口同时可以扩宽书籍整体设计的空间（图 2-82）。

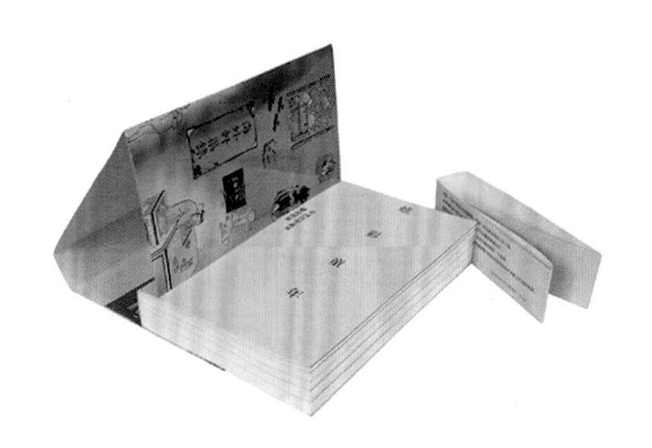

图 2-82 扩展整体设计空间

书籍封面对于读者了解书籍内容有重要的指引作用，而勒口可以延伸封面的主题内容。比如，一个图形或插图、一个色块、一条线段的延展都能对勒口起到装饰的效果，又给人以扩展延续之美，让人感觉到封面设计好似没有边界，给人更大的空间感。同时，勒口也与封面整体的设计风格相互呼应，让读者在打开书籍封面的时候阅读的视线得以连贯始终。在设计细节上还应注意书籍封面的视觉版面，如与勒口的尺寸关系，折叠后是否影响封面图文信息的完整美观。所以，在设计时应充分把握好封面与勒口之间的视觉版面的宽度。

2. 勒口设计的创新

现代书籍的勒口设计，可以推陈出新，作个性和创意的表达，凸显设计细节的巧思。勒口折叠方式可以是正向和反向的折法，同样可以在造型上有所突破。多种创新形式都能在一定程度上对书籍整体设计起到推动作用（图 2-83）。

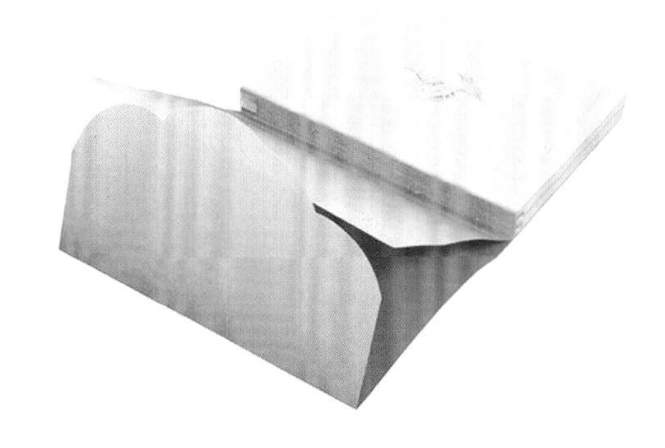

图 2-83 勒口设计的创新

大多数书籍勒口采用的是向书页内折的形式，便于包裹书籍的衬页不至于脱落，读者可以顺着封面的延伸从勒口处了解更多有关于书籍的内容梗概。面对当今读者多样的阅读需求，勒口在常见的内折形式中被赋予了更多的功能。例如，将内折的勒口设计成口袋的形式，可以存放做书签、书卡；一些勒口造型做创新设计，以一种独特造型和书籍内容呼应等。这些新颖的设计不仅让向内折的书籍勒口多了一份实用的功能，还丰富了书籍设计的层次，让人印象深刻。

还有一些书籍的勒口则另辟蹊径，采用向外翻折的勒口形式。设计中将书籍勒口的宽度延长并向封面呈包围式折叠，使向外翻折的勒口与封面形成多个层次，依次增加封面的层次感和立体效果，使得封面设计与众不同，充满奇思妙想。

勒口作为书籍重要的组成部分，它并不是单纯地辅助和美化书籍封面，同样需要设计师细致深入地了解书籍的创作意图、风格和特色，感受书籍内容的情感与内涵，通过准确地拿捏把握书籍编写的意图，才能真正实现对其量身定做。

随着人们审美情趣与多样需求的发展，书籍设计的空间也变得更为广阔，设计师的创意也更加大胆，新颖、独特的封面整体设计使得书籍的视觉信息传递达到更好的效果。

二、护封与腰封设计

1. 护封设计

护封设计就是封面、封底、书脊、勒口的整合设计。护封是包在书籍封面外的印刷品，活动的外皮。它的高度与书相等，长度能包住书的前封、书脊与后封，在两侧的延长部分可分别向里折叠，即前后勒口。护封多用于精装书，一般采用质量较好、档次较高的纸张。

护封在功能上起到保护、美化、提高书籍档次和质量的作用，同时也是书籍整体设计制作的重中之重。护封的设计和书籍封面整体设计方法相同，是把封面、封底、书脊和前后勒口看成整体进行统一设计。制作护封时，依据内容可选用不同的材质及特殊纸张，不仅可以增加书籍的广告效应，使其在销售上更加醒目，还可以增加读者的阅读兴趣。

护封设计是一个整体，所以在计算机制作时要把封面、封底、书脊、前后勒口的宽度充分考虑进去，护封就像是一幅长画卷，任何部分都不可分割和缺少。并且在设计时要充分考虑书籍设计的整体性，以及与书籍内封之间的相互呼应（图 2–84）。

图 2–84　完整护封形式

2. 腰封设计

腰封是指包裹在书籍护封或封面外的一条纸带，它犹如书籍的腰带，所以称为腰封。其主要作用是对内容进行介绍、装饰封面及广告宣传，兼具艺术性和商业性，和护封的结构及设计要素基本相同。一个精美的腰封包括文字、色彩、图形要素，以及材料工艺的加持。从营销角度来说，腰封是最直接的广告，是对书籍进行有效的宣传和推广的结构。

（1）腰封宣传功能设计。腰封设计最重要的目的是吸引消费者去了解和购买书籍。书籍是商品，而腰封就是书籍最直接的宣传广告。腰封上多是与该图书相关的宣传文案、推介性文字及书籍补充的内容介绍，是为了让受众更好地了解书籍的优势，使图书的文化价值和商业价值得到体现。兼顾艺术性和商业性的平衡才是腰封设计的重中之重。

腰封用于商业宣传时最重要的设计要素就是文字。文字元素在腰封上的排版会直接影响读者是否了解到了最重要、最卖点的信息。例如，书籍创作者的知名度与影响力非常大，那么宣传作者、介绍作者的文字字体和字号就要突出醒目。可以通过加大字号、运用特殊字体、添加色彩等方式强调重要信息。而此时图形、图案都是为文字所服务的（图 2-85）。

（2）腰封装饰功能设计。腰封除宣传功能外，同样有着装饰作用。腰封的形态、宽窄、色彩、材质及工艺的使用，和封面形成错落的结构，能丰富封面的层次，使书籍变得与众不同。别出心裁的腰封设计也会成为封面设计不能缺少的装饰。腰封通常分为竖置腰封、横置腰封和环式腰封（封闭的环状结构）。这些腰封通常相当于封面的 1/2 或 1/3 大小。腰封使用的材料多为质量较好的纸张。为了突出个性也可选择特殊材料。但无论腰封的设计怎么变化，都应该和书籍的整体设计相协调统一。

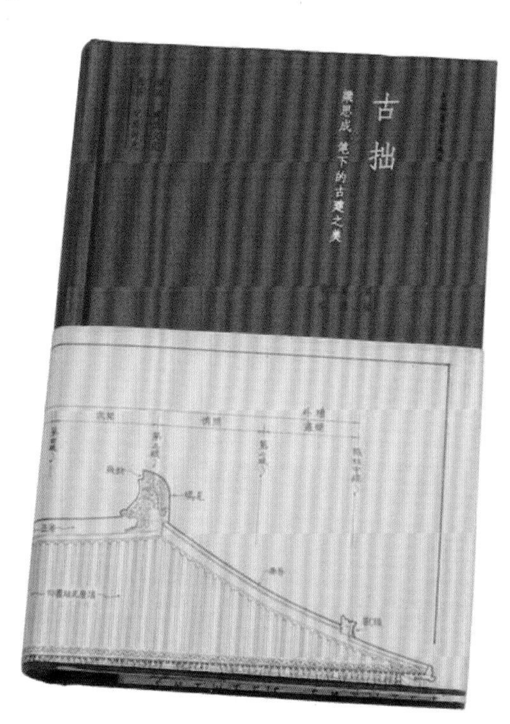

图 2-85　带有腰封的书籍

（3）腰封创新性设计。现代书籍设计中腰封的使用非常普遍，一度由于滥用腰封，使得读者产生反感。不是腰封的存在即错误，而是设计者对腰封的设计流于形式，只注重宣传功能，而忽略了腰封艺术的创新性。只有艺术性和商业性平衡的腰封设计，才能在读者的目光接触书籍的一刹那，让其产生阅读和购买的冲动。同时也能给书籍本身增加商业价值。

腰封设计的创新，要从读者的需求出发，符合人们不断提升的审美。同时，腰封设计的形式要符合书籍设计整体风格，起到锦上添花的作用，而不是流于形式的华而不实。基于书籍内容和读者需求，书籍腰封的创新可以从腰封内容和设计形式两方面进行。

1）腰封内容的创新。腰封设计的创新，在于内容的创新。虽然腰封设计通常只有短短的几十个字，但在几十个字的内容里，既要通过精巧的文字设计进行表达，吸引读者的注意力，提升读者的购买欲；又要在几十个字里，对于书籍内容进行精准独到的宣传和展示。汉文字语言之美，重要的一个方面就是微言大义，通过精微深妙、言简意赅的文字，表达深刻的意义。腰封内容的创新，需要在语言文字上仔细雕琢，去粗存精、去伪存真，在深刻把握书籍内容、深刻把握消费者心理的基础上，达到艺术性和商业性的统一（图 2-86）。

（a）

图 2-86　腰封内容创新

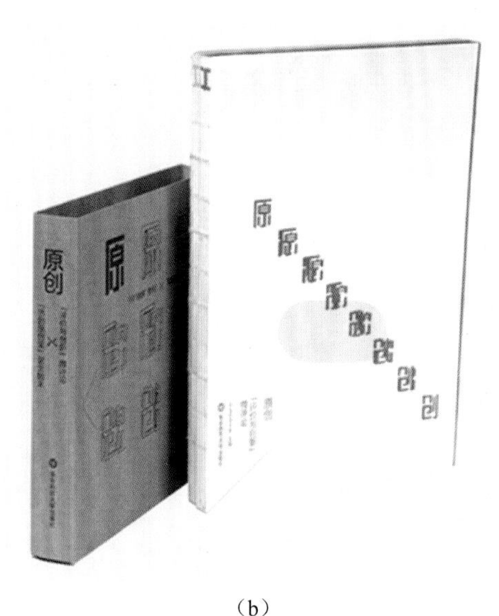

（b）

图 2-86　腰封内容创新（续）

（a）示意一；（b）示意二

2）腰封设计形式的创新。腰封设计的创新，还在于对于腰封设计形式的创新。作为书籍外部设计的组成部分，腰封的设计既要不落俗套又要与封面形成和谐统一的效果，那就需要对每一个设计元素进行研究。除对图形、文字、色彩这些平面元素进行创新外，还要在形态和材质工艺上寻求突破。

近年来，腰封设计在形态上不断寻求特立独行的变化，一些符合书籍整体设计的造型语言和反映书籍内涵的图形化创意都出现在了腰封的设计上。腰封不再是传统的长方形的形态，波浪形、半圆形、不规则图形都可以成为腰封的形态。还有的腰封和封面呼应，形成你中有我我中有你的形态，组合在一起成为书籍的整体封面。这些都是在腰封形式上寻求的突破（图 2-87、图 2-88）。

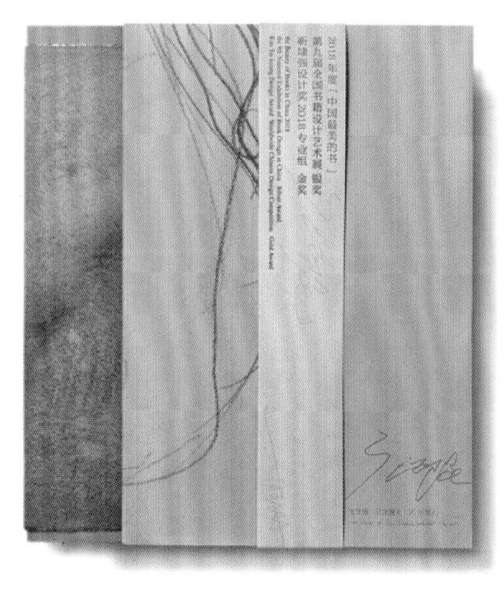

图 2-87　竖排版腰封

图 2-88　异形腰封

同样在材料和工艺上，不再是纸张的天下。塑料、麻布、透明纸张等特殊材料的使用，以及镂空、烫印、压凹凸、模切等特殊工艺的加持都使得腰封更具独特的魅力。腰封的设计是多变的。在创新设计过程中，秉承腰封形式美感和书籍内容相辅相成的理念，兼顾商业性和艺术性的平衡，使得腰封设计在方寸之间具有独特的存在价值和长久的生命力（图 2-89）。

图 2-89　镂空工艺腰封设计

三、书籍切口设计

书籍本身不是平面的，由于书籍具有一定厚度，所以呈现为立方体形态，具有六个面。除封面、封底、书脊三个面外，剩下的三个面由书芯每张纸的边沿叠加而成，这三个面在印刷装订后要加工切齐，故称为切口。切口分为外切口（也叫作裁口）、上切口（也叫作书顶）、下切口（也叫作书根）。

一般说到切口，大都是指外切口，即相对于装订订口的那一边。如今，书籍的切口设计越来越受到重视，逐渐成为设计师施展巧思的“新阵地”（图 2-90）。

图 2-90 书籍切口设计

切口相对于其他结构容易被忽视，所以很长一段时间，切口设计并不受到重视。但随着书籍整体设计的深入，书籍任何一个结构都可以发挥它的功能和艺术性。设计师发现切口设计对于书籍整体性设计起到了至关重要的作用。读者在每一次翻阅书籍的过程中都是和切口作亲密的接触，切口是设计师与读者进行动态交流的场所。所以切口的设计也越来越独立，成为书籍设计中的重要内容。切口设计的方法主要分为以下几种。

1. 留白

留白是书籍书芯纸张叠加的自然状态，这种形式是我们最常见的。在现代书籍设计当中，由于受机械设备和经济成本的限制，大部分的书籍切口设计都采用这种方法。

2. 渗入

渗入是指从切口向书籍内部的延伸，以切口为原点，向内文版面渗透颜色、文字、图形。这些颜色、文字、图形在切口处形成了丰富的艺术美感。

（1）颜色渗入。颜色渗入是切口设计常用的方法。单一颜色的渗入，可以增加书籍的整体效果，和内容形成呼应。多种颜色的渗入可以区别不同的章节，既方便查阅，又有形式上的美感变化（图 2-91）。

（2）文字渗入。重要的文字信息放置在切口处，体现文字内容的重要性，在书籍翻阅过程中不断起到提醒强化的作用（图 2-92）。

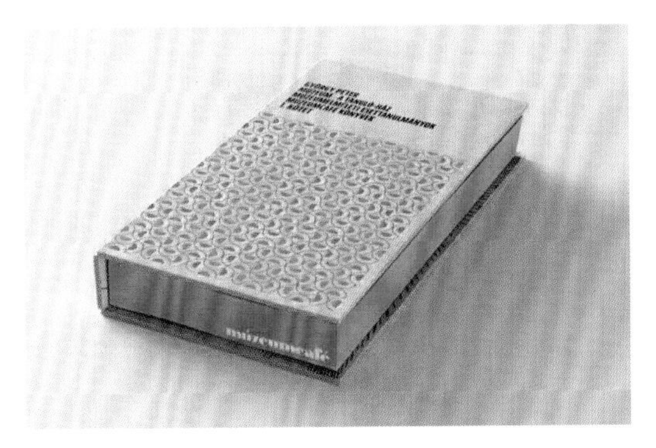

图 2-91 颜色渗入切口

图 2-92 文字渗入切口

（3）图形的渗入。图形渗入可以更加准确地表明书籍内容，因为图形表达更加直观生动、一目了然。尤其在封面整体设计较简单的情况下，隐藏在切口处的图形渗入就更加具有别出心裁的设计感（图 2-93）。

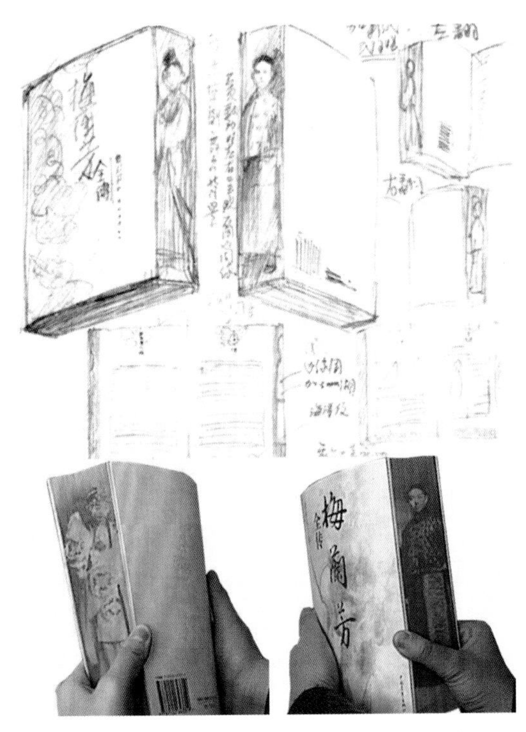

图 2-93 《梅兰芳全传》书籍切口创意设计

知识拓展：《梅兰芳全传》书籍切口设计

3. 造型

将切口依据书的内容进行造型的变化，可以由直线变成曲线。切口的形态依附于书籍的整体形态。随着异形开本的形体不同，切口造型也会随之发生变化。在一些儿童书籍的设计中，可以采用这种手法，可爱的外形更易获得儿童的青睐（图 2-94）。

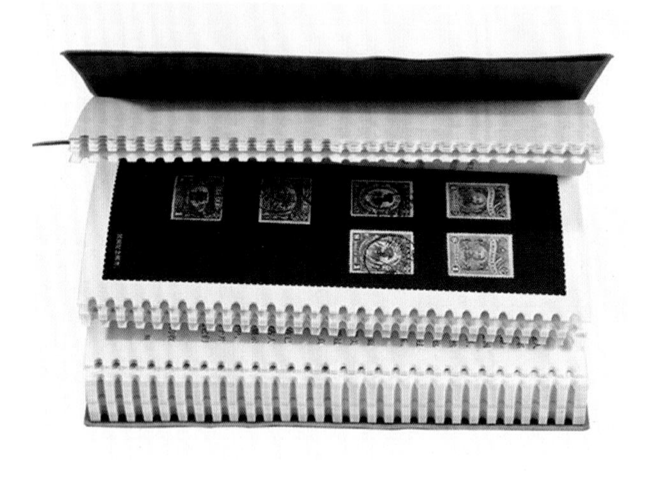

图 2-94　书籍切口造型设计

4. 裁切

现代概念书籍设计的切口不再拘泥于一种特定的形态，有可能是规则的，也有可能不规则。可能在一个平面上，也可能不在一个平面上。书籍的裁切不再是垂直、整齐、规范的形式，裁切的角度、方法都可以依据整体设计进行变化。

5. 纸边处理

书籍设计中一个重要的元素就是纸张材料的应用。书页在翻动时人们就会接触到书籍内页纸张。一般的书籍印刷都采用平滑的印刷纸，有利于印刷效果也便于读者翻书阅读，但同时也缺乏触感的新意。于是，设计者会有意破坏纸张的平滑质感，增加人们触感的体验。设计者对书籍纸张边缘进行特殊处理，使它摸起来是松软的、毛涩的、粗糙的、有新奇感的，运用这种方法增强书籍的触感体验（图 2-95）。

图 2-95　纸边未经处理的切口设计

不同的纸质触摸感受体现不同的韵味。例如，不切纸边、保留纸张装订后参差不齐触感的切口展示；或是保留手工纸原汁原味的毛边效果；抑或是效仿古代包背装书籍装订方式，切口是书页折叠后的折口等。这些都是通过不同纸张边缘处理后展示的独特魅力，让读者在感官体验上更上一层楼。

以上是书籍切口设计的常用方法，书籍切口设计也在不断地推陈出新，传达书籍设计的意蕴之美。在对书籍设计需求日益严苛的今天，设计师通过运用不同的艺术手段，创造出新的艺术形态，丰富书籍的设计样式，使其体现出非同寻常的设计感受。虽然切口是书籍的边缘设计，但往往被忽视的结构设计最终会成为设计创新竞相抢占的“高地”，这也是书籍切口设计存在的意义。

四、书籍函套设计

函套即封套、书套，一种传统的书籍护装物。常见的函套是用厚板纸作里层，外面用特殊材料包裹的盒式外套。函套的设计注重整体的表现力，讲究视觉效果、形式多样，可以看作书籍的外部包装。在材料方面，函套可选择传统的木质书盒，也可用较厚的纸板做材料。特种纸材、棉织物、皮革、塑料乃至金属材料也在现代书籍函套中有所应用。特殊的制作工艺的使用，如镂空、镶嵌等手法可打造出函套独特的个性和品质。函套表面的文字不会太多，一般只为突出书名，字体的设计和排版要具有感染力。色彩和图形的使用也应按书籍的内容和受众考虑，既要高度概括，又要有情调。函套结构的设计也非常重要，如何摆放书籍、如何打开拿取，都会使读者产生不一样的感受。样式的新颖、独特和具有良好体验感的函套设计更能吸引读者的注意（图 2-96）。

图 2-96　现代书籍函套

（一）函套的基本特性

1. 函套的功能性

函套具有保护书籍、收纳丛书、便于携带、适于馈赠和长期收藏等功能。

（1）收纳功能。函套在历史上的形成，最先出现的功能性便是收纳。而需要制作函套的书籍通常内容较多，有可能分为几卷，在此，函套便承担了书籍整理与收纳的作用。

（2）保护功能。作为函套的基本功能之一，函套的存在同时也是为了防止书籍发生褶皱、受潮、损坏等情况。对于具有收藏价值的套装书籍，函套无疑是不可或缺的。

（3）信息传递功能。函套作为书籍的最外层，是最先传递出信息的构成部分。它浓缩和提炼了书籍的相关信息，是对书籍设计风格的呈现，具有形象识别、视觉导读、功能检索方面的相关特性。

2. 函套的审美性

函套设计在视觉表现上，应在呼应书籍整体设计的前提下具有独特的审美特性。在信息传递和保护书籍的同时，增强书籍市场竞争力，提高书籍收藏价值，在构造方式、材料运用、工艺技术、视觉形态上做创新设计，独树一帜，引导市场审美趋势，传递书籍文化气息，并综合材料与特殊工艺的设计运用，给予受众多种感官的信息传递。

3. 函套的整体性

书籍设计强调整体性，而作为书籍设计一部分的函套设计同样也应该与书籍内容、书籍整体相呼应。它作为对书籍特点与性质的整理、归纳、提炼，将书籍内容凝结成视觉符号，从第一眼开始给予读者形象识别导向，是读者与书籍之间的纽带。所以，在进行书籍设计之前，在书的整体设计规划上就应该纳入函套设计的考虑。

（二）函套的设计方法

函套设计具有独特的形态表现性和强烈的艺术感染力。它所带给读者的不只是简单的形态的构成，同时也是视觉的盛宴、材质的感知和工艺的精进。函套的设计要明确主题与形式的统一、艺术表现与内在功能的和谐，从而给人带来爱不释手、回味悠长的书盒装饰。在设计过程中，设计师应着力把握以下几点。

1. 形神兼备

书籍函套设计中的“形”“神”兼备，是一种形态、造型和神韵统一结合、浑然一体的表达，更是一种意境的呈现和境界的升华。古人云：“书之有装，亦如人之有衣，睹衣冠而知家风，识雅尚。”由此可以看出，书之“衣装”能够直接反映出书籍的外在形象和内在品质。函套设计的形神兼备是对书籍本身内容的体现，是设计师对作品的理解和再现。把握住“神”的精髓，通过设计要素的具象化表达，能够让函套更具生命力。

2. 古为今用

函套在中国古代书籍形式中早已出现，古代书籍函套的形式很多沿用至今。借鉴古代函套传统形式结合现代技术及新材料应用，可以使得函套设计既有文化底蕴的展示，又有工艺材料的加持，更能适应当今图书市场的需求。

3. 形式创新

函套作为书籍外部包装同样起到宣传作用。视觉元素的创新应用、形式的独一无二都能够提升函套的价值。现如今随着环保理念的深入，在函套设计上更加提倡适度节约，杜绝过度奢华（图 2-97）。

函套设计作为书籍设计中的重要构成要素，它强化了书籍设计构成的整体性，增强了书籍设计风格的连贯性，提升了书籍的文化意蕴，更是对书籍趣味阅读方式的探索。它减少了书籍的损坏与遗失概率，增加了书籍的可收藏性，同时促进了实体书在当代社会中的市场竞争力。

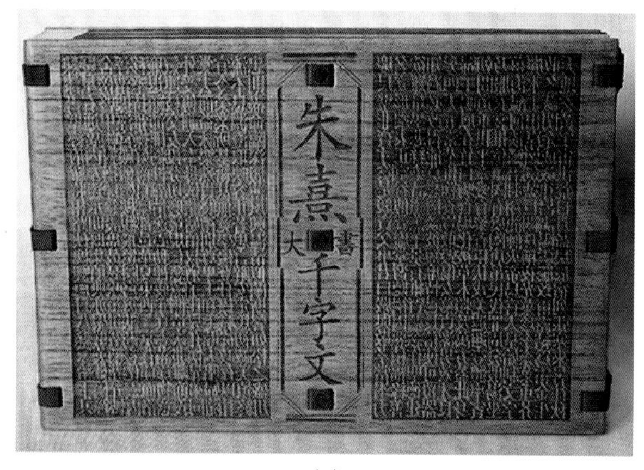

（a）

（b）

图 2-97　函套创意设计

（a）示意一；（b）示意二

单元四　书籍的内部结构设计

翻开书籍的封面，我们就进入了书籍的内部结构。书籍内部结构更多的是对平面设计元素的处理，小到一个页码的设计，大到整个版面的布局，书籍内部结构的设计都要紧紧围绕书籍整体的设计理念展开。虽然不同的结构页平面元素的设计形式不同，但最终都是为了更好、更准确地展示书籍内容的精神内核。

一、环衬、衬页设计

（一）环衬设计

环衬是精装书中不可缺少的一部分。精装书必须有前后环衬，平装书也可采用环衬。环衬对书不仅有保护作用，还能建立一个空间的过渡，在视觉上给人以明朗、舒适感，使读者获得阅读前的宁静。环衬的作用在于加固封面和书芯间的连接，以使两者不至于脱离，同时也起着由封面到扉页、由正文到封底的过渡作用，是书籍的序幕与尾声（图 2-98）。

图 2-98　蓝色的环衬页

1. 环衬的作用

（1）保护书芯不易脏损：环衬的制作工艺使书籍展开时不起褶皱，使封面和内页都保持平整。

（2）加固封面和书芯的连接：如没有环衬，封面整体很难与书芯紧密黏合，容易脱离。

（3）过渡作用：封面到扉页、正文到封底的过渡。

（4）装饰作用：装饰和美化书籍。

2. 环衬的设计方法

读者在翻阅一本书时，好似一个从屋外进入屋内的过程。环衬页起到了一个很好的过渡作用，使读者从封面自然而然地过渡到内页中。设计者充分调动图形、色彩等元素，诱导读者逐步进入阅读氛围。因而书籍各部分结构的轻、重、缓、急的把握就十分重要。环衬是属于承前启后的环节，它应对书籍内容的总体气氛起渲染作用，像一首歌曲的序曲、前奏，营造出一种特定的氛围。一般设计中会采用颜色进行渲染和过渡；或是重复简单的图形；抑或是选择一定肌理的纸张以强调含蓄的韵味，使读者从独特个性的封面设计中，逐渐进入平静、规矩的内页版式。随着科技的发展、技术水平的提高，国内外已生产出多种不同色调和肌理的环衬纸可供设计者选择，样式繁多，非常便利。但是使环衬真正发挥魅力和作用的，仍然是设计师追求独特、不甘趋同的设计理念，这样设计的环衬更能和整体设计音色和鸣，不流于一般形式。当然环衬的设计还是要在书籍整体设计的定位之中，这样才能更准确地把握设计方向。

环衬的设计不能太花哨，作为书籍主题的补充和陪衬，环衬的设计要比封面简洁，和封面形成由繁至简的对比。突出书籍封面的同时，引入接下来的书芯内容。

（1）单色概括。许多书的环衬页仅仅是白纸或是色纸。无论是白纸还是色纸，都是大有讲究的，它们的颜色往往与讲述的书籍内容吻合，是经过精心挑选的。

（2）纹理选择。采用压有花纹或经纬线等具有纹理或肌理感的纸张，由于这种纸张本身具有色泽、质地和自然形成的纹样，故而能产生良好的装饰效果，不用再画蛇添足对环衬页进行设计。

（3）图形表现。采用抽象的图形、图案、插画、照片进行表现，这种设计风格的前提是与书籍的内容及风格保持一致。图形必须紧紧围绕书籍核心内容进行选取，如能够代表书籍内容的照片、插图等，但会对照片的色彩质感做处理，使其和封面的整体色彩相呼应，且不喧宾夺主破坏整体设计的和谐（图 2-99）。

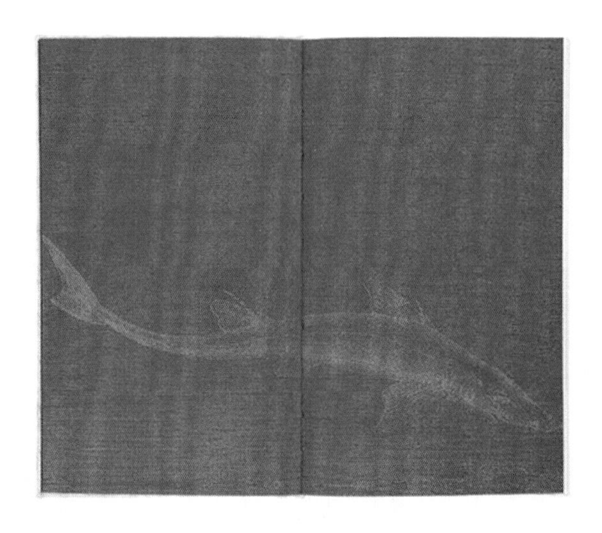

图 2-99　环衬页图形设计

一般来说，环衬的设计都是比较简洁、雅致的。过于华丽的环衬会削弱封面的重要地位，与内页简洁的风格不符。所以，在环衬设计时要把握好设计元素的度，即使一个颜色、一句引人入胜的文字，只要符合环衬的作用，都能体现书籍设计之美。

（二）衬页设计

衬页是衬在封面之后、封底之前，不跨页的一页或多页单张纸。衬页一般没有任何印刷信息，只印有一个底色。衬页不跨面，可看作是环衬的一半。衬页可单独使用，也可与环衬同时出现。衬页和环衬的色彩、肌理的使用方法及设计形式相似，都应与封面、扉页、内页等设计协调统一，同时各部分要有节奏感及层次感，如此才能在相互映衬中各显风采（图 2-100）。

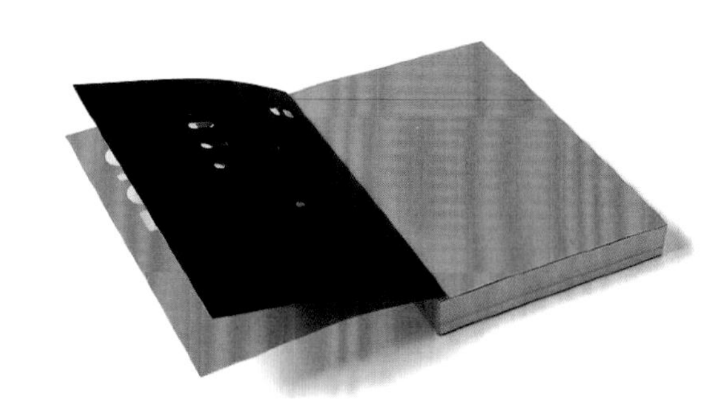

图 2-100　书籍衬页

二、扉页设计

扉页也叫作书名页，是环衬后的一页，是图书内容的开始。书中的扉页具有一定引导阅读内容的作用。扉页主要包括书名、作者、出版社等文字相关信息和简单的图形装饰。扉页内容在书籍的正面页，左侧是封面或环衬、衬页的背面。扉页的背面一般为空白页，有时也可放版权页。随着人们审美品位的提高，扉页设计越来越受到人们的重视（图 2-101）。

图 2-101　书籍扉页

扉页一般印有书名、作者名、出版社名等信息，内容和封面相似，但形式上会有所区别。之所以相似而不相同，体现在两个方面。一是扉页的质地与厚薄更接近内页，相当于内页的起始，引领读者进入书籍内容的阅读中；二是相对于封面，扉页宜简洁而平淡，不能喧宾夺主，与封面设计旗鼓相当，会让读者产生错觉，有重复感。扉页文字的排列和图形的位置没有特殊的规定，可以和封面一致，也可做变化。但其风格必须与封面整体风格协调，重点突出书名文字信息。在整体设计上应清新、端庄、稳重，忌复杂，同时要避免与封面产生过多元素的重叠；图形多采用装饰性图案或插图，或简洁概括的抽象图形；色彩的选择上不采用对比强烈的颜色做搭配，一般会选择一到两种相近的颜色，有的扉页甚至直接做去色处理。这样的扉页更能引领读者的心境逐渐趋向于平静，过渡到内页正文的阅读。

（一）扉页的设计方法

“简单”是扉页设计中最重要的原则，扉页对比封面设计要显得更简单，但同时要和封面保持千丝万缕的联系。其设计方法可采用以下几种：

（1）重复外封面的焦点元素：例如，外封面出现的醒目图形，在扉页上可以做缩小化处理，体现在版面的不同位置上。

（2）发掘封面的内涵：如果封面所表达的主题很大，那扉页所选择的图案就要小。例如，外封面是以森林作为主题的，就可以将森林里面的具体东西作为扉页的设计元素。如落下的几片叶子、停留在树枝上的小鸟等。这种处理方法可以产生另外一种对比，主题的大和小、视觉的远和近。

（3）重点提取：书名作为扉页的重点设计内容，和封面的书名设计是同等重要的。书名的设计可沿用封面设计，也可做新的字体选择，但是要保持和封面字体风格的一致性。

（4）创造新的元素：在书籍封面已有元素的基础上，去寻找与其关联的新的元素，既让人看到时有熟悉感，又形成了画面上的视觉区别（图 2-102）。

图 2-102　书籍扉页与封面的关系

（二）扉页元素设计

（1）色彩的运用。色彩的运用应有主题性，有感染力，可以传达意念，表达一定确切的含义。扉页设计一般与内页保持一致，采用单色印刷。但有些赋予设计感，采取与封面有区别的色彩设计。

（2）字体设计。扉页字体或遵循书籍封面字体，或采用印刷体突出正式感。扉页的文字一般与封面内容一致，字体不宜太大。文字的位置、方向可与封面相同，也可做适当调整，使其与封面错落有致。扉页的设计应简单、精练，并留出大量空白。

（3）图形设计。一般扉页的图形元素选择都较简单，内容切忌多而繁乱，更多做留白处理。简单抽象的图形或与主题相关的单个图样装饰都是较常见的扉页图形选择。

（4）版式设计。扉页的版式设计主要是由版面的面积、比例、疏密、位置来体现设计者的构思，纯文字扉页的构成字体选择要得体，布局井然，错落有致。图文结合的排版，要注意两者如何搭配在一起更和谐，同时留白在扉页版式中是很重要的手法。

设计师们既要有继承，又要有创新。书籍扉页的创新是在简单原则上，对扉页的文字、排版形式做变化。例如，结合环衬结构做镂空设计；或者与对页做形式的互动，丰富整个版面（图 2-103）。

图 2-103　书籍扉页设计

扉页既然是封面与书籍内部之间的桥梁，那么它的设计也要跟书籍的其他设计一样体现书籍内容的主题思想，好的书籍设计是不会忽略扉页的设计，如果扉页的设计空洞而缺乏思想性，那么在书籍的整体设计中就是一个缺陷。为了更好地在封面与书籍内容之间架起这座桥梁，就要使用与其相适应的艺术形式的表现手法，同时还具有审美的价值。书籍的整体性是书籍设计最重要的原则，所有的结构设计都要符合这个原则。扉页在书籍的整体设计中虽然只是很小的一个组成部分，但对它的设计力度、强度都要与封面及其他设计相协调、统一。书籍没有哪个部分是单独存在的，所有部分和谐一致才能产生“书籍”之美。

三、版权页设计

如果想了解一本书籍的信息，如这本书是哪年出版的、字数有多少、尺寸有多大，那么可以通过版权页来了解。版权页是出版物的版权标志，也是版本的记录页，一般位于扉页的背面或书籍的最后一页。在版权页中，按规定应记录书名、著译者、出版者、印刷者、发行者、版次、印次、开本、印张、印数、字数、出版年月、版权期、书号、定价等及其他有关说明事项。它的重要内容应以说明和保障版权的文字为主，如“有著作权，不准翻印”“版权所有，翻印必究”等字句。尤其随着文献工作标准化事业的发展，在版编目（CIP）的推行，版权页的记录内容也有所增加，如分类号、主题词以及反映该书的款目等。这样，版权页就将成为著录的主要信息源了（图 2-104）。

1. 版权页的内容

（1）图书在版编目（CIP）数据，是查询版本的依据。

（2）书名、作者名及出版记录等信息。

（3）版权声明信息，用于说明版权归属。

2. 版权页的设计方法

版权页一般不做过分设计，主要以文字排版为主，清晰准确展示所有书籍信息即可。版式一般分上下两部分，上部是 CIP 数据，下部为发行信息。字体通常选择标准印刷字体，可以和内页文字一致。版权声明信息需要加粗、加大字体，以起到警示作用。

展示信息明了，内容准确是版权页的主要职责。在不影响内容的情况下可适当添加一些图案装饰。

图书在版编目(CIP)数据

皮影印象/杨静著

华夏文明出版社，2014.3

ISBN　978-988-99559-1-5

Ⅰ.皮…　Ⅱ.杨…　Ⅲ.皮影印象-非物质文化-文学

Ⅳ.T881

中国版本图书馆CIP数据核字(2014)第314302号

皮影印象

主　　编:杨静
责任编辑:杨静
策划编辑:杨静
版式设计:杨静
出版发行:华夏文明出版社
地　　址:北京市东直门外香河园北里4号
邮　　编:100028
电　　话:(010) 64683006
网　　址: http://www.hxph.com.cn
印　　刷:新乡有限公司印刷
经　　销:新华书店
开　　本:210mm×148mm　1/32
字　　数:210000
印　　张:10
版　　次:2014年4月第1版
印　　次:2014年4月第1次印刷
定　　价:28.00元

图 2-104　书籍版权页设计

四、序言页设计

序言又称序、前言、引言，是一本书的开场白，一般是放在扉页之后、书籍目录页之前的文章。通常用来说明书籍编写的目的、意义、主要内容、过程等，以吸引读者对书籍产生兴趣，起到提纲挈领和引导阅读的作用。也有他人代写，用来介绍和评价本书内容，属于非作者序。

序言内容以文字为主，所以在设计上文字的排版规范很重要。序言正文的字体、字号一般与正文一致，标题则用大号的印刷字体或美术字为主，做突出设计。除文字的编排外，设计师也可以考虑加入一些与书籍有关的设计性元素，装饰“序言”两字以及文字群的周边，但切记不要阴影文字内容阅读，或运用版式的变化来达到与内容页排版设计的和谐、统一（图 2-105）。

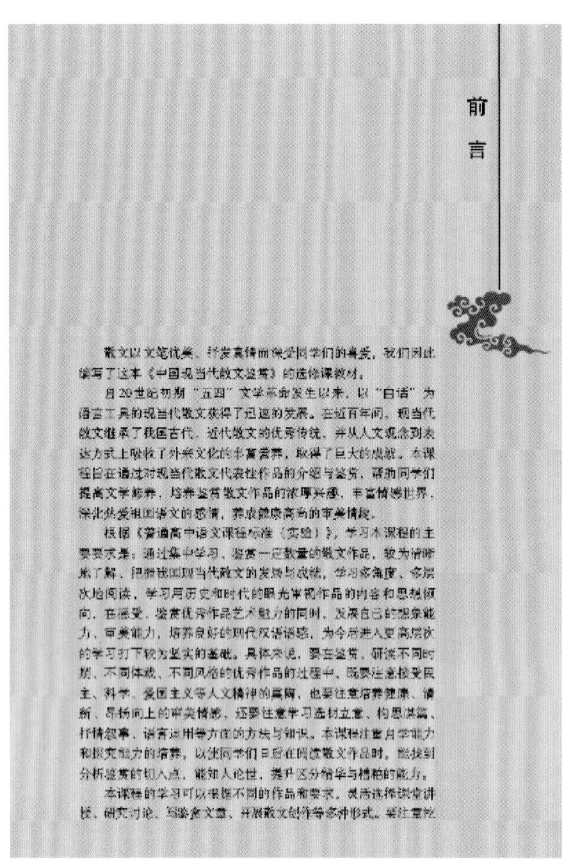

前言

散文以文笔优美、抒发真情而深受同学们的喜爱，我们因此编写了这本《中国现当代散文鉴赏》的选修课教材。

自20世纪初期"五四"文学革命发生以来，以"白话"为语言工具的现当代散文获得了迅速的发展。在近百年间，现当代散文继承了我国古代、近代散文的优秀传统，并从人文观念到表达方式上吸收了外来文化的丰富营养，取得了巨大的成就。本课程旨在通过对现当代散文代表性作品的介绍与鉴赏，帮助同学们提高文学修养，培养鉴赏散文作品的浓厚兴趣，丰富情感世界，深化热爱祖国语文的感情，养成健康高尚的审美情趣。

根据《普通高中语文课程标准（实验）》，学习本课程的主要要求是：通过集中学习、鉴赏一定数量的散文作品，较为清晰地了解、把握我国现当代散文的发展与成就，学习多角度、多层次地阅读，学习用历史和时代的眼光审视作品的内容和思想倾向，在感受、鉴赏优秀作品艺术魅力的同时，发展自己的想象能力、审美能力，培养良好的现代汉语语感，为今后进入更高层次的学习打下较为坚实的基础。具体来说，要在鉴赏、研读不同时期、不同体裁、不同风格的优秀作品的过程中，既要注意接受民主、科学、爱国主义等人文精神的熏陶，也要注意培养健康、清新、昂扬向上的审美情感，还要注意学习选材立意、构思谋篇、抒情叙事、语言运用等方面的方法与知识。本课程注重自学能力和探究能力的培养，以使同学们日后在阅读散文作品时，能找到分析鉴赏的切入点，能知人论世，提升区分精华与糟粕的能力。

本课程的学习可以根据不同的作品和要求，灵活选择课堂讲授、研究讨论、写鉴赏文章、开展散文创作等多种形式。要注意吃

（a）

序言

茶艺

现代人所说的"茶具"，主要指茶壶、茶杯、茶勺等这类饮茶器具。事实上现代茶具的种类是屈指可数的。但是古代"茶具"的概念似乎指更大的范围。按唐文学家皮日休《茶具十咏》中所列出的茶具种类有"茶坞、茶人、茶笋、茶籯、茶舍、茶灶、茶焙、茶鼎、茶瓯、煮茶"。其中"茶坞"是指种茶的凹地，"茶人"指采茶者。如《茶经》说："茶人负以（茶具）采茶也。"

茶具，古代亦称茶器或茗器。据西汉辞赋家王褒《僮约》有"烹茶尽具，酺已盖藏"之说，这是中国最早提到"茶具"的一条史料。到唐代，"茶具"一词在唐诗里到处可见。诸如唐诗人陆龟蒙《零陵总记》说："客至不限匝数，竟日执持茶器。"白居易《睡后茶兴忆杨同州诗》有"此处置绳床，旁边洗茶器"。唐代文学家皮日休《褚家林亭诗》有"萧疏桂影移茶具"之语。宋、元、明几个朝代，"茶具"一词在各种书籍中都可以看到。如《宋史·礼志》载："皇帝御崇政殿，六参官起居北使……是日赐茶器名果。"

希望借此书能够唤起人们对于传统文化的兴趣，并能更好的去传承和发扬我们民族的传统文化，让我们一起去领略中国茶文化的魅力吧！

（b）

图 2-105　序言页设计

（a）示意一；（b）示意二

五、目录页设计

目录又称目次，是图书内容的提纲，起到给读者提供内容索引的作用。通过目录既可以快速查找书籍内容，又可以清晰地了解内文脉络。目录按照部、编、章、节的顺序排列，注有明确的页码。目录页大多安排在序言页之后、正文之前（图 2-106）。

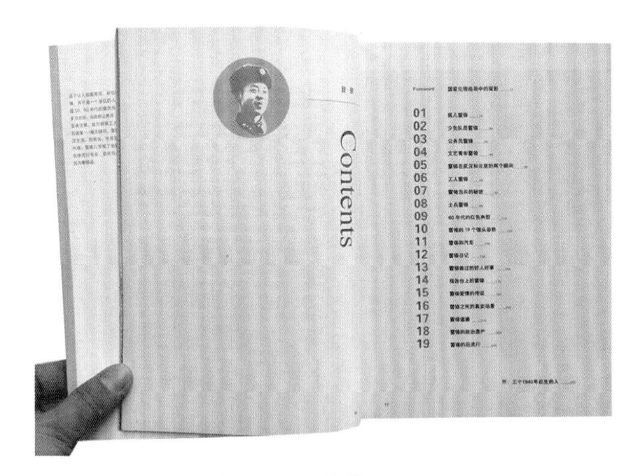

图 2-106　书籍目录页

（一）目录页的功能

（1）检索功能。书籍目录页的检索功能体现在，当读者想了解书籍某一部分的内容时，通过清晰明确的目录页条目对应的页码可以快速查找到相应内容。目录可以使读者很容易地获取所需内容。目录页好似地图，可以快速指引我们目的地的方向，避免多走弯路浪费时间。

（2）导读功能。读者想了解一本书讲了什么，是不是自己感兴趣的内容，可以通过目录页快速进行浏览。目录页作为读者在接触书籍内容之前的一个落脚点，为读者提供了导读的功能，它是书籍整体内容的一个总纲领，设计者通过对书籍内容进行各个层级的标题信息总结、归纳、设计，呈现出一定的逻辑感、秩序感，甚至具有一定的趣味性，为读者在书海中遨游指引了一个明确的方向。条理清晰、层级明确的目录页设计，可以使读者快速实现对书籍整体内容的把握和了解，提纲挈领，纲举目张，起到信息传达的作用。

（3）审美功能。书籍的目录页作为书籍的一部分，其设计同样需要具备一定的美感，并能够使文本的内容层级明确、条理清晰地展现在读者面前，激发读者的阅读兴趣。好的书籍目录页设计能够让读者产生美的感受，并享受这个由文字所构建的诗意的阅读空间。

（二）目录页的设计方法

目录页的组成有目录题目文字、各级标题、连接线、页码、图形、色彩。目录可选择和序言页一致的字体，也可另外进行设计。一般运用特殊字体加大、加粗，让人一目了然。

在设计条目时，一般会把各级标题与其对应的页码连起来，可设置成两端对齐，使版面更加整洁、清晰。对于一些文字内容比较少的目录页，如果两端对齐排列，则会显得版面比较单调和小气，因此可以借助线条和图片来增加其趣味性和表现力。目录页中的元素（如页码、标题等）可采用分栏、轴线、网格等形式布局，从而使信息更加清晰，更有秩序。

各级标题之间需要用不同的字型、字号、字的黑白关系、色块的垫衬、细节装饰性的处理进行区分，各级标题之间留出一定的空间也会便于阅读。

目录页的设计应注重两个方面：第一，目录设计应清晰易识别；目录设计对信息检索的科学合理性和有效性直接关系着读者的信息获取效率。读者在翻阅书籍时，通过目录在第一时间获知书籍内容概况，以便迅速判断是否对这本书感兴趣，是否需要对书籍内容进行详读。第二，目录设计应与书籍设计的整体风格一致，体现整体形式美感。读者在阅读目录的同时能够直接感受到书籍所传递的内涵和理念，进入书籍营造的氛围，进而提升阅读体验。在设计样式上要注意避免华而不实、丧失其基本功能的设计，通常会采用版式的新颖设计来达到独特性和多样性，给读者耳目一新的效果（图 2-107）。

图 2-107　目录页创新设计

（三）目录页的基本形式

1. 纯文本类目录

纯文本类目录多为一些文学类、教材类书籍的目录设计。在传统的纯文本类目录当中，通常由标题和一长串的小黑点及标题内容所对应的页码构成。这串小黑点的主要作用是视觉引导，引导人们的视觉从标题的章节快速、准确地对应到页码。此类目录页的设计过于简单，只是满足了对书籍内容的检索功能，但容易使读者视觉疲劳，产生错行的现象，且其设计风格过于单调，对于书籍不同内容、主旨、理念等特点没有体现。单看目录就已经让读者失去兴趣，无法建立人与书籍更深层次的关系。

现代一些纯文本类目录的设计做了很多新尝试，丰富了它的形式。例如，通过文字的字体、大小、颜色对比、画面元素的位置关系调整、引导线形式多样的搭配等都增加了画面的设计感，相较于传统纯文本类书籍目录设计，更能够让读者享受阅读的过程。

2. 图文混排目录

现代还有一些书籍目录中加入了图片的元素，相较于单一、模式化的纯文本类目录来说更加优化了目录页的版面设计以及更加强了信息传达的功能。图片比文字更具有直观性，不同文化背景的人可能对于相同的文字有不同的理解和认知，但带有图片的目录能够让人对书籍内容有更清晰的定位和了解。这种图文混排要注意的是图片与文字的排列形式。有的是文字在上图在下，有的是图文为左右排列，还有的是有一定的重叠关系，根据书籍内容、整体设计理念以及设计风格的不同来确定相应的形式。儿童类的书籍目录大多数也会配有相应的图片，对于儿童来讲，图片比文字更具吸引力，他们对一些可爱的图片比文字更加感兴趣，因此，图文式的目录更能够引起儿童的兴趣（图 2-108）。

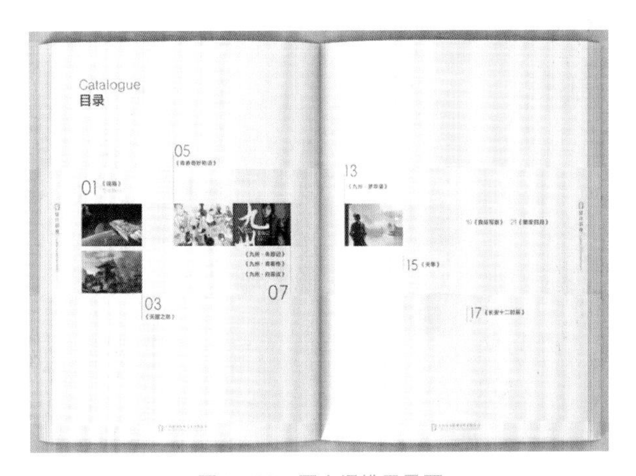

图 2-108　图文混排目录页

3. 符号引导目录

目录中的符号运用可以增强书籍目录的传达概念，使目录页想要传达的内涵和信息更加完整和丰富。其中符号又分为具象符号和抽象符号。具象符号主要是具象的图片及目录中的指示符号，对读者的阅读起到指引的作用。抽象符号主要是对书籍内容进行深度的解读和思考而提取的符号，用来对书籍文本信息进行补充和完善，但抽象符号的提取需要设计者进行综合的分析和考量，考虑到读者的接受和理解能力，以免对符号造成误解，影响读者对书籍内容的阅读和理解。目录页的设计中，设计者所提取的元素符号大多数为通俗易懂的符号且与整本书的气质、理念相符合，能够使不同文化水平以及不同背景的人快速、直观地获取书籍目录的信息。如英国艺术史学家贡布里希所言："有一种秩序感的存在，它表现在所有的设计风格中"（图 2-109）。

图 2-109　数字符号引导式目录页

（四）目录页的版面设计

1. 直线排版

直线排版即各级标题与页码成直线型，可以是横向排版也可以是竖直排版。横向排版一般文字为左右对齐；目录文字内容不多的才竖直排版，一般为上对齐形式，更有一种韵律感。

（1）连接式。连接式即把每节内容的标题与其对应的页码用连接线连起来，这是比较常规的一种做法，可以使目录更加清晰、准确地表达对应关系。重复排列的线条会形成统一、规整的美感。采用这种排版方式时，标题与页码一般会设置成两端对齐，这样的效果更加整洁、规范，有很强的秩序美感。

（2）隐藏式。对于一些文字内容比较少的目录页，可以把标题和页码对应的连接线去掉，也不会造成信息的混乱，还能使页面看起来更加简洁、大气。

2. 图片添加

图片添加的形式适合内容比较少的目录页，设计类书籍和杂志经常使用。当有了图片后，目录页也变成了可视化的形式，更加丰富、饱满。图片在目录设计中起到以下两种作用：

（1）概括章节的主要内容。其功能与标题一样，所以如果要使用这种方式，那么就需要为目录中的每个大标题都搭配能够准确反映标题内容的图片。

（2）装饰画面。这里的图片不是与标题一一对应的，其目的是消除纯文字目录的单调感，使版面更丰富、更好看。

3. 网格排版

网格系统是画册设计的常用工具，可以有效组织版面信息，使其更有序、更整洁，所以内容比较多的目录页也可以用网格系统来排版。即将目录中的元素（页码、标题、图片）用网格的形式来排列，这么做也可以使信息更加清晰，更有秩序。为了避免单调和无趣，通常会加入图片元素。由于这种做法在目录设计中并不常见，所以显得很特别（图 2-110）。

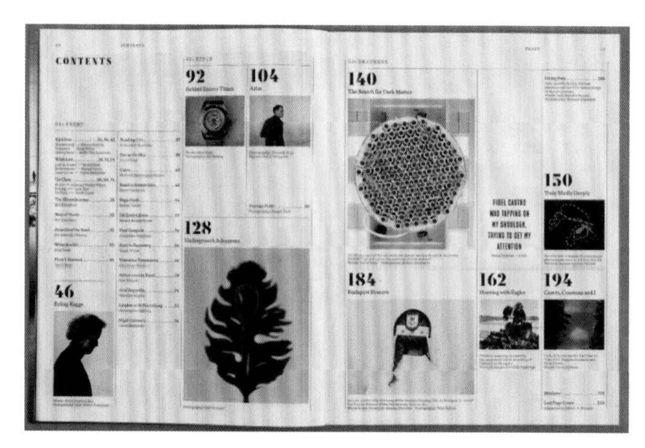

图 2-110　杂志中网格排版的目录页

4. 大页码

页码或序号是目录页必不可少的元素，章节细分比较多的目录都会标明页码，而分类比较少的目录一般会采用序列号用来区分几个大板块。把页码或序号拉大并使用笔画比较粗的字体，除可以使其更明了、醒目以外，还可以增加版面的大小对比，提升设计感。把页码裁切一下，会更有设计感。

5. 分栏排版

分栏排版即把文字信息竖向等分成两份或两份以上，适用于文字比较多的版面，当目录页的内容比较多时也适合分栏排版。由于每一栏的内容都严格对齐，且页码比较大，所以，栏与栏之间即使错位排列也不会影响阅读。

6. 轴排版

轴排版即把目录信息沿着某条轴排列，这种形式在目录设计中也比较少见，适用于内容比较少的目录。轴的形式一般为竖轴和横轴，排列的形式通常为错位排版（图 2-111）。

图 2-111　轴排版式目录页

7. 留白式

如果目录的文字比较少，版面就容易显得很空、很单调，常见的做法是增加图片或把文字拉大，其实主动保留大量空白也是一种解决办法，比如把内容集中排列在版面的顶部、底部、左下角、右下角等位置，留出其他位置的空白。这么处理的版面虽然有一种不平衡感，但设计感更强，也会让人更留意目录内容，大面积的留白还可以适当缓解眼睛的疲劳。

无论做什么设计我们都要以它的最终目的为设计准则，由于目录是为了方便浏览和查阅书本内容，所以设计时一定要注意视觉的整洁与信息的清晰。因此，可以发现对齐和统一是最常被用到的两个技巧（图 2-112）。

图 2-112　留白式目录页

8. 自由式

自由式排版并不是随意发挥，更多是根据书籍题材、内容出发，设计符合书籍风格的目录页。自由式版式不易把握，设计上要注意符合人的视觉流程，否则会看起来没有章法。一般情况下会添加视觉引导符号，便于查找内容。

六、篇章页设计

篇章页也称中扉页或隔页，是指专门在各篇章起始部分特别设计的，印有篇章名称且无正文内容的页面。比较正规、严肃的图书，一般都会设置篇章页，以使图书的结构更明显、层次更清晰。篇章页一般设置为单面，翻过来的背白一般不放任何内容。本章的正文从再下一面开始（图 2-113）。

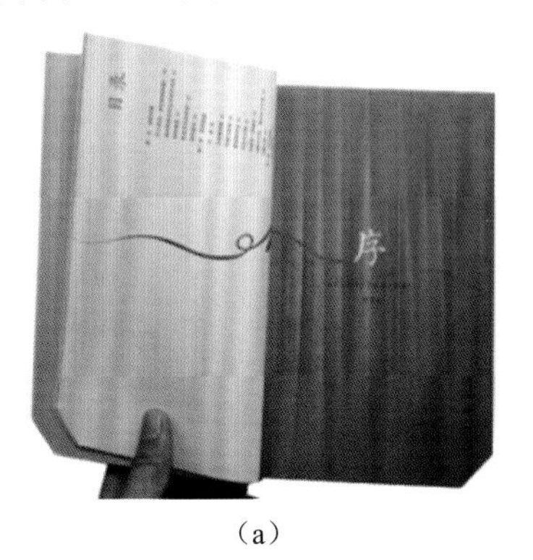

（a）

（b）

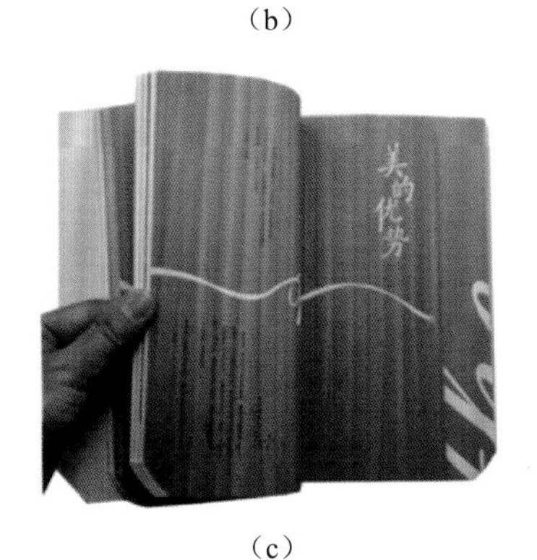

（c）

图 2-113　篇章页设计

（a）示意一；（b）示意二；（c）示意三

篇章页的设计方法可以参照扉页设计。重点放在篇章节名称字体的设计上，文字形式各章节要统一，字体要醒目有设计感。可以添加简单装饰，但切忌繁冗的形式。留白更能凸显篇章节的文字重要性，和内容页的丰富图文形成鲜明对比。

篇章页可以采用不同纸张材料作区分，也可以用带有颜色的纸张做设计。篇章页没有书眉和页码，页码一般作暗码计算，也可不计页码。

在设计篇章页时要求字体、图形、色彩具有统一性和连续性。各个篇章页的设计风格要一致。

七、正文页版面结构设计

书稿内容是书籍的基石，是读者阅读的核心。正文页版面结构设计是将书稿文字、插图、图表等内容结合相应的书眉、页码、书脚等结构要素按照形式美的原理进行安排，为读者在视觉上营造一个合理的阅读空间。书籍正文页的版面结构设计不仅是形成一个具有美感且适合阅读的画面，更重要的是帮助读者梳理信息、优化阅读过程。优秀的正文页版面结构应该符合读者的阅读习惯，这样才能引起读者的阅读兴趣，增加阅读的舒适性，帮助读者快速捕捉重要信息。同时，版面结构设计也应该对信息内容进行完美的诠释，根据信息内容的不同特点传递不同的心理感受。

书籍正文页的版面结构包括内页的全部幅面内容。页面上被印刷的部分及没有被印刷的空白部分都属于其中。版面一般不是指单页内容，而是指左右两面对页所形成的完整的视觉画面。容纳正文的图文信息的空间称为版心，是版面设计的最主要阵地。版心四周空白处称周空，书籍版面结构可分为版心、天头、地脚、订口、翻口等构成部分（图 2-114）。

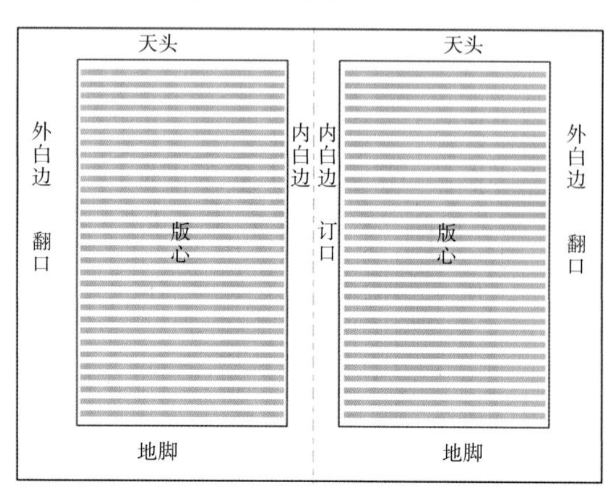

图 2-114　书籍版面结构图

正文页版面设计包括以下内容：

（1）版心：是指书籍翻开后左右两个页面上排印文字、图画的部分，是容纳正文的空间。

（2）天头：是指内页面的上端空白处。

（3）地脚：是指内页面的下端空白处。

（4）订口：是指靠近内页面内侧装订处的空白处。

（5）翻口：是指靠近内页面外侧切口处的空白处。

（6）书眉：是指排在版心上部的章节名文字信息，一般用于检索篇章。

（7）页码：在书籍内页面的每一面都排有页码，用于表示书籍的页数，通常页码排于书籍每页靠近切口的一侧，有时也放在中间位置。

（一）版心

版心是图书版面上规则承载书籍文字、图形等内容的部分，是版面构成最重要的结构要素，是版面内容的主体。人们看书的时候总是翻开看到书籍左右两页，故版心指的是书籍翻开后成对的两个页面上排印的图文信息的面积，是容纳正文的空间。版心又称版口，在版面中，除去四周空白的部分，余下的就是版心。版心四周的空白分别称为周空，是天头、地脚、翻口、订口的区域。各类稿件的编排布局都是在版心范围内进行编排的，所以简单来说版心也就是排版的范围。

1. 版心大小

版心尺寸大小与周空大小互相制约。在开本类型确定之后，版心越大，周空就越小。凡周空较大的设计，版面显得疏朗、爽目；周空较小的设计，则版面显得饱满。

版心的大小要根据书籍的性质、种类和既定开本来选择确定。对于实用类、通俗类书籍和经济型小型开本书籍，其版心需要容纳较多的图文内容，版心面积设计应大一些，周空少一些。而对于休闲类、美术类、诗歌类等中型开本的书籍，版心面积可以设置得相对小一些，留白多一些。理论类书籍的白边可留大一些，版心小一些，便于读者在空白处书写和批注。科学技术类书籍成本高，版心应设计得大一些，容纳的图文更多，减少纸张的使用。袖珍本、字典、资料性的小册子及价格低的书要尽量利用纸张，白边也应留得小一些。精装本和纪念性文集可用较宽的白边，这样的书籍看起来更舒展大气。

书籍正文部分全部页面的版心必须大小一致，所以各个页面上的版心宽、版心高是完全相同的。但是，书刊辅文部分的版心，常常可以根据某种理念而设计成与正文部分不完全相同的规格。

2. 版心位置

一般书籍的版心在版面上的位置是左右居中略偏下，即天头略大于地脚（一般比例为 1.4∶1）。这样的版面布局比较匀称。但有些专业图书为了方便读者添加批注，天头或翻口留白会大一些。也有的摄影集、画册等艺术观赏类书刊，将靠近天头或翻口的图片设计成超出版心或出血的形式，从而使天头或翻口的位置被占去部分或全部。

特别要注意的是，不同订书方法的书籍，订缝大小不同，需占用的空间也不同。在设计版心位置时需要根据订口形式调整版心位置，以免影响书籍内容的阅读。

对于具体书籍设计来说，版心在版面上的位置安排需根据内容而定，以免为形式而形式，造成版面空泛（图 2-115）。

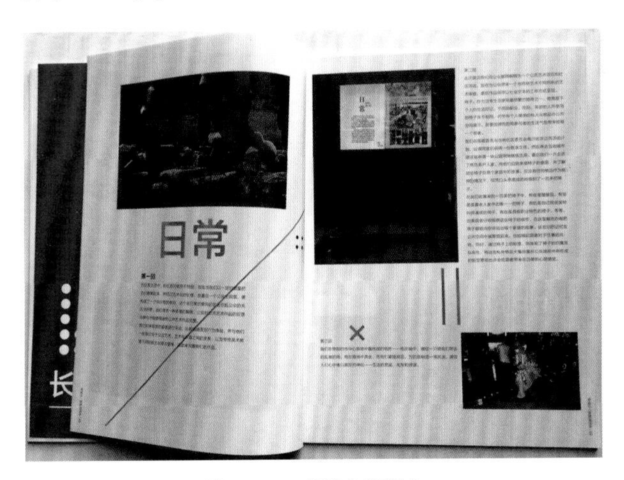

图 2-115　书籍内页版心

3. 版心类型

一般版心有对称式与非对称式两种类型。通常来说，上与下、左与右的边距最好设定成同样的宽度。特别是左右边距，如果设置不一致会产生不稳定的效果。在边距上摆放要素的技巧，通常来说不应该把版心的构成要素放置到边距上。但是，根据不同的设计目的，有时候需要的不是稳定，而是必须体现跳动感等“动”的效果。如果要让版面产生跃动感，稍微打破一下版面上的规则就可以实现。

（二）周空

周空为版心四周留出的一般约 2 cm 宽的空白。周空包括天头（上白边）、地脚（下白边）、订口（内白边）和翻口（外白边）。周空大小与版心尺寸大小相互制约。版心大，则周空小；版心小，则周空大。

书籍的版心上面的空白，称天头；下面的空白称地脚。一般天头大于地脚，也有的书地脚大于天头。订口又称内白边，是位于版心内侧的白边。因它紧挨着书页钉合处，所以称作订口。翻口又称外白边，是位于版心外侧的白边。因沿着它可翻动书页，所以称作翻口。

留有天头、地脚、订口、翻口，不仅为了使版面美观，便于印、装，也为使读者学有所得时做些记录留有余地。天头、地脚、订口、翻口的留大、留小，还与纸张利用率的高低、成本的大小、定价多少有关，也与出版物的风格有关（图 2-116）。

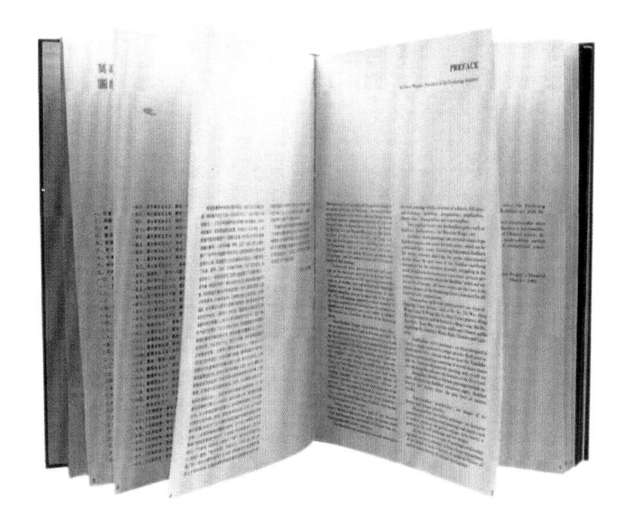

图 2-116　书籍内页周空

1. 周空的功能性

（1）保护版心不受损害。早期的书籍都是以手抄的形式出现，如果版面的周边不是空白的话，在传看的过程中，版面的四周要比中间更易受磨损。另外，在阅读时，因手污或长久翻看而把靠近版面边缘的字弄得模糊不清，容易影响书籍内容的正确与完整。书籍版面中的天头地脚与内外留下空白的余地，在装订和裁切过程中也避免了书籍文字的损害及缺失，有效地保护了书籍内容的完整性及准确性。

（2）检索及导读。天头地脚处包含书眉页码。书眉及页码的阅读功能对工具书、教科书尤为重要。书眉既是书籍的内容提纲，又是表现内容的形式。页码作为书籍的标示、读者的引导，是书籍版面设计的一个重要元素，页码的编排位置与大小还能影响阅读的快慢。在设计时，应首要考虑翻页是否容易找到，不能因为找页码而影响阅读的速度。

（3）分割版面，烘托主体。天头、地脚、订口、翻口把版面进行了分割。其中，版心是所占面积最大的，位居版面的中心位置上；其余占小部分，分别在版面上下左右。无论从面积还是位置上看，版心都是主体，而天头、地脚、订口、翻口的出现让版面显得有主有次、层次分明。

（4）美化版面。天头、地脚、订口、翻口的一些设计元素起着装饰和点缀版面的作用，增强了书籍的可视性。这些元素使版面的形式变得丰富生动，在读者进行阅读时不会感到沉闷，但视觉元素也不能过多，以免影响视线的集中、阅读的流畅，喧宾夺主。

（5）记录读书心得。订口、翻口就是为作者与读者提供交流的平台。读者可以对书籍内容进行批注，把自己的不同看法、疑问及心得体会等记录在周空位置，以便日后查阅。重视周空设计，实际上也是尊重读者的一种表现，为读者留下思考与遐想的空间。

2. 周空的尺寸

周空的尺寸和版心的尺寸互相制约。在开本类型确定之后，版心越大，周空就越小。版心越小则周空越大。一般书籍版心在版面上的位置是左右居中略偏下。有些书籍为了方便读者添加批注，会将周空留得大一些。也有些版心的图片设计成超版心或出血形式，从而使周空的位置被占去部分或全部。

3. 周空视觉心理

天头、地脚、订口、翻口作为一种空白的视觉形象，与整个版式上的视觉元素形成黑、白对比关系，从而产生视觉上的层次感。在空间方面，我们习惯将黑色当作“正”的形象，白色作为“负”的形象。在设计中，影响流程和视觉传达最主要的是空间正负关系，应用到版面设计上，天头地脚便是“负”空间，也是需要着重充分利用的地方。从美学角度上看，版面中，空白的安排与文字、图形有着同等重要的意义。空白部分在版面上分配得当，能够使版面有虚有实、有疏有密、气韵生动流畅、节奏和谐。视觉元素的连续或前后呼应能延展视觉空间，也因此牵引读者的视线，加强视觉元素之间的联系。天头地脚在页面中有序地重复、连续，引导读者的视线从页面的一端滑向另一端，从一页浏览到另一页，甚至从一个整体过渡到另一个整体，有效地起到了导读的作用。

（三）书眉

书眉一般包含书名、章节名、页眉线等信息，位于书籍版面的天头、地脚或翻口处。书眉一般有检索篇章、装饰版面、增加视觉层次、区分栏目信息的作用。书眉的设计要求精致、简洁、集中，可采用与正文不同的字体、线条和色彩进行映衬，达到引导阅读、衬托正文、装饰版面的效果（图 2-117）。

当书眉的文字内容为丛书名、书名，则书眉仅起装饰作用，设计时应以美化版面为主要目的。如果书眉文字的内容为集、部、篇、章、节等标题名时，一般起到导引作用，设计上将双页码面的书眉设置为上一级标题，单页码面的书眉设置为下一级标题。

图 2-117　书籍书眉展示

1. 书眉的结构

书眉的结构一般为文字加书眉线组成，有时也加上页码。书眉多是从书名、书名和集、部、篇、章、节等的一级标题、二级标题的名称。书眉一般可以设置书眉线与版心相隔，书眉字号必须小于正文字号，而字体可任选。书眉的位置大多设计在天头靠近翻口处。但也可以设计在近翻口的居中位置，可与翻口竖排进行排版。

2. 书眉的设计

书眉在版面中犹如人的眼睛，起到传神的作用，它所形成的视觉效果是十分重要的。所以要求设计者别具匠心，依据书籍的整体艺术效果和内容来选择书眉的表现形式。一般工具书、政治理论书在书眉设计上要表现出严肃、持重、规矩的感觉；文艺书的书眉可形式多样且具有鲜明特色，引起读者丰富的联想；少儿书书眉设计应活泼且充满情趣，激发儿童的阅读兴趣。在具体设计时，按照点、线、面的法则，应用对比、衬托、均衡、虚实、错落、参差、疏密、黑白灰等关系，使书眉装饰既醒目美观，又与版面整体相协调。

3. 书眉设计原则

（1）书眉设计的整体性。细节决定成败，书眉、页码正是书籍的细致末梢。设计普通或偏离主题，同样会对整个书籍的设计产生影响。书眉的设计风格同样要遵循书籍设计的整体性原则。书眉的字体、颜色、装饰图案的选择，甚至是排版位置都是依据整体的设计风格而定的。特别是在表现形式上，设计者一定要仔细研读原稿，使书眉真正准确地反映书稿的内在含义。设计者应将书籍内容文字提炼、升华，准确地表现为版面无声的语言，在冷静的高度打动读者，同他们产生心与心的交流。

（2）书眉设计的审美性。书眉起引导、方便读者阅读的作用，更有美化版面、调节视角、平衡感官的功能。随着现代社会的发展，人们已不满足于“看报看题，读书看皮”，要在愉快、轻松、休闲的氛围里读书。这就要求图书的版面要有较强的装饰性。设计者要充分发挥艺术想象、挖掘汉字的文化内涵，调用点、线、块、框、字体、符号，利用黑白灰或多色系、冷暖调等来装饰书眉，美化版面，让书籍在细微处展示出书籍点滴之美。

（3）书眉设计的多样性。书眉设计需要摆脱程式化的、习见的常规束缚，将那些平淡无奇的字体、字号、线条、空白，经过反反复复的艺术组合，形成不同寻常的空间关系，使之变得色彩纷呈，令人赏心悦目。

多样性是审美性的物化表面形式。没有多样性，则没有众多的图书样式，千篇一律，谈不上美，而离开审美谈多样性，则空洞没有说服力。书与书因内容的不同、大小开本的各异而存在差异，这就是书的“个性”，它很有可能就是我们在书眉上留下的精彩而传神的调动整个版面的一点，它的位置可存在于版面上方，也可以设计在不常用的翻口处。可以单独设计，也可与页码形成组合。它的表现形式是多种多样的，不一而足。只要我们留心处理好书眉、正文、标题、页码在版面上的位置关系，符合书稿的精神内涵，就能设计出满意的书眉。

（四）页码

页码是书的每一页面上标明次序的号码或其他数字，用以统计书籍的页数，便于读者检索。页码是版面中最小的构成元素，但其是不能缺少的部分。它的实用价值决定了书籍的序列结构。我国书籍的页码有约定俗成的形式，一般在切口下方。但其实页码没有固定的排版要求，无论从字体还是字号或位置上来说，都可以实现形式多样的变化，也可以用装饰元素进行辅助设计。页码的灵活设计，可以在版面上形成一个跃动的点，使版面具有丰富、活泼的视觉效果（图 2-118）。

页码是标明版面顺序的序号。横排图书的页码一般都用阿拉伯数字，竖排图书的页码一般用汉字数字。页码不占版心，其字号一般都小于正文，以白正体为主。

图 2-118　书籍页码居中设计

1. 页码的版式

（1）页码的编序。左翻书的页码是左双右单，右翻书则正好相反。凡是位于正文之前的辅文，如扉页、序言页、目录页等，页码应该单独排，不进入正文页码序列。位于正文之后的各种相对独立的辅文；如跋、后记、参考文献、附录等，一般延续正文部分的页码。

（2）页码的位置。页码大多设在天头或地脚的靠近翻口处；若开本较大，也可设在天头或地脚的居中位置。竖排本的页码一般设在翻口处，也有放在上面、外侧和里面靠近订口的。页码也可与书眉合排在一起（图 2-119）。

图 2-119　书籍页码位置

（3）页码的标示方式。页码可分为明码、暗码和空码。明码是指在版面上明确标出的页码，是最多见的形式。暗码是指不在版面上印出的页码。采用暗码的形式中间应该跳过分配给暗码页面的序号。暗码的适用范围通常是篇章页、另页编排时必须留的空白面。空码是指没有页码，如对环衬、衬页、扉页等，不需要编排页码，就形成空码。要注意，在计算书刊的用纸量时，要将空码书页也计入总页面数，不能遗漏。

2. 页码的设计

独特的页码设计能给书籍创造更多的形式美感，提升书籍的艺术个性，富有创新的页码设计，总是适度地摆脱规范化的习见的常规束缚，将那些平淡无奇的字体、字号、线条、空白，经过有序组合，形成不同寻常的空间联系，使之变得色彩纷呈，让人耳目一新。

首先，书籍页码的字体选择应根据不同书籍题材内容而定，庄重的书籍应采用较为严肃的字体作为页码，如科技类的书籍、史实的文稿等；对于辞典类或版心较大的书籍页码字号不宜过大，要选择字型较细的字体；儿童类的书籍页码可以采用较为活泼的字体，字号不能过小。色彩的运用也依照全书艺术特色加以变化，这不仅使书籍版式更显丰满，还增加了书籍的设计意味。这一点在艺术设计类的书籍中表现尤为突出，值得注意的是，页码的创意应遵循统一与变化的原则，统一是在书籍整体设计中的统一，变化是在统一之内的变化。只有既协调于整体风格又富于变化的页码设计才是有意义的。在书籍版面上的任意一点、一线都赋予这个平面一定的功能、美感。页码设计作为书籍整体的一部分，是贯穿书籍内容自始至终的一条主线，加强版式风格的统一，为整体服务，使整体版面构成要素具有延续性。页码设计的变化会引起书籍整体效果的变化，但是它的变化是有规律的、有目的的、有组织的变化。始终没有脱离书籍的整体。所以，在进行页码的创意设计时，应追求全书各个结构设计的和谐性（图 2-120）。

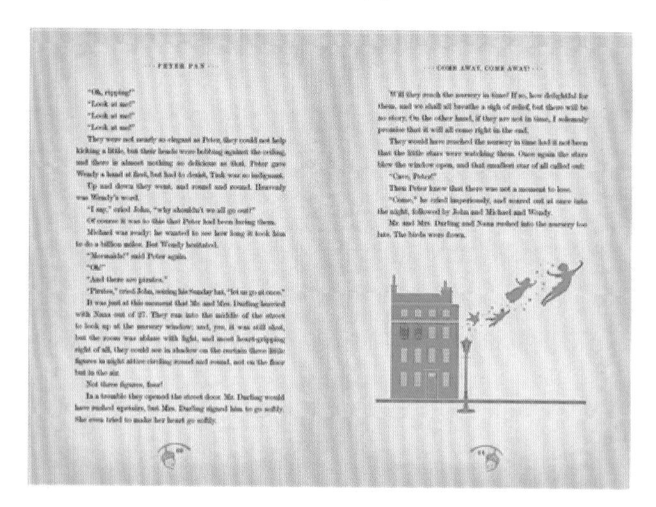

图 2-120　书籍页码设计

每一个书籍结构的用心设计都会在读者阅读书籍的过程中发挥它的魅力，让阅读过程充满享受。当然每一个结构的设计都要在书籍整体设计的指导下完成，这样形成的书籍才是一个处处体现细节美又完全符合书籍整体魅力的艺术品。最终，用心设计的书籍结构会在岁月的沉淀中成为精品。

思/考/与/实/践

1. 调研实践

对市面上不同种类的书籍开本进行调研。走访书店、图书馆、网络平台，对不同种类书籍的开本形状、尺寸进行分析总结。同类型的书籍中，什么样的开本更受欢迎？书籍类型和开本之间存在怎样的联系？解决问题，完成调研报告。

实训目标：

锻炼自主学习能力及解决问题的能力。通过实践训练掌握书籍开本的尺寸类型、开本的选择，以及其与书籍之间的关系，并能自主进行分析总结。

2. 项目实践

设计一本“诗集”。

要求：

（1）选择一位你了解或对你影响颇深的诗人及其作品，为其设计一本“诗集”。

（2）书籍名称自定义，诗的内容自选。

（3）深入了解诗的主题、风格、特点，揣摩诗人创作内涵及情怀，了解诗人平生及创作背景。

（4）进行整体方案的策划，确立设计风格。

（5）设计书籍的开本、封面整体、扉页、目录页结构。

实训目标：

通过项目实操了解书籍设计流程，通过自主学习完成书籍设计的前期工作。动手操作解决书籍各个结构的设计方法问题。

MODULE 3

模块三 方圆有度——书籍内页版式设计

模块导入

书籍内页版式设计是书籍设计的重要组成部分，是承载书籍核心内容，以及与读者接触时间最长的部分。内页版式设计是通过对文字的编排、图形的设计、色彩的搭配、版面的布局等视觉元素进行合理安排的视觉传达设计。各个视觉要素的设计要能准确、合理、艺术地表达书籍的精髓，给读者提供方便与舒适的阅读空间。读者阅读的感受直接影响书籍内容表达的准确性和完整性，所以，内页版式设计要体现合理的布局、准确的信息传达及独具魅力的视觉享受（图 3-1）。

图 3-1　书籍内页版式

学习目标

1. 知识目标

掌握书籍的内页版式设计要点和方法；明确书籍设计平面要素的设计方法和注意事项；掌握书籍内页的不同排版方式及视觉效果。

2. 能力目标

能独立完成书籍内页不同结构的排版；能根据书籍内容特色选择不同的版式效果；能修改调整版式以达到最佳效果。

3. 素养目标

培养学生自主学习的能力，具有独立思考和探索的精神；敬业乐学，善于反思；具有一定的艺术修养，勇于沟通表达。

单元一 文字之美

文字是书籍版面最基本的元素，是书籍内容的核心，是传达信息重要的符号。文字的主要功能是在读者与书籍之间构建信息传达的视觉桥梁。文字在书籍中既有现实的字义与语义的功能，又有传递美学的效应。好的文字编排不仅可以让读者轻松流畅地阅读，还能随着读者视线在字里行间的移动产生愉悦的心理效应。符合内容的字体、大小合理的字号、阅读舒服的行距、清晰明了的段落、独特有美感的排版都会让枯燥的文字变得妙趣横生，让读者爱不释手。文字设计的原则如下：

（1）文字的信息传递功能。书籍内页文字的主要功能是向读者传递书籍内容的各种信息和意图，要达到这一目的必须考虑文字的整体诉求效果，给人以清晰、明了、便于阅读的视觉印象。因此，书籍设计中文字应使人易认、易懂，流畅、避免繁杂零乱，不要为了过分追求标新立异带来的视觉效果而忘记文字设计的根本任务是传达信息。

（2）文字作为视觉化符号。书籍内页版式文字设计的内容包括字体、字号的选择；字距、行距、行长的安排；段落、对齐方式的确立等，每一个方面都需要设计者面面俱到。文字编排出的不同形式，可以引导、启示读者的审美情趣，触动观者的心灵，使人引起共鸣。单个字在书页上显示着“点”的特性，字与字的排列则组成了“线”的元素，而字行和字行的组合则构成了“面”的结构，书页上的空白为底，文字在页面上的编排就是点、线、面的构成元素。设计时在保证文字含义传达准确的前提下，必须研究如何以文字为造型要素在设计中标新立异，使书籍版面与构成更具美感和视觉冲击力。

（3）文字的美感。字体作为造型元素在设计中，不同字体、字号、颜色都具有不同的美感，给予人不同的视觉感受。例如，常用字体黑体，笔画粗直笔挺，整体呈现方形形态，带给观者稳重、醒目、静止的视觉感受。文字所表达的内容美感是可以通过文字本身的设计美感来进行准确传递的。

（4）文字设计的创意。现代书籍设计的创新可以体现在书籍的方方面面，文字的创意设计也是设计师必争之地。设计师从字的形态特征与组合上进行探索，不断修改，反复琢磨。对文字的字体、大小、间距、颜色等做调整，还可以使用一些图形化的文字，产生不同的效果。文字的创意设计很重要，会让文字更具人性化和趣味感，带给读者的感受就会更加强烈，更富有吸引力（图 3-2）。

图 3-2 内页不同功能的文字区别

一、文字的样式

文字既是语言信息的载体，又是具有视觉识别特征的符号。文字不仅表达概念，同时也通过视觉语言的方式传递情感（图 3-3）。

图 3-3 内页文字排版

（一）汉字

汉字作为最古老的文字之一，以其方块形的符号特点展示着其独有的东方文化韵味。

字体是版面设计最基本的元素，其选择原则是字体风格要与整体版面的风格及主题内容一致。不同的字体具有不同的字形特征，因而就有不同的视觉效果，带给读者的阅读感受也不同。目前我国书籍设计中比较常用的印刷字体有黑体、宋体、仿宋体、楷体、隶书等，此外还有粗黑体、综艺体、琥珀体、粗圆体、细圆体及手绘创意美术字等。

篇章节标题文字一般选用黑体、标宋体、宋体等，尤其黑体字笔画粗壮、清晰、结构方正，便于读者识别，以及快速确认主题内容。正文主体文字则应选用清晰、整齐的字体，使人易读，一般多采用宋体、楷体、仿宋体等。其中，宋体端庄、刚柔相济、浓淡适中，阅读起来最流畅省力，是书籍正文主体文字最常用的字体。楷体柔和悦目，较适用于儿童读物。正文中的引文、注释的字体应区别于主体文字的字体。字体的选用及设计是排版设计的基础。不同字体会给读者带来不同的感情色彩，了解不同字体所带来的感情特性，对版面设计表现书籍的内容无疑是不可缺少的语言。

1. 黑体

黑体字笔画粗壮醒目、横平竖直，结构紧密、庄重有力，字形方头方尾，所以又称方体。黑体适用于标题或需要引起注意的醒目按语或批注，因为字体过于粗壮，色调过重，阅读不便，所以不适用于正文部分。

白日依山尽，黄河入海流。欲穷千里目，更上一层楼。（黑体）

2. 宋体

宋体字是我国汉字印刷字体最早的形式。虽名为宋体，其实诞生在明朝。

宋体字笔画横细竖粗、粗中有细、对比鲜明。结构工整严谨，字形雅致大方。在印刷字体中历史最长，用来排印书版，整齐均匀，阅读效果好，是一般书籍最常用的主要字体。

白日依山尽，黄河入海流。欲穷千里目，更上一层楼。（宋体）

3. 仿宋体

仿宋体由宋体演变而来。仿宋体笔画粗细匀称、字形略长、结构优美、刚柔相济，多用于排印诗歌散文，或用于序、跋、注释、图片说明和小标题等。由于它的笔画较细，阅读时间过长容易视觉疲劳，效果不如宋体，因此不宜排印长篇书籍的正文。

白日依山尽，黄河入海流。欲穷千里目，更上一层楼。（仿宋体）

4. 楷体

楷体笔画规范端正，字形圆润委婉，近似手写体，结构流畅自然。初学文化的读者容易辨认，因此，排印青少年课本和通俗读物最为合适。但由于楷体的字形较小，笔画和间架不够整齐和规则，阅读效果不甚理想，所以一般的书籍不用它排正文，而仅用于引文、分级的标题或短文正文。

白日依山尽，黄河入海流。欲穷千里目，更上一层楼。（楷体）

5. 隶书

隶书笔画横画长而竖画短，字形多呈宽扁，结构古朴飘逸，讲究“蚕头燕尾”“一波三折”。隶书一般可以做标题或篇章节文字，书法字体给人儒雅之感。

白日依山尽，黄河入海流。欲穷千里目，更上一层楼。（隶书）

6. 艺术字

现代书籍设计为追求个性化、独特感，有些设计文字不采用计算机字库字体。为了表现特殊艺术效果会在标题或部分内容中使用特殊效果的艺术字。如手写体、变形字等，使文字效果显得活泼，与众不同。

通过了解文字字体的风格特点，可以看出“文字”除自身代表的传递信息的含义外，还可以通过文字样式传达不同的情感思想，而文字本身的结构特性可成为版式的素材，因而要特别关注文字的笔画粗细、字形大小、结构曲直的关系。正文主体文字应选用清晰、整齐的字体，使人易读，一般多采用宋体、楷体、仿宋体等。其中，宋体端庄、刚柔相济、浓淡适中，阅读起来最令人节省目力，是书籍正文主体文字最常用的字体。楷体柔和悦目，较适用于儿童读物（图 3-4）。标题所用字体则以黑体、标宋体、宋体、楷体、仿宋体等为主（图 3-5）。正文中的引文、注释的字体应区别于主体文字的字体。

图 3-4　楷体字排版的青少年读物

图 3-5　黑体字体做标题

（二）英文

英文是由多个拉丁字母组合而成，拉丁字母与汉字不同，笔画有直线也有弧线，组成的单词形体上变化丰富，给人一种动势；和汉字混排会产生动静结合之美，让版面更加流动，充满变化。汉字和英文字混排时要注意主次关系，主体字选择的字体框架结构要整体大于辅助的字体字形。

在排版设计中，选择两到三种字体为最佳视觉结果，否则，会产生零乱而缺乏整体的效果。在选用的这几种字体中，可考虑加粗、变细、拉长、压扁或调整行距的方式来变化字体大小，使之产生丰富多彩的视觉效果（图 3-6）。

（a）

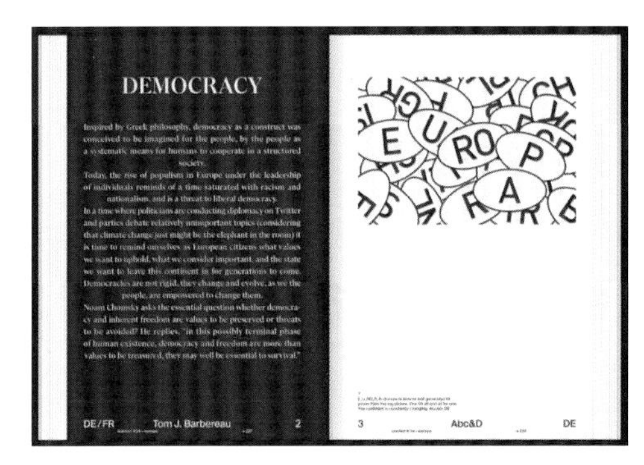

（b）

图 3-6　英文书籍排版

（a）示意一；（b）示意二

二、字号、行长、行距与段距的设置

（一）字号

字号是表示字体大小的术语，不同字号大小的文字在版面中进行编排会影响版面的视觉效果。字号过大会造成版面拥挤，字号过小会给阅读带来困难。在进行版面设计时，宜选用大小合适的字号，并根据不同情况、不同内容选择不同字号的文字，从而使版面更具层次感（图 3-7）。

图 3-7　不同字号大小的版面

1. 字号计量单位

（1）点数制："点"的英文是 point，音译为"磅"，简写为 P，我国规定 1 P =0.35 mm。以磅为单位来计量字形大小的体制就是点数制。

（2）号数制：铅活字的大小用号来称谓的体制称为号数制，常用的有九种：一号、二号、……、八号，还有小一、小二、……、小六。过去是指铅字，现在还沿用这种叫法。计算机中 Word 录入也是用号数制称谓。

经典著作及中小学课本的正文一般用四号或小四号字；文艺类、科技类图书的正文，一般用五号字；各类教材的正文一般用五号字；练习题、思考题或表题、图题等，一般用小五号字；注释、表格等一般用六号字。

2. 字号与容字量的关系

书籍正文字号的大小直接影响到版心的容字量。在字数不变时，字号的大小和页数的多少成正比。一些篇幅很多的廉价书或字典等工具书不允许很大很厚，可用较小的字体，这样版心容字量就多，可以减少页数，降低成本。相反，一些篇幅较少的书，如诗歌、散文等可用大一些的字号，因为文字少，字号大会看起来版面舒展。一般书籍排印所使用的字体字号为 9P ～ 12P，这个字号对成年人连续阅读最为适宜。8P 或更小的字号长时间阅读会使眼睛过早疲劳，容易漏字、错行。应尽量避免用小号字排印长文稿。但若用 13P 或更大的字号，按正常阅读距离，在一定视点下，能见到的字又较少，不便于流畅阅读。儿童和老年人等特殊群体的书籍应充分考虑其视力的发育，适当调整书籍的字号，使其便于阅读（图 3-8）。

白日依山尽，黄河入海流。（宋体一号 26P）

白日依山尽，黄河入海流。（宋体小一 24P）

白日依山尽，黄河入海流。（宋体二号 22P）

白日依山尽，黄河入海流。（宋体小二 18P）

白日依山尽，黄河入海流。（宋体三号 16P）

白日依山尽，黄河入海流。（宋体小三 15P）

白日依山尽，黄河入海流。（宋体四号 14P）

白日依山尽，黄河入海流。（宋体小四 12P）

图 3-8　宋体字字号大小示意

3. 字号与层级的关系

一般按不同的层次来划分标题的级别。若以章为一级标题，则节、条、款、项为二、三、四、五级标题。随着级数的增加，字号也应逐级减小，最小一级标题的字号，不得小于正文的字号，同时用不同的字体变换来突出标题。字体应该由重至轻，由粗至细。

在文字编排时，第一层级与第二层级的字号大小区别要比较大，而第二层级与第三层级的字号大小差距应该要小一点，这样可以清晰地体现出各个层级之间的区别。每个层级最好只使用一种字号大小。字号的大小级数不能出现太多，同一层级的不同隶属关系的文本可以用字体进行区分。字号级数过多，将造成整个版面的杂乱无章。一本书的同级标题除字体、字号应完全相同外，排版格式也应完全相同，包括占行、序码、标点符号及在版面中的位置均应完全相同。这样的观感更系统，结构更清晰、准确。

一般来说，开本越大标题字号也就越大。同时根据书中标题分级的多少来选择字号。分级多，一级标题可适当放大，分级少则可适当缩小字号。一般 16 开本的一级标题用二号或三号字；32 开本的一级标题用三号或四号字，逐级减小（图 3-9）。

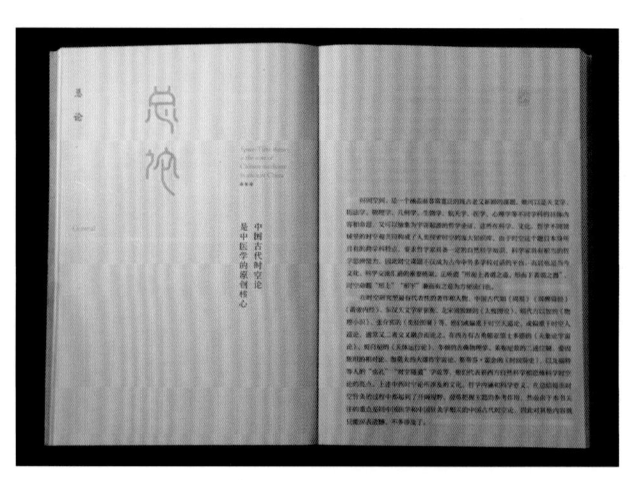

图 3-9　不同层级字号大小关系

4. 字号的视觉感受

版面上文字的大小变化，直接影响视觉的感受，大字体造成视觉上的冲击，小字体形成视觉上连续的吸引。文字大小的对比排列，可以产生或活跃或雅致的感受。

例如，将首字放大起着引导、强调、活泼版面和成为视觉焦点的作用。字号的大小会影响版面的视觉效果，字号过大会造成版面拥挤，字号过小会给阅读带来困难。在进行版面设计时，宜选用大小合适的字号，并可根据具体情况选用不同字号的文字，从而使版面更具层次感（图 3-10）。

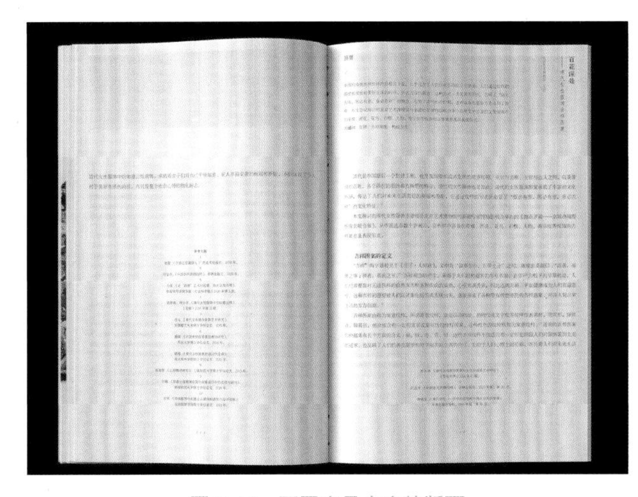

图 3-10　不同字号大小的版面

另外，需要注意的是，字体的不同也可能对字号大小造成视觉偏差。一般来说，字符占用比较满的字体（如黑体）在同等字号情况下看起来偏大；反之（如楷体）则偏小，这些在不同字体混排时经常出现，需要对其进行视觉修正，一般可以加入正负 0.1 ～ 0.2 的修正值进行调整。

（二）行长

字行的长度与开本、版心大小有直接的关系。字行太长，阅读速度会降低，字行太短，会导致分行太多，段落太长。具体设计时，较小、较窄的开本字行可以与版心等同，较大、较宽的开本，可以进行分栏处理，以增强阅读舒适感。

用 l0P 字号排的字行超过 100 mm 和用 8P 字号排的字行超过 80 mm 时，阅读就会感到困难，或者发生跳行错读。字行的长度为 80 ～ 105 mm 时为最佳行长。有较宽的插图或表格的书稿，要求较宽的版心时，最好排成双栏或多栏（图 3-11）。

图 3-11　大开本双栏书籍设计

（三）字距、行距与段距设置

字距、行距与段距比例的疏密直接影响到书籍阅读的质量。设计师应根据书籍内容、阅读人群习惯，以及阅读感受综合决定字距、行距与段距的设置。字距、行距与段距大小不是绝对的，应根据实际情况而定。

1. 字距

字距是指字行中字与字之间的距离，字距的大小对于阅读体验有着重要的影响，它可以影响到文字的清晰度、易读性和美观度。因此，在书籍设计中，字距的设置是非常重要的。在现代数字印刷中，字距的设置是通过软件来实现的。不同的字体和排版风格需要不同的字距设置，因此，字距的设置需要根据具体情况进行调整。

字距的设置通常分为紧凑型、标准型和宽松型三种类型。紧凑型字距适用于较小的字号和较窄的版面，可以使得版面更加紧凑，但容易影响阅读体验。标准型字距适用于大多数情况，可以保证文字的清晰度和易读性。宽松型字距适用于较大的字号和较宽的版面，可以使版面更加舒适，但容易使版面显得过于空洞。

2. 行距

行距是指两行文字之间的空白距离。行距大都为所用正文字的 1/2 高度，不同性质的书籍对行距有着不同的要求。正文行距一般分为宽行、标准行和密行三种。宽行行距为字高的 2/3 ～ 7/8，多用于经典著作或休闲类、艺术类、少儿类书籍。标准行行距为字高的 1/2，用于大多数书籍。密行行距小于或等于字高的 1/3，常用于篇幅较大、文字较多的书籍，尤其适用于工具书和经济型小型开本书籍。

行距过窄，上下行容易混淆看不清楚，给人感觉过于压抑。行距过宽，不但浪费纸张，而且阅读起来容易断句，不够流畅，影响阅读语气。

3. 段距

段距是指不同段落与段落之间的距离。段落间距或与行距一致，或大于行距。一般下一级标题段落会空出一行距离，以作分割。这样的结构更为清晰，便于读者区分不同内容。

在书籍设计中，字距的设置需要考虑到行距和段落间距的配合。合理的字距、行距和段距可以使版面更加整洁、易读和美观。通常情况下，字距小于行距，而行距小于段距，段距小于四周空白的间距。总之，在书籍设计中，字距、行距和段距的设置是非常重要的，需要根据具体情况进行调整，以保证文字的清晰度、易读性和美观度（图 3-12）。

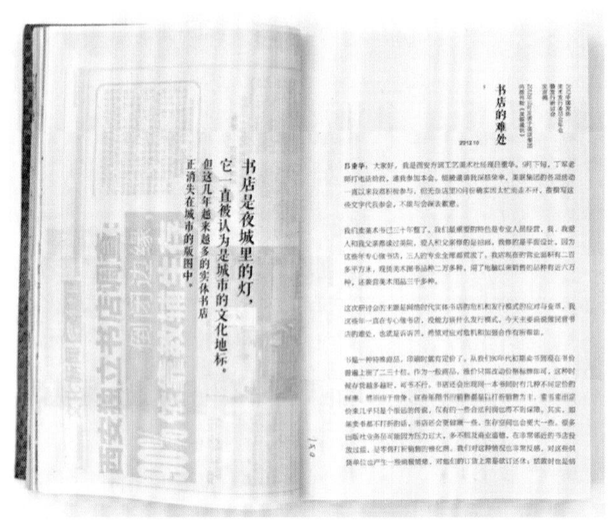

图 3-12　书籍文字排版

三、字群的排版

字群的排版是指正文的字和行的排列方式。中国古代书籍受书法的影响大多采用直排式，但这种排法不符合视觉规律。根据试验，人眼直着向上向下共能看到 120° ，而横向向外向内两眼能看到 250° ，所以，横看的视野要比竖看宽很多。由此可见，文字横排方式更适合人的视觉生理，对目力损耗小，便于阅读。

纯文本排列是文字编排的基本形式。一般文本的编排方式主要有左右均齐、齐中、齐左或齐右。这几种形式的文字既可做横排也可做竖排。

（一）左右均齐

左右均齐是指段落文字中每一行文字从左至右的长度是完全相等的，字群形成方正的面。左右均齐是文字排成段落的主要形式，字群显得整齐美观、严谨庄重。大多数报纸、书籍、杂志的正文都是采用这种方式，整齐规范的形式在阅读中更舒适平和。

但有时左右均齐也会略显单调，可以靠插图或强化首字母、底色变化来增强美感。在现代计算机印刷排版中，引入了定位缩排的概念，计算机自动调整每行中单词及字母之间的距离，根据字母的多少做适当的调整，使版面看上去整齐划一（图 3-13）。

图 3-13　均齐式文字排版

（二）齐中

齐中也被称为中轴对称式。以字群的中轴线为准，文字居中排列，左右两端字距可以相等，也可以长短不一。其在西方被视为具有古典风格的形式。它的特点是视线集中，中心突出，优雅庄重又不失情调；但阅读起来视线不断调整，并不方便，所以一般不用在文字较多的正文中。文字较少的诗歌、散文，或正文的导语和短篇的广告文等可以使用，以增加对称的美感和节奏的韵律（图 3-14）。

（三）齐左或齐右

（1）齐左。齐左排列方式是指在一栏的长度内，每行文字都左边对齐，右边文字随着句子的长短而不一。齐左的排列方式自 20 世纪中期开始被欧美广泛使用，成为现代版面风格的重要特征之一。这种形式解决了拉丁字母单词长短不一引起的问题。在中文的版面设计中，诗集通常采用这种方式，更能体现诗歌的节奏和韵律感，生动自然并符合人们的阅读习惯（图 3-15）。但长篇的正文不适合采用。

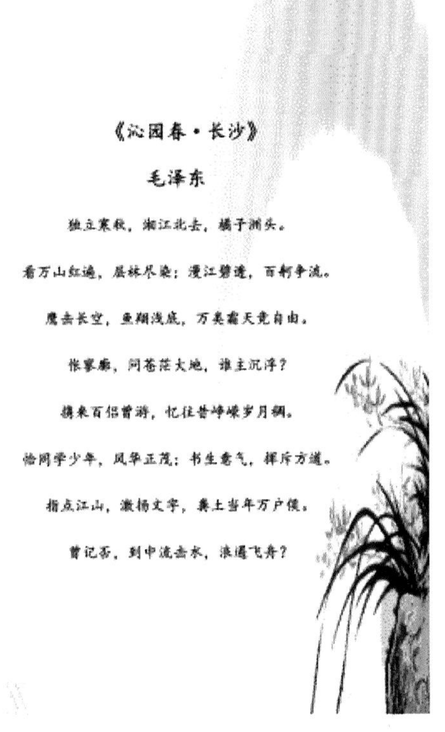

图 3-14　齐中式文字排版

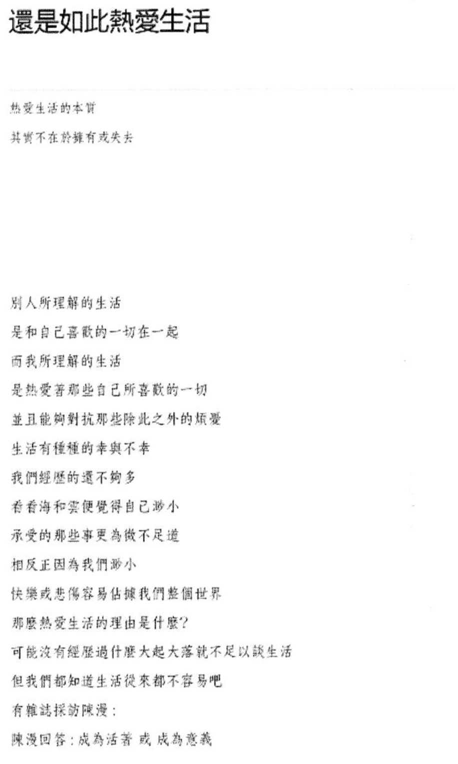

還是如此熱愛生活

热愛生活的本質
其實不在於擁有或失去

別人所理解的生活
是和自己喜歡的一切在一起
而我所理解的生活
是熱愛著那些自己所喜歡的一切
並且能夠對抗那些除此之外的煩憂
生活有種種的幸與不幸
我們經歷的還不夠多
看看海和雲便覺得自己渺小
承受的那些事更為微不足道
相反正因為我們渺小
快樂或悲傷容易佔據我們整個世界
那麼熱愛生活的理由是什麼?
可能沒有經歷過什麼大起大落就不足以談生活
但我們都知道生活從來都不容易吧
有雜誌採訪陳漫：
陳漫回答：成為活著 或 成為意義

图 3-15　齐左式文字排版

（2）齐右。齐右排列方式是指在一栏的长度内，每行文字都右边对齐，左边文字随着句子的长短而不一。其视觉效果与齐左排列方式接近，但不符合人们阅读的视觉习惯，阅读起来不太方便，因此使用较少。但同样，齐右式因为很少应用，所以会给人以新奇、独特之感，所以一些设计感强的书籍内容可以尝试使用。

（四）字群特殊排版

（1）适形排版：根据特定的形状进行文字排版，以适应形体外轮廓，给人新奇、图形化的感受（图 3-16）。

图 3-16　文字适形排版

（2）沿形排版：将文字沿着某种形体的轮廓进行排版，文字起伏进退，和形体结合，给人动感、活泼之感（图 3-17）。

图 3-17　文字沿形排版

（3）自由编排：打破约束、散落式编排，但容易产生混乱，妨碍阅读（图 3-18）。

图 3-18　文字自由排版

四、版面文字结构设计

在内页文字设计中，字体、字号、行距等的设置必须坚持版面结构分明的原则。

1. 前言、目录等结构文字

前言、目录、后记、篇章页等书籍内页不同结构的标题可用相同字体，形式统一。标题与段落行间距离略宽些，凸显标题的重要性，让读者一目了然。前言、后记的字群文字，字体可以与正文字体一致或不同。一般采用左右均齐的对齐方式，整齐划一、美观舒适。

目录页是全书总纲，应该注意其各级标题大小的关系。除篇名、首级标题外，一般用字不管是大于正文的字号或是小于正文的字号，都要保持与正文字号相呼应。同时，不同层级的行间距也应逐级递减。处理不同层级标题可以利用标题字体、字号、粗细及色彩做区分；可以运用不同行距做区分；可以运用前面的符号做区分；也可以运用不同的对称方式做区分（图 3-19）。

图 3-19　篇章页标题字体字号排版

2. 正文结构文字

正文中不同层级的标题同样需要区分不同。正文标题是用于分隔书籍内容的章节、段落的，并在分隔时指示出这一部分的主题。正文标题字号要依次由大到小、由重到轻，行距要由宽到窄，逐级缩排。这样才能使版面的文字和谐，结构清晰。如果颠倒过来，版面就不伦不类，不便于读者理解。

正文标题是正文的向导，正文标题的编排与设计是总体设计的重要组成部分，标题同正文、图、表及其他版面要素共处一个版面，它不是独立存在的，标题的处理必须与其他内容结合在一起。所以，正文标题首先应该醒目；标题是文章的主题，配合正文内容、插图和造型的需要选择它的字体、字号，以及排版方式，并将它配置于能够最快被注目的位置，起到视觉引导的作用。另外，要考虑主标题与其他标题的区别与联系。要有大小、色彩的变化和对比。标题可以通过字体美化、线条美化、色彩美化强化其重要性。都是同样的字体，在其下加着重线或色彩块都会获得强调的效果，同时平淡无奇的标题因线和色彩的参与作用会获得更好的视觉效果（图 3-20）。

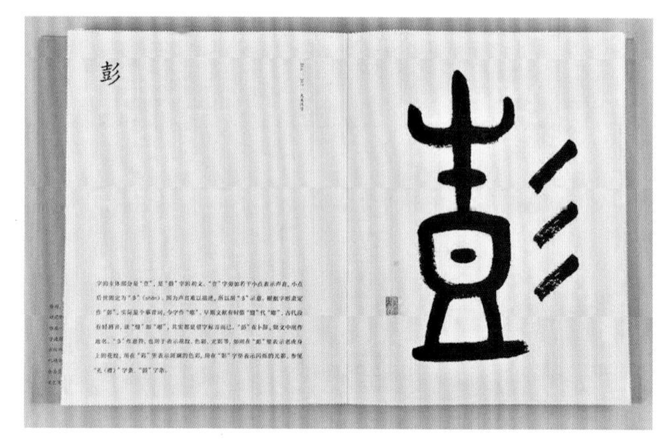

图 3-20　标题与正文排版

但对于回答问题一类的标题来说则有所不同，采用小的字号，反倒引人注目。在正文版式中也要注意，在字体中，特别是同一字号中有黑体与明体之分，明体运用于正文，而黑体用来突出重点或保持平衡。正文中某些内容需要突出强调时则采用黑体。文章的编者、内容提要有时也用黑体字。黑体字运用于标题时多是为了布局方面的平衡与和谐。

3. 书眉、页码结构文字

书眉、页码等结构要用小于正文字号的文字，同时又要与正文呼应，以免主次颠倒，喧宾夺主。引文、文内引一般与正文字号相同，并加引号。如果是整段引，为了引起注意，则可用小于正文的字号，或采用与正文相同的字号并用黑体字。关于注释，无论是文内注、页末注、篇后注还是书后注，都要用小于正文的字号。

从以上几点可以看出：书籍内页文字的设计要突出正文、主次分明；层次分明，结构清晰；点、线、面的结合和谐均衡，从而构成版面的形式美。

五、文字编排技巧和方法

现代书籍文字编排协调合理，可以有效地向读者传达书籍的信息。如果文字之间缺乏统一协调性，则在某种程度上产生视觉的混乱与无序，从而形成阅读的障碍。文字要素设计的和谐、统一关键在于寻找出文字之间的内在联系。在对立的元素中利用之间的内在联系予以组合，形成整体的协调与局部的对比，统一中蕴含变化。

文字在版面上的编排可以看作最基本的平面元素，文字内容本身是由单个字的“点”元素、字与字组成行的“线”的元素和行与行组成段落的“面”的元素，即形成点、线、面的平面元素组合。设计师对文字的编排就是对文字的点、线、面特征进行合理的利用与调配，从而设计出完美而和谐的作品。在文字编排设计中，点、线、面不是抽象的，而是具体的，书籍文字的编排是书籍内容的外在形式。

（一）文字的“点”“线”“面”形式

书籍中各种不同字体和字号的文字都可以在版式设计中作为“点”来看待。由于字号不同，还可以将其视作大点或小点。在版面中的点，由于大小、形态、位置的不同，所产生的视觉效果和心理作用也不同。点由于大小、形态、位置不同所产生的视觉效果也不同，心理的作用也不同。点的缩小起着强调和引起注意的作用，点的放大有面之感。点在首行放大，起着引导、强调、活泼和成为视觉焦点的作用。当点居于几何中心时，上下左右空间对等，有庄重之感，但呆板。点居于视觉中心时，有平衡和舒适感。点偏右或偏左时，有向心移动之势，但过于边置则产生离心之动感。点作上下边置，有上升或下沉之感。当点具有方向感、大小各异、高低不平时给人一种节奏感。点是力的中心，有张力作用，具有视觉流程（图 3-21）。

图 3-21　文字作为“点”的元素

点移动的轨迹为线。线在编排构成中的形态很复杂，有形态明确的实线、虚线，也有空间的视觉流动线。书籍中不同字体字号的文字连起来就是一条线。字号不同可以连成粗线和细线；字体不同可以连成深线和浅线；各种装饰用线、直线、曲线、粗线、细线都是版式设计中可以运用的线。不同的线有不同的心理情感和作用，线是版面中点移动的轨迹，它的表现形式有直线、折线、波浪线、实线、虚线、自由曲线、几何曲线等。水平直线有整齐平静之感；曲线有变化运动之感；折线有转折、突出之感；波浪线则有优美舒缓之感；垂直直线有严肃、肃穆之感。线有不同的视觉感，起到界定、分割画面、引导、指示的作用（图 3-22）。

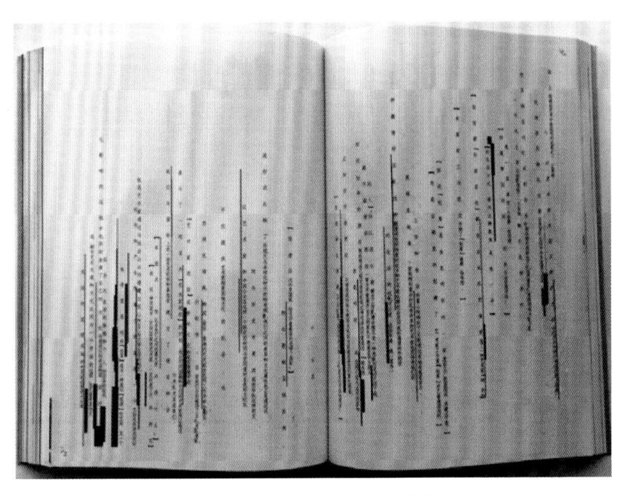

图 3-22　文字作为“线”的元素

各种线并排起来就可以组成面，书页上一行行的字行排起来，就可以构成“面”。由于字体、字号的不同，面的变化也会有所不同。字行的多少及字行的长短又可以组成较大或较小的面。各种插图和装饰图，在版式设计中也应将其作为各种大小和深浅不同的“面”来看待。规则的面给人整齐、稳定之感；不规则的面给人自由、活泼之感；仿造型的面具有图像视觉之感。面在版面中具有平衡、丰富空间层次、烘托及深化主题的作用（图 3-23）。

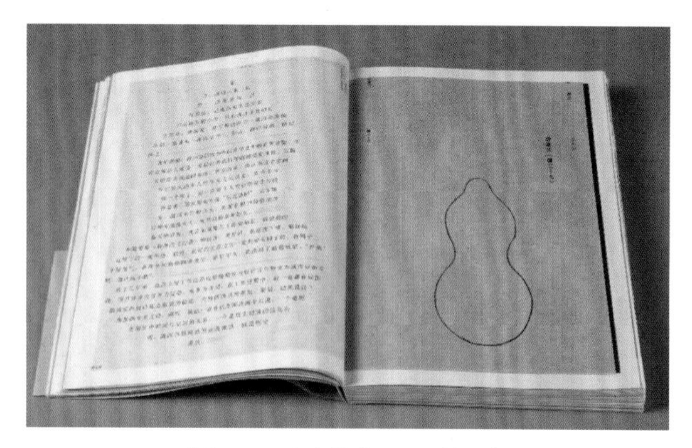

图 3-23　文字作为“面”的元素

点、线、面的构成关系，可以产生不同的版面设计效果，重要的是掌握信息内容或者需求的重点，将它们用平面构成的方法，清晰地表现出来。优秀的版面编排是通过元素的组合简化版面的内容，建立鲜明的秩序感。

（二）字体空间运用

空间给字体视觉元素界定了一定的尺度和范围，文字如何在一定的空间范围里显示最恰当的视觉张力及良好的视觉效果，与空间关系的运用有直接关系。版面中除文字实体造型元素外，还有编排后剩余的空白空间，称为负形。负形包括字间距及其周围空白版面。负形的留白给人一种轻松、巧妙的感觉。讲究留白之美，是为了更好地衬托主题，集中视线和拓展版面的视觉空间层次。负形与文字实体相互依存，有效运用负形空间，可以协调书籍的文字版式编排。设计者在处理版面时，利用各种方式手段引导读者的视线，并给读者恰当留出视觉休息和自由想象的空间，使其在视觉上张弛有度，有利于更加有效地烘托画面的主题、集中读者视线，使版面布局清晰，疏密有致。

在安排文字的位置、结构变化与字体组合时，应充分考虑负形的位置与大小。在比例、位置关系的空间层次方面，面积大小的比例，产生近、中、远的空间层次。在编排中，可将主体形象或标题文字放大，次要形象缩小，来建立良好的主次、强弱的空间关系，以增强版面的节奏感和明快度。前后叠压的位置关系可构成空间层次，并做疏密、轻重、缓急的位置编排，所产生的空间层次富于弹性，同时也产生紧张或舒缓的心理感受。

负形的四周空白是文字版式设计中一个重要的空间观念。空白是一种语言，中国传统绘画中强调以白当黑，无画处有画，指出空灵中蕴含无限想象空间，此时无声胜有声。版面设计中掌控空白量的多少非常重要。片面地强调版面空间的利用率，将文字和图片等排得很满，忽略了版面需要留出的空白，会使人感到憋闷、拥挤，审美愉悦也就无从谈起了（图 3-24）。

图 3-24　文字的空间布局

（三）版式设计创新

文字是版式设计中的重要构成部分，书籍不但要达到精神沟通的目的，更需要在精神认同的基础上进行引导，创造新的视觉理念。文字版式设计应具有一个总的设计基调，除对文字特性进行统一编排外，也可以从空间关系上达到统一基调的效果，即注意字体组合产生的黑、白、灰，明度上的版面视觉空间的使用，它是视觉上的拓展，而不仅仅是视觉刺激的变化。追求版面的创新形式是最基本的方法。

现代书籍文字的设计呈现出多元化、艺术化的趋势，这就对设计者提出了更高的要求。在立足书籍的内容特性、品质定位、满足读者的视觉需求等前提下，重在打破传统思维设计的束缚。有风格的文字编排设计可以在趋同的文字版式设计中脱颖而出。通常，一个极富个性的设计理念始终贯穿于设计者的诸多设计作品中，这种个性以独特的方式外化为一定的视觉形象，表现在其各种作品中，形成了设计者自己的设计风格，因此，设计者头脑中记忆贮存的知识是产生灵感的基础，创意重在“表达”二字，书籍要让人理解设计者所传达的信息与设计者的创意息息相关。

中国传统文化的挖掘和运用也是现代书籍版式设计的方向。植根于本土文化土壤，利用本土文化资源，并吸取西方现代设计意识与方法，才能构建出中国现代书籍形态设计的理念与实践体系。在众多西方现代书籍设计形式和设计理念的版图中带有民族传统风格工艺的书籍才能独树一致、独领风骚（图 3-25）。

图 3-25　书籍文字版式设计创新

单元二　图形魅力

书籍内页版式的图形编排是辅助传达文字内容的重要设计元素。在一个版面中，若只有文字是不能强烈地吸引读者注意力的。图形在版面中起着举足轻重的作用。内页版式文字中恰当地配上图片、照片、插图等可使枯燥、呆板的画面增加活力，得到美化。更重要的是，能够更形象、准确地说明一些具体问题，更好地对文字缺少视觉化的缺点加以补充。

图形具有可视、可读、可感的优势，能够清晰、准确地表达内容，传递信息更加简洁、明了，所谓一幅画面胜过千言万语。同时，图形又富有幽默感和趣味性，能提高读者的阅读兴趣（图 3-26）。

图 3-26　书籍插图

一、图形的样式

书籍设计中运用到的图形样式有许多种，其表现手法的不同使图形的风格、特征也各具特色。图形语言是以特定的图样形式来表达人的情感世界，运用具象、意象、抽象等形象要素作为传播媒介来表现作者内在广阔的情感精神，而设计师经过对图形理性的选择、提炼、编辑加工及研究探索，使其合理而深刻地表现书籍的内在精神。

（一）方形图

方形图是最简洁、规则的形式。方形图与文字字群可以形成相同的块面，排版能达到整齐划一的版面效果，是书籍内页版式中最常见的图形样式。它可以调整大小在版面的任何位置出现，由于有明显的边框，因而形成面的感觉，既能起到视觉的稳重，也能与文字段落达到和谐统一。方形图可使图形完整地传达内容主题，富有直接性、亲和性，构成的版面显得庄重、静谧、严谨、大方（图 3-27）。

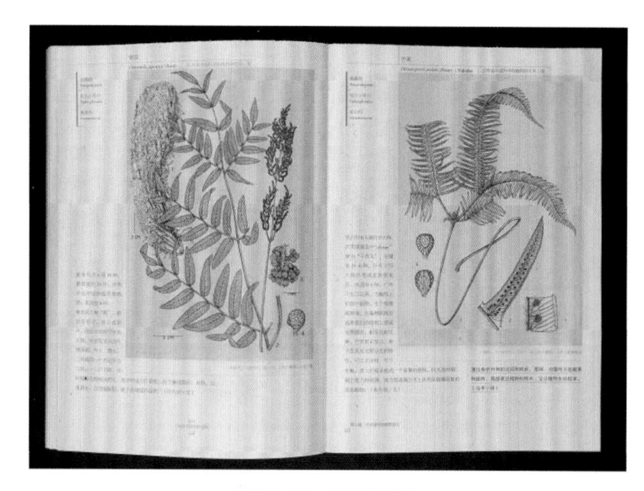

图 3-27　方形插图

（二）退底图

退底图是设计者根据版面的需要，将图片中精选部分沿边缘裁剪，保留轮廓分明的图形。这样的手法使图片灵活而不凌乱，版面呈现轻松、活跃的效果。退底图的处理形式生动、轻松、富于变化，给人轻松自由、平易近人的亲切感，也是版面设计常用的图形样式（图 3-28）。

图 3-28　退底图

（三）出血图

出血图是指图片超出版心、延伸至版面边缘的图形样式。出血图不受边框的限制，有向外扩张、舒展之感，可使情感得到更好的宣泄，使动态得到更好的延伸，从而拉近版面与读者的距离（图 3-29）。

方形图沉静，退底图活泼，出血图舒展、大气，但有时单一的编排方式，会使版面显得呆板、单调。版面设计中可以将三种编排方式灵活穿插运用，使版面更加生动。

图 3-29　出血图

（四）异形图

异形图可以是任何形状的图形，如圆形、三角形等几何图形；或动物外形、植物外形等仿生形态等，异形图的形态能够表现出一种独特的画面氛围，形态更富有变化之感（图 3-30）。

图 3-30　异形插图

二、图形的表现——插图设计

以文字为主的书籍版面中的图形称为插图，其是为了起到弥补文字的不足，能够直观、形象地说明问题，使读者能够获得更深刻的印象。插图是书籍内页图形的重要表现形式，是活跃书籍内容的一个重要因素。插图的添加能发挥读者的想象力和对内容的理解力，并获得一种艺术的享受。现代书籍设计营造的是一个形神兼备的综合体，而这仅靠文字的变化是很难达到的。插图有着文字不具备的视觉表现力。书籍中的插图，有的印在正文两边，有的和文字形成整体，有的用插页方式对正文内容进行形象说明，插图的添加是为了强化内容、加强视觉感染力。插图设计是文字的具象化，是以图形化方式体现文字的内容，它的视觉化、形象化能极大地提升文字的魅力、张力和情感。成功的插图设计可以使某些无法用文字表现出来的信息通过图像造型技巧形象地表现出来。

（一）插图的表现形式

1. 手绘插图

手绘插图是插图设计中最传统的表现形式，它是以手工绘制方式进行插图创作。手绘插图所需的基础工具材料包括纸张、颜料和画笔。不同的工具材料会带来不同的视觉效果，如厚重的油彩、浸染的水墨、透明的水彩、黑白的素描等，都是相互不可替代的。

不同的手绘技法又会带来不同的视觉效果，如采用勾、皴、擦、点、染、刻、印、拓、刮、撕、贴等技法，可形成各具特色的视觉质感，用在手绘插图中，可以传达出不同的内涵和意蕴（图 3-31）。

图 3-31　手绘插图

2. 版画插图

版画是运用刀和笔等工具，在不同材料的版面上进行刻画，可直接印出多份原作，故又称复数艺术。版画插图伴随着印刷术的发明而发展，主要包括木刻、铜刻、石印等形式。印刷术发明以后，最早大量复制的插图即为木刻版画插图。

木版画最主要的艺术特点是黑白相间，作品极有力度。同时尽可能利用对象的本色，显出木味；巧妙利用“留黑”手法，对刻画的形体做特殊处理，获得版画特有的艺术效果；发挥刻版水印的特性，让大块阳刻产生强烈的艺术效果；通过巧妙构图，以丰满密集和萧疏简淡等不同风格来衬托表现主题风格（图 3-32）。

图 3-32　版画插图

3. 摄影插图

摄影插图作为一种具有强大视觉感染力的插图表现形式，通过光线、影调、线条、色调等因素构成造型语言，真实地描绘了色彩缤纷的世界万物。

与手绘插图相比，摄影插图可以更加客观、真实地表现对象的色彩、形态、质感、肌理、体积、空间等视觉信息，并可建立视觉形象与书籍内容之间最直观的联系，更好地表现出对象主体的典型特征及其所处的环境和情感氛围，使插图更为真实、细腻（图 3-33）。

图 3-33　摄影插图

4. 软件设计插图

计算机的普及为艺术设计领域带来了一场革命，它提供了一种全新的艺术表现形式，拓展了艺术表现空间。

通过绘图软件强大的视觉处理能力，插图设计师可以随心所欲地创作出极富表现力的插图作品。整个创作的过程都被数字化，绘图软件为插图设计提供了前所未有的便捷性和无穷的可能性（图 3-34）。

图 3-34　绘图软件设计插图

（二）插图的设计风格

1. 写实风格插图

写实风格插图是插图创作者对客观对象的写实性表现，是对物象的形态、质感、色彩等特征进行真实细腻的描绘。写实风格是插图设计中最常见的一种风格，这里的写实不是对物象不加分析的呈现，也不仅仅是局限于物象的表面，而是包括了对物象内在的真实表现，是经过插图创作者主观处理的艺术性写实，使读者在阅读过程中对书籍内容产生直观印象和感受。

写实风格的插图可以明确、直白地表达画面的主题，其所表现出的内容无论是人物、动物还是风景等，都有一种自然、真实和一目了然的视觉效果，给人以直观可信的亲切感（图 3-35）。

2. 抽象风格插图

抽象风格插图是插图创作者以点、线、面等视觉元素构成画面，来表现客观对象的形象或插图的主题内容。抽象风格的插图是一种非具象的表现手法，抽象风格的插图是将一些较复杂的事物进行几何化的表现，给读者带来一个开阔的想象空间，其内涵往往比具象写实表现得更加丰富多彩（图 3-36）。

图 3-35　写实风格插图

图 3-36　抽象风格插图

3. 卡通风格插图

卡通风格插图是为了增加阅读者的趣味感而采用的表现手法，如使用夸张、变形、幽默等手法达到视觉效果。卡通风格的插图也很常见，它强调机智、幽默、讽刺和娱乐性，常采用比喻、象征等手法来塑造各种形象，其视觉效果往往富有童趣，造型活泼可爱，很容易引起人们的兴趣（图 3-37）。

图 3-37　卡通风格插图

4. 装饰风格插图

装饰风格插图具有平面化和图案化的装饰性，它能表现出强烈的形式美感和较强的审美特性，在现代插图设计中有着广泛的应用。装饰风格是以强烈的主观创造性语言对所表现的对象进行归纳、简化、夸张处理，运用重复、对比等形式美法则组织画面，形成装饰性的审美效果。

装饰风格插图的表现手法是程式化的，它注重韵律感和节奏感，更多地强调视觉上的愉悦感受，突出一种秩序化、简单化、规律化的形式美感。

（三）插图的特性

1. 插图的从属性

插图的从属性是指插图从属于书籍内容，受到书籍内容的制约，其形式、风格、表现手法等都必须符合书籍的体裁与风格，并能准确反映书籍的思想内容。插图以书籍内容中描写的某些情节作为创作的基本依据，但这并不意味着用插图来图解文字内容或简单演绎文字内容。所谓从属，可以解释为对书籍内容总体内在精神的把握与反映。

插图设计师应准确理解书籍内容，领会其内涵，从而将插图的可视性与文字的可读性结合起来，使插图和文字成为浑然一体的视觉艺术作品。

2. 插图的独立性

鲁迅先生曾说过："书籍的插画，原意是在装饰书籍，增加读者的兴趣的，但那力量，能补助文字之所不及，所以也是一种宣传画。"所以，插图除具有从属性外，还有相对的独立性。插图创作与其他艺术创作一样，插图设计师将自己的情感、想象力融入其中，倾注了其对作品的理解，最终创作出生动、感人的艺术作品。

3. 插图的审美性

审美性在插图设计中的作用十分突出，插图是通过审美性来达到认识和传播的，可对读者的思想意识和价值观念产生潜移默化的影响。插图必须具有一定的审美价值。它必须依靠经过艺术处理的具有感染力的设计形象，给读者以强烈的、鲜明的、耐人寻味的视觉感受，即为读者提供某种程度的美感享受。

（四）插图的选择

如要表现书籍的一种朴素的感觉，插图可选素描、版画的表现形式；如要表现书籍的古朴、典雅的感觉，就可运用国画中的白描、写意来表现；若要使书籍显得真实生动且可信，就要运用摄影等写实风格的插图进行展示；而科技、理论书籍更适合抽象的几何图形表现其理性的概念（图 3-38）。

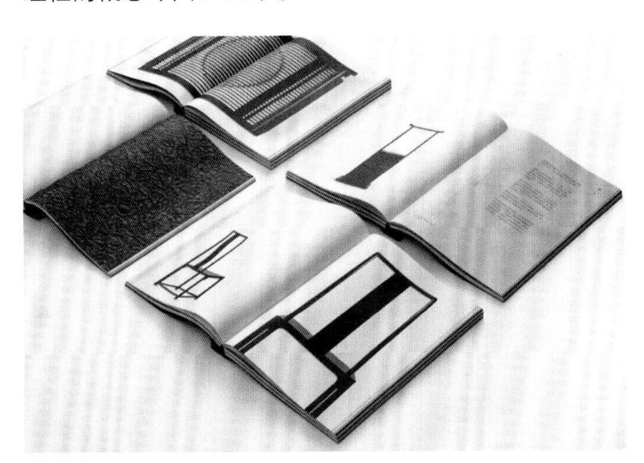

图 3-38　插图风格要整体统一

现代科技的飞速发展使得书籍的插图设计日新月异。如使用一些计算机软件对图片进行合成艺术处理，增添插图意想不到的艺术效果，使之更具感染力。具象图形很难体现的内容，可以充分利用计算机进行抽象图形表现的方法解决，从而设计出更加符合书籍内容的具有设计感的插图。

三、图形的编排

图形在书籍内页版式设计中占有重要的地位，因为图形能够直观、准确地传达信息，表现设计内涵。通过对图形的比例和分布进行设计，可以使画面具有视觉的起伏感和极强的视觉冲击力，吸引读者的注意或带来感官上的舒适，进而更好地传达信息。

（一）图形编排的影响因素

1. 图形的形状

在书籍的版面设计中，图形的不同形状可以改变整个画面的节奏与情感。图形可以是规则的方形，也可以是自由形，应根据版面的需要决定图形的形状，以使信息传达更加方便、快捷。方形图能使画面更稳定，可增强画面理性的感觉。异形图可以是任何形状，如圆形、三角形等几何图形；或动物外形、植物外形等仿生形态等，异形图的形态能够表现出一种独特的画面氛围（图 3-39）。

图 3-39 圆形插图

2. 图形的面积

在书籍版面中，图形的面积越大、越多，越吸引人，大面积的图形有强烈的视觉冲击力，先声夺人，注目力强；小面积的图形显得精致优雅，简洁而具有视觉凝聚力，但视觉注目力弱。在版面设计中，图形面积的大小不仅能影响版面的视觉效果，而且可以直接影响设计师情感的传达。

大面积的图形注目度高，是视觉的焦点；小面积的图形插入字群中，显得简洁而精致，有点缀和呼应版面的作用。如果版面只有相似的大图形或小图形，会显得过于平淡。可以增大图形之间的比例，增强对比效果，使版面更有张力（图 3-40）。

图 3-40 大图插图

3. 图形的位置

图形放置的位置，直接关系到版面的构图布局，或居中或边角，或与文字穿插结合，都可以使版面的视觉冲击力明显提高（图 3-41）。

图 3-41 靠上的插图

4. 图形的数量

图形的数量多少可以影响到读者的阅读兴趣。多张图片的组合，一方面是主题的需要；另一方面，从视觉上来看，多图片或图形的版面，可以增强其主题诉求的强度（图 3-42）。

图 3-42 插图数量不同视觉效果的差异

（二）图形的处理方式

1. 对图片进行分类

根据图片的功能和意味分类，包括是装饰性图片还是说明性图片，或者是强调某种氛围或效果的图片。

2. 调整图片色彩

调整图片的明度变化至关重要，同时彩色图片的色彩倾向也是影响版面视觉和谐的重要因素，通过色彩搭配，形成色调的统一或对比都会使版面产生不同的视觉效果。

3. 图片角度调整和取舍

图片角度摆放的方式以及对图片内容的局部取舍也是对图片处理的方式之一。

四、图形与文字混排

图形与文字是书籍版面中主要的编排元素，通常不会以单独的形式出现。在书籍内页版式设计过程中，注意图形与文字的排列组合方式是非常重要的。在图形与文字的混排过程中，应注意以下几点。

（一）图形与文字的位置

通常书籍正文中的图片编排应排在与其有关的文字附近，并按照先看文字后见图的原则排版，文图应紧紧相连。但有时排版困难，可将图片稍前后移动，但不能离相应的文字内容太远，只限于在本节内移动，不能超越节题，否则在视觉上会很难对应。若两图比较接近可以并排，不必硬性错开而造成版面零乱。插图排版的关键是在版面位置上合理安排插图，插图排版既要使版面美观，又要便于阅读。

图随正文的原则是插图通常排在一段文字结束之后，不要插在一段文字的中间，而使文章中间切断影响读者阅读。一般在各种科技书籍中都有各种大小不同的插图。在安排插图时，必须遵循图随文走，先见文、后见图，图文紧排在一起的原则。图不能跨章、节排。

（二）图形与文字的统一

在图形与文字混排的版面中，应注意版面的协调、统一感。文字与图形在书籍内页版面的一致性直接影响到整个版面的视觉效果。在书籍的版式设计中，运用网格系统排版，可实现图形与文字视觉的统一，减少版面的不协调。所谓统一，不是对版面中所有的元素都采用同样的编排形式，那样会给读者造成阅读时的疲劳感，在统一中求变化才是版式设计的重点。在统一图片和文字的过程中，应避免不彻底的处理方式造成版面散乱，失去美感。

（三）图片与文字的叠压处理

在书籍版面中，文字是信息传达的主要元素，在文字与图片的混合编排中，文字往往起着解释说明的作用。但在摄影图书的编排过程中，应注意文字不能放在图片的重心展示位置，以避免破坏整个版面的视觉效果。此外，在文字与图形的重叠编排中，应注意文字的可识别性，选用适当的色彩区分文字与图形，以避免造成版面混淆，失去文字的可识别性（图 3-43）。

图 3-43　文字与图形的排版

单元三　色彩变幻

色彩在书籍内页版式设计中起到营造画面氛围、装饰版面及情感导向的作用。色彩对视觉冲击力最大，也最容易引起人视觉的注意，并且人们的情感与色彩有着紧密的联系。书籍内页设计是在有限的面积与空间中去做文章，又因为读者要在相对长的时间内来读取书籍内容，是在长时间内连续感受与理解视觉信息，这就决定了书籍内页色彩的使用要使视觉传递信息清晰，激起视觉的愉悦性，引起读者对知识吸取的积极性。通过长色彩对视觉的引导和刺激，使读者能够长时间保有阅读的兴趣，给读者留下深刻的印象。

书籍内页的版式设计是围绕着一定的主题将标题、正文、插图、色彩等元素按照一定的原则进行排列组合。内页版式设计中的色彩不是孤立存在的，它是以其他元素为载体实现其艺术表现力的。标题、正文、插图与色彩的配置关系不是简单地搭配组合，而是围绕一定主题的积极配合与创意表现（图 3-44）。

图 3-44　书籍内页颜色搭配

一、色彩的从属性

书籍设计的任何一个结构、元素的展开设计都是从书籍“整体”入手的。内页版式的色彩设计也不例外。整个版面中的色彩应在书籍内容的指导下完成，向总的色彩基调看齐。内页版式中的标题、正文、图形元素中所采用的色彩应尽量避免繁杂，这种调整不是将整个版面中的色彩简单调整成统一不变的，而是要在统一中求变化。

标题、正文、图形的色彩从整体出发，削弱或排除干扰整体色调的因素，就做到了版式设计中色彩的整体性。版式设计中色调的形成要与其要表现的主题思想相符合，但又不是简单地依附主体的客观物象，而是超越自然真实的物象之外，针对应用领域的实际需要的表达。它强调色彩运用的功能性、品质性、审美性等。

因此，书籍内页色彩的选择必须从属于书籍的整体设计风格。在色彩运用中必须根据不同书籍的内容做到有的放矢。一般来说设计儿童刊物的色彩，要针对儿童活泼、好奇、天真等特点，色调往往处理成高调，增强对比的效果，强调色彩的丰富；女性书刊的色调可以根据女性特征，选择温柔、妩媚、典雅的色彩系列；体育杂志的色彩则强调刺激、对比，追求色彩的冲击力；而艺术类杂志的色彩就要求具有丰富的内涵，要有深度，切忌轻浮、媚俗；科普书刊的色彩可以强调神秘感；时装杂志的色彩要新潮，富有个性；专业性学术杂志的色彩要端庄、严肃、高雅，体现权威感，不宜强调高纯度的色相对比。只有设计用色与设计内容协调统一，才能使书籍的信息正确迅速地传递，达到消费者看到色彩的同时能够和书籍内容题材联系到一起，形成整体性的目的（图 3-45）。

图 3-45　书籍内页颜色呼应

二、色彩的应用

内页版式设计中合理的色彩应用能够让读者在浏览书籍时享受到阅读的乐趣，其感官需求得到很好的满足，甚至可以让读者在阅读时保持严肃、认真的思考。例如在排版的内文色彩设计中，设计者可以对版面的色彩面积比例关系、色块的形状与位置等进行合理的调整，也可巧妙地借鉴插图本身的颜色搭配，合理调和内文排版的颜色，增强排版色彩设计的韵律与个性。此外，在内页面的颜色设计中，应运用调和的色彩作为底色，如黄色、绿色等底色的页面可保护读者的视力，或减轻读者的视觉疲劳。

1. 简洁、实用的辅助色

书籍内页设计的用色一般属于辅助色彩的范畴，所以用色要简洁。主要是运用色彩与大量文字信息进行并置，给读者一种美的感受。用色种类并不一定要多，颜色过多会削减文字信息的重要性，五颜六色的颜色也会影响文字信息的阅读。要惜色如金、以少胜多（图 3-46）。

图 3-46　简单实用的辅助色

单套色比多套色传递的速度更快，更容易引起读者阅读的注意。用色少、层次清晰、主次分明能带来简洁的整体效果。从审美的角度分析，色彩应做到简练、概括和具有象征性，从经济利益的角度看，用色少可以降低成本，有利于商家和消费者的利益。

如今书籍版面色彩趋于丰富多彩。但是版面色彩使用量过大、过多、过杂会使得版面看起来眼花缭乱，以致违背了色彩运用的初衷，再配上文字和图片元素，整个版面看上去会非常凌乱。例如，有的书籍在一个版面上就出现好几种颜色，还不包括配的彩图的颜色，这样就会毫无美感，对读者理解书籍内涵毫无帮助，反而带来很多负作用。使用色彩不在于多，主要看的是整体效果。

2. 符合整体设计风格的“主色调”

书籍内页版式设计对色彩总的应用原则是总体协调，局部对比，就是版面的整体色彩效果是和谐的，局部可以有一些色彩的强烈对比。书籍版面设计对色彩的具体运用，要根据版面内容采用不同的主色调。书籍有了自己的色彩基调，就会影响读者的阅读心理。色调的应用不是千篇一律的，应该是在某种主色调基础上配上相邻色系的颜色，形成和谐、统一的色彩基调（图 3-47）。

图 3-47　《老人与海》主色调为蓝色

主色调要具有识别性。书籍版面色彩的知觉刺激是和一定的心理相对应的，使色彩形象与诉求内容得到良好的统一，从而强化书籍的识别性。主色调所具有的识别性可从色彩的象征性出发，从人们对色彩的普遍认知中获得启示，并充分考虑这方面的因素。色彩所呈现的色相、色调带给人的心理感受具有明显的象征性，它能激发人们的联想。例如，白色是纯洁的象征，可以带来吉祥和幸福，代表着崇高的感情；黑色深沉而庄重，意味着威严、雄伟、肃穆、稳固。不同类别的书籍，应根据这些特点设定不同的主色调，从而和书籍内容一起营造特定的氛围。

版面中图片一般具有明确的色彩调子，在编排过程中，可以将文字、标题、底纹等元素的色彩结合图片的色调来搭配，使版面的色彩形成一种和谐、统一的依存关系。在版式设计中，图片或摄影照片这些直接提供的元素通常作为整个版式主色调的参照颜色为不可变元素。在设计中以不变元素为“参照物”，再确定文字、标题等其他元素的色彩及明度关系，营造出版面的空间色彩层次。

3. 注重使用对比色

由于色彩属性色相、明度、纯度等的不同，所产生的效果也会不同。这种多差别对比的效果，显然要比单项对比丰富、复杂得多。色彩对比时要强调、突出色调的倾向，或以色相为主，或以明度为主，或以纯度为主，使某一面处于主要地位，强调对比的某一侧面。从色相角度可分为深、浅等色调倾向。从明度角度可分为浅、中、灰等色调倾向。从感情角度可分为冷、暖、华丽、古朴、高雅、轻快等色调倾向（图 3-48）。

图 3-48　对比色的使用

三、色彩的情感

色彩可针对书籍的主题进行适当的情感烘托，让读者阅读书籍时可以更深刻地感受到书籍内容的情感表达效果。色彩可以通过对视觉神经的刺激而作用到人的心理，不同的色彩传递给人的情感是不同的。恰当到位的色彩运用，不仅给人以美感，还能促进人的思考，激发人的各种联想、想象，从而使人对色彩产生情感的共鸣。色彩是书籍形成美感的重要部分，美感是由感官刺激激起的一种情感响应，而设计的目的就是引起人们的情感共鸣（图 3-49）。

图 3-49　《革命胜景图册》书籍内页色彩

色彩作为视觉三要素之一，在书籍内页中能够传递情感、感动观者。色彩的冷暖感是一种最普遍的知觉现象，这是人们对事物的观察经验得来的，鲜明的色彩刺激着观赏者的视觉。最具有热感的色彩是橙红、红色与偏橙的黄色；而暖色具有温馨的情调与刺激兴奋的力量；绿、青、蓝则是典型的冷感色彩，会使人具有一种清凉、镇静的感觉。由色彩冷暖对比引起的情感更加细微，与观赏者内心产生共鸣，所以在版式设计上要巧妙运用色彩冷暖，表达出一种情感，则更能激起观赏者的欲望与好奇心。

色彩具有扩张与收缩感、空间感与重量感，五彩缤纷的色彩给人的内心感受是：浅和亮的色彩具有扩张感；冷色、深暗的色具有收缩感，同时色彩也有反差效应，处于同一位置上的不同冷暖色彩，会造成不同反差的印象。一般互补色反差较小，可以给人很弱的视觉冲击，使版面空间感强、韵律足，具有节奏感。

四、色彩的个性

在书籍内页版式设计中巧妙运用色彩艺术，能增强书籍的编辑创意效果。随着科学的发展，色彩的科学性、功能性和实用设计越来越突出。例如，色彩的心理作用表现在人对色彩有冷暖、轻重、软硬、进退、兴奋与宁静、欢乐与忧愁等感觉。设计者只有在不断地摸索中，才能使色彩语言更准确、更科学，更能发挥其作用（图 3-50）。

图 3-50　个性化色彩在版面中的应用

色彩的个性开发就是开拓精神的体现。因为书籍封面设计艺术与其他艺术形式一样，需要百花齐放，各种风格并存。首先敢于向传统观念挑战。设计者由于生活经验和长期从事专业设计的原因，设计每一类书籍往往都有一种习惯，就是会出现雷同。因此，要使书籍用色出奇制胜，就要在用色上跳出同类书籍的条条框框，用特殊色彩表现相同的功能是完全可能的。其次，要向新的色彩领域开发。要辩证地全面理解每种色彩的性质和功能，以及给人心理带来的影响。例如，黑色在我国传统观念上被视为不好的颜色，给人以悲哀、忧郁之感，但是它又有庄重、神秘、沉稳的内涵。黑色的适配性极强，可以与任何颜色做搭配，无论是作为主色还是副色，甚至作为点缀色也是很好的选择。黑色可以衬托其他色彩，令其他色彩的特点突出展示（图 3-51）。

图 3-51　黑色与金色的另类搭配

另外，设计者要随时掌握现代市场的信息，研究读者的审美心理，密切注意不同国家、地区不断变化的流行色，依靠敏锐的观察力，及时发现契机，使设计色彩诱导读者消费，体现超潮流、超时代的意识。设计者还要有本专业所涉及的各色学科知识，要广开思路，开发色彩的源泉，扩大色彩设计领域，从中寻找设计色彩的气氛、意境和情调。例如，如果想要在作品中呈现金属光亮感，可使用金属专色。金属专色的应用可以使设计产生震撼的视觉效果。另外，金属专色通常使设计呈现一种豪华感。

色彩是书籍设计中引人注目的重要艺术语言，与构图等其他艺术语言相比较更具有视觉冲击力和抽象性的特征，也更能发挥其诱人的魅力。同时，它又能美化书籍，使书籍带有某种色彩情感。在色彩应用时不仅要系统地掌握色彩基本理论知识，还要深入研究书籍设计的色彩特性，只有这样最终的设计才能符合书籍的整体精神面貌。

单元四　版式创意表现

优秀的内页版式设计应该符合读者的阅读习惯，这样才能引起读者阅读的兴趣，增加阅读的舒适性，帮助读者快速捕捉重要信息。书籍版面设计的作用不仅是形成一个具有美感且适合阅读的画面，更重要的是帮助读者梳理信息、优化阅读。同时，版式设计也应该对信息内容进行完美的表达，根据信息内容的不同特点传递不同的心理感受（图 3-52）。

图 3-52　书籍版面设计

一、版式元素组合

（一）版面、版式和版心的概念

1. 版面

版面是指书籍页面的全部空间尺寸，包括页面上被印刷的部分及没有被印刷的空白部分。即版心加周空。版面一般不是指一页单面，而是指左右两面所形成的完整的视觉单位，它可分为版心、天头、地脚、订口、翻口等部分。

2. 版式

版式是指在预先设定的有限版面内，根据特定主题与内容，运用造型要素和形式原则，将文字、图形及色彩等视觉要素，进行有目的地组合排列的设计过程。书籍的内页版式设计包括版心的大小设置，标题、正文的字体、字号、字距、行距、段式、字长、周围空白的大小设置，以及表格、图片的排版形式，书眉、页码的设计等。

3. 版心

版心又称版口，是指书籍翻开后成对的两个页面上排印文字、图画的部分，是容纳正文的空间。在版面中，除去四周空白的部分，余下的就是版心。

版心设置关系到本书内容的展示，关系到页码的多少。在设置版心时，必须考虑到书籍开本的大小、内容体裁、文稿多少、版心和周空的协调关系等。还要确定好书眉、页脚的设计及大小、位置。

（二）页、面、栏的概念

1. 页和面的区别

页和面是两个概念，书籍的一页包括两面（与“张”同义），每面就是书籍中的一个页码。在实际工作中，页、面不能混淆。“另页起”表示每一篇文章或篇、章、标题必须是从单页码开始。另起一章时，必须换页。如前面文字排到单码结束，则双码是白面。“另面起”表示每篇文章或篇章标题不接排，必须从另一面开始，它可以从单码排，也可以从双码排。

所有章节名称的位置必须一致。每个章节起始的位置必须一致。每个系列图书的扉页设计保持风格一致，目录风格和字体、字号保持一致，页眉页脚的位置和字体大小等保持一致，行距、字间距、段前段后距离、字体、字号全部保持一致（图 3-53）。

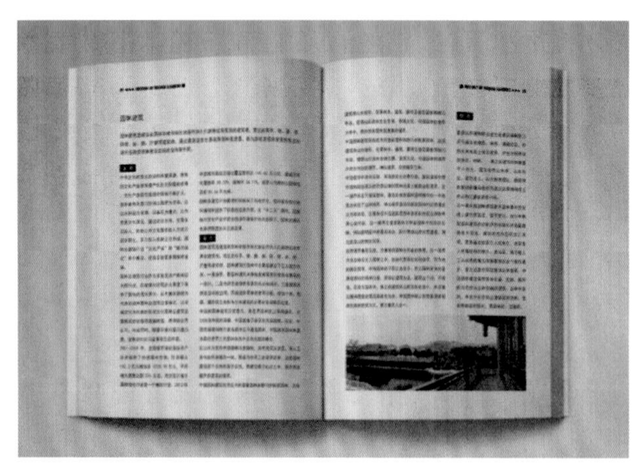

图 3-53　分栏式版面

2. 栏的概念

将书籍中的内容文本分成两栏或多栏，是文档编辑中的一个基本方法。正文文字的行长与版心相等，称为通栏；正文的行长如按版心的宽度分成相等的两栏或多栏，称为分栏（图 3-54）。

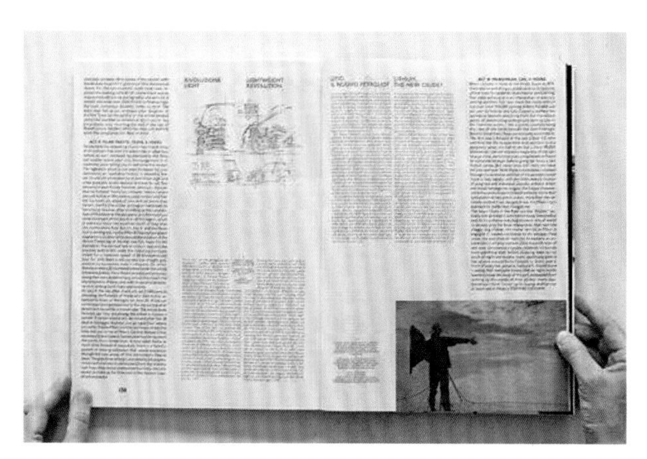

图 3-54　多栏式版面

3. 出血的概念

以图版为主的图书，为了美观和美化版面，将图版的边沿超出版心，经过裁切之后，不留白边，称为出血版。一般常见于通俗读物、儿童读物、美术画册、大型画报等。内页的出血线与成品线保持 3 mm 的宽度（图 3-55）。

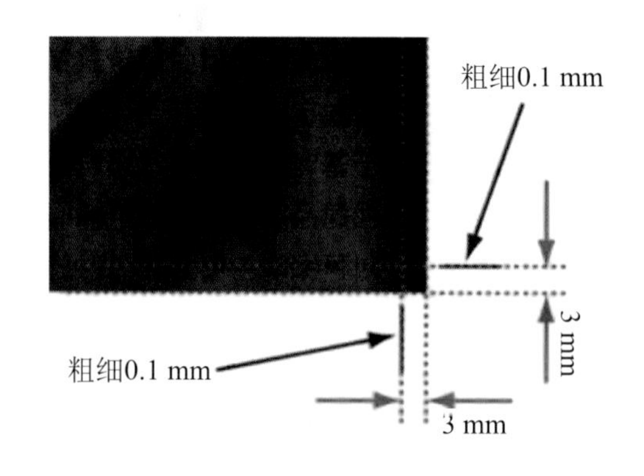

图 3-55　出血位示意

（三）文字、图形、色彩要素

版式设计是指在有限的版面空间里，将版面构成要素——文字、图形、色彩，根据内容的需要进行组合排列，把构思与计划以视觉形式表达出来，寻求艺术手段来正确地表现版面的信息。书籍内页版式设计是通过对文字、图形、色彩进行统一合理设计，使各个组成部分的结构平衡协调，为读者提供方便与舒适的阅读空间（图 3-56）。

1. 版式构成中的文字

书籍版式中的文字是传递书籍内容的主要载体，文字的字体和字号的选择、与字距的巧妙安排，可以让读者流畅地阅读，在引起人们对内容联想和想象的同时，又会引起读者情感的各种反应。文字本身作为一种视觉符号，纳入书籍版面的同时，字体就超越了文字符号原有的功能，成为书籍版式中重要的审美要素。无论字体是端庄严肃还是骨瘦清秀，都体现着书籍设计师对书籍内容的理解，表达着设计师对文字内容的感受。

图 3-56　版面创意设计

2. 版式构成中的图形

图形在书籍版式中的作用是不可替代的，是书籍版式总体的一部分。要求它在书页版面上与字体起到相互协调、装饰美化的效果，图形的大小、背景、明暗，线条的粗细、疏密，图形位置与文字版面相协调，富有装饰性。图形版面一般可分为字间插图和单页插图。图形以其想象力、创造力在版式设计中展示着独特的视觉魅力。

3. 版式构成中的色彩

版式设计中的色彩运用有助于书籍与读者之间的情感交流。色彩运用的实际心理过程主要是表象运动、抽象思维和情感活动三者之间的交织和融合。其中，情感因素极为重要。色彩是最富有表情作用的艺术语言，不同的色彩会引发不同感觉和感情倾向。同时，版式中的色彩要素不是独立存在的，它需要以版面中其他视觉化的元素作为载体，从而实现色彩的可塑性。

（四）不同要素组合的版式

（1）以文字为主的版式（图 3-57）。以文字为主要视觉要素，有少量图片的版式，在设计时要考虑到版式的空间强化，通过将文字分栏、群组、分离、色彩组合、重叠等变化来形成美感，使平淡的版式变得美观生动和有表现力，如理论书籍、工具书等。

（2）以图片为主的版式（图 3-58）。版面只有少量文字，以图片为主要视觉要素的版式，在设计时要注意区分图片的代表性和主次性。多图排版注意统一版面，避免凌乱。该版式的适应对象为儿童书籍、画册、文艺类书籍等。

三星堆文化是什么时期的？与夏商周哪个朝代对应？

图 3-57　以文字为主的版式设计

图 3-58　以图片为主的版式设计

（3）图文并重的版式（图 3-59）。图片和文字并重的版式可以根据要求，采用图文分割、对比、混合的形式进行设计。设计时要注意版面空间的强化及疏密节奏的分割。该版式适应对象为科普类、生活类书籍等。

图 3-59　图文并重的版面

二、版式设计原则

优秀的书籍内页版式设计，不仅有利于读者对书籍内容的阅读，便于功能的展示，还能提升图书的自身美感和文化品位，同时也能为图书销售带来较大的提升。因此，正确认识和应用版式设计是书籍设计工作的重要内容之一。版式设计涉及的知识包括视觉艺术、审美特点及阅读习惯等。图书版式设计是整个出版过程中极为重要的环节，它完成的好坏程度直接关系到读者的阅读体验。书籍内页版式设计需要遵从以下四个设计原则，这样能够更好地把握设计方向，设计出符合读者阅读习惯，同时又具备审美特性的书籍。

1. 统一性原则

书籍内页版式设计风格与书籍内容的统一性。书籍内页是读者阅读时间最长的部分。阅读的视觉感受会给读者传递心理映射，所以设计风格与书籍内容一定要保持一致性，否则会让读者对内容产生异议。

另一方面，书籍内页版面的设计元素之间也需要和谐统一。文字和图片的排版平衡；图片形式与色彩的呼应；书眉、页码的设计形式；留白与字群的平衡关系等都应考虑和谐统一的内在关系。

2. 科学性原则

版式设计最基本的设计原则是使人们阅读方便、舒适，符合人的视觉习惯，使图书思想内容的表达更易于被读者理解和把握。因此，在进行开本、标题、正文、插图、表格等方面的设计时，都要以读者的阅读感受作为评价依据。例如，文字的横排本优于直排本，阅读起来更舒适、便利。横排本的行长一般以 80 ～ 100 mm 为宜，超过 120 mm 时，阅读速度会下降。因此，32 开本大小的书籍版心都控制在这一范围内。16 开本的杂志一般排成双栏或三栏。

图书一般都是几何矩形图形，而黄金分割是普遍认为最科学的比例形式。图书的开本、版心插图、字组、色块的组合都在参考黄金分割率。黄金分割率取近似值为 1∶0.618。如大 32 开本的外观尺寸为 203 mm：140 mm = 1∶0.689，最接近黄金分割率。所以，大 32 开本的长和宽的比例看起来最舒服。

例如，版面大标题后另起留下的题前空白可使阅读产生停顿和节奏感，给视觉一个缓解和过渡，使读者心理上得到暂时的平衡，也能区分和正文的关系，结构分明，使读者阅读更加舒服。

3. 美观性原则

版式设计的美观性决定读者对图书阅读的印象，在很大程度上决定了图书走向市场后的受众影响力和受欢迎程度。版式设计是一种形式美，需要遵循平面元素点、线、面组合的特征。版面中的字是“点”，文字排列成行就是“线”，按一定规律组合起来的字行就是“面”。除文字以外，图书中的插图、表格、各级标题、书眉、页码甚至白页都可以看成点、线、面，把它们按美学原则配置整合起来，就能树立起独特的书籍艺术美学形象。

例如，对称设计也是实现美观性的一个重要方法。尤其是版面构图复杂、插图较多的书稿，适宜用对称的手法处理，或在一个版面内上下、左右、对角对称，或单、双、跨版面平行对称，或对角对称等，都能传递给读者平衡的美感。

设计时，合理地留白，使版面通透、开朗、跳跃、清新，能够给人以鲜亮、明快的美感，在视觉上给予读者轻快、愉悦的感受。

4. 适度性原则

图书版式设计作为图书出版的一个重要环节，必须充分考虑图书的市场成本和市场接受程度。再优秀的设计如果无法投入出版，也注定失败。所以，成本计算和市场反应都需要在设计时考虑其适度原则。

从经济方面考量，图书出版的目的是要获得经济收益。如果产生过高的图书成本，不仅会导致生产者无法维持再生产，而且读者也会因为书价过高放弃购买，最终会影响图书的销售效益和市场推广。恰当地设计版式是降低成本切实可行的办法。例如，调整正文的排列格式，编排时选择合适的图文疏密，图文配比合理，减少不必要的空白等。充分重视图书的成本核算，降低成本，提高品质，是解决这个矛盾的重要途径。

一些图书盲目迎合市场的需要，片面追求版式设计的新、奇、特，如大量地变换字体、盲目地加上各种装饰图案等，把图书版式设计得花里胡哨，反而干扰了图书文字的正常阅读功能，这也是不可取的。不仅要遵循基本的版式设计原则，在具体实践过程中还要不断深化业务知识，关注行业前沿。随着科学技术的进步、计算机的普及、各种软体的不断更新，图书版式设计将会产生更加深远的影响（图 3-60）。

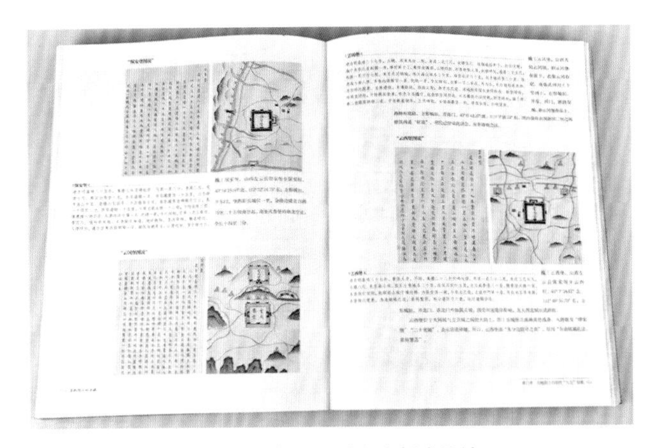

图 3-60　版心不对称式版式设计

三、版式设计方法

（一）版式设计的基本程序

1. 明确设计主题

首先需要明确书籍的设计主题，根据主题来选择合适的元素，并考虑采用什么样的表现方式来实现版式各个元素的完美搭配。只有明确了设计的项目，才能够准确、合理地进行版式设计。

2. 掌握信息内容

版式设计的首要任务是准确地传达信息。在对文字、图形和色彩进行合理搭配的同时，要求信息传达的准确、清晰。明确信息内容主体的文字量、图片信息后，再考虑合适的编排形式。

3. 确立设计宗旨

设计宗旨也就是当前设计的版面要表达什么意思，传递怎样的信息，最终达到怎样的宣传目的。这一步骤在整个设计过程中十分重要。

4. 定位读者群体

版式设计的类型众多，有的中规中矩、严肃工整；有的动感活泼、变化丰富；也有的大量留白、意味深长，作为设计师，不能盲目地选择版式类型，而需要根据读者群体的特点来做判断。如果读者是年轻人，则适合时尚、活泼、个性化的版式；如果读者是儿童，则适合活泼、趣味的版式；如果读者是老年人，则选择规整常见的版式及较大的字号为适合。因此，在进行设计以前，针对设计的读者群体进行分析定位是非常重要的一个步骤。

5. 计划安排

寻找、收集和制作用于表达信息的素材，包含文字、图形图像，然后对收集的资料、素材做分析整理后，确定设计方案。根据方案安排设计内容。

6. 排版制作

根据设计内容、设计主题、宗旨及读者需求进行版式设计排版，将文字、图形、色彩有效、合理地进行编排。确定版面视觉元素的布局类型，使用图形图像处理软件进行制作（图 3-61）。

图 3-61　版式设计创新

（二）版式不同结构设计要求

1. 正文版式设计要求

（1）中文排版注意每段段首必须空两格，特殊的版式做特殊处理。

（2）每行之首不能是标点符号。

（3）左右两栏的文字应排齐，其下方的文字从左栏到右栏接续排。在章、节或每篇文章结束时，左右两栏应平行。行数成奇数时，则右栏可比左栏少排一行字。

（4）在转行时，成对符号不能拆分。

2. 标题排版设计要求

（1）标题的字号应大于正文。

（2）多级标题的字号，原则上应按部、篇、章、节的级别逐渐缩小。

（3）标题都必须是正文行的倍数。篇幅较多的经典著作，正文分为若干部或若干篇，部或篇的标题常独占一页。

（4）标题不能与正文相脱离。标题禁止背题，即必须避免标题排在页末，与正文分排在两面上的情况。

3. 插图排版设计要求

插图的文字说明包括字符、图序、图名和图注四部分。

（1）插图要有图序，方便与文字内容对应。

（2）插图应有图名，习惯上把图序和图名总称为图题。

（3）图注又称图说，它是图名意犹未尽时所加的一种注释性说明。

（4）图序、图名和图注必须排在图形的正下方。应采用比正文小的字号排版。

（5）插图通常排在一段文字结束之后，不要插在一段文字的中间，而使文章中间切断影响读者阅读。

（6）当插图宽度超过版心的 2/3 时，应把插图左右居中排，两边要留出均匀一致的空白位置，并且不排文字。

（7）分栏排版插图在版心中置放的一般原则是小插图应排在栏内，大插图则可以破栏排。

4. 表格排版设计要求

（1）表格尺寸的大小受版心规格的限制，一般不能超出版心。

（2）表格的上下尺寸应根据版面的具体情况进行调整。

（3）表内字号的大小应小于正文字号。

（4）表格的风格、规格（如表格的用线、表头的形式、计量单位等）应力求全书统一。

（5）表格标题一般居中排列，字号不变，字体应加粗。

（6）表格排版与插图类似，表格在正文中的位置也是表随文走。

5. 页码、书眉的排版要求

（1）通常页码在版口居中或排在切口，一般在书页的下方，单页码放在靠版口的右边，双页码放在靠版口的左边。

（2）封面、扉页和版权页等不排页码，也不占页码。篇章页、超版口的整页图或表、整面的图版说明及每章末的空白页也不排页码，但以暗码计算页码。

（3）空白页的页码也叫作空码。

（4）单码页上的书眉排节名，双码页排章名或书名。

（5）未超过版口的插图、插表应排书眉，超过版口（无论横超、直超）则一律不排书眉。

（三）内页版式设计方法

1. 版块分割

版块分割是指将版面按一定的组合方式进行块面的分割，可以是文字，也可以是图形，还可以将文字和图形结合起来运用。形式多样化，打破了单一的版面，活泼又不失整体。同时注意布局要合理，标题与排文字的版块要左右呼应、高低权衡，图文分布要疏密有致。

2. 对称版面

对称版面是指左右、上下对称形式，强调秩序、安定的效果。同时，书籍也可以订口为对称轴，进行版面对称设计。即书面摊开后，将左边和右边两面，即双码与单码两面当成一面进行对称设计。整体外分内合、张敛有致（图 3-62）。

图 3-62　对称版面

3. 对比形式

版面的对比关系可以是大小对比，也可以是疏密的对比、色彩的对比、文字和图形的对比。这样的对比形式可以让画面具有冲突感，缓解视觉疲劳，增加阅读体验感。

4. 大胆留白

恰当、合理地留出空白，能传达出设计者高雅的审美情趣，还可以打破死板呆滞的常规惯例，使画面通透、开朗、跳跃、清新，给读者在视觉上造成轻快、愉悦的感觉。当然，要把握好度，过多的空白且没有呼应和过渡就会造成版面空泛（图 3-63）。

图 3-63　留白式版面

（四）版式视觉流程

视觉流程是视线在观赏物上的移动过程，是受到心理和生理影响的视觉引导。书籍版式的视觉流程就是视线在版面上按照编者的方向和顺序有规律的移动。书籍的版面是由主次不同的各个元素组成，各元素之间的先后关系、组织顺序构成了版面的视觉流程。视线随着元素安排的方式移动，完成书籍有效的阅读。书籍内页版式设计中常用的视觉流程如下。

1. 线性视觉流程

线性视觉流程是版式设计中最常见的形式，它需要有一条清晰的线段组成方向，以及一定的顺序和主次来引导读者的视觉流向。它是按照常规的视觉流程规律来引导读者的视觉走向。

线性视觉流程根据线的方向不同主要分为以下四种：

（1）横线视觉流程：主要元素依次按照横向排列，使得视线是水平移动的。横线视觉流程给人稳定、安静、平和的感觉（图 3-64）。

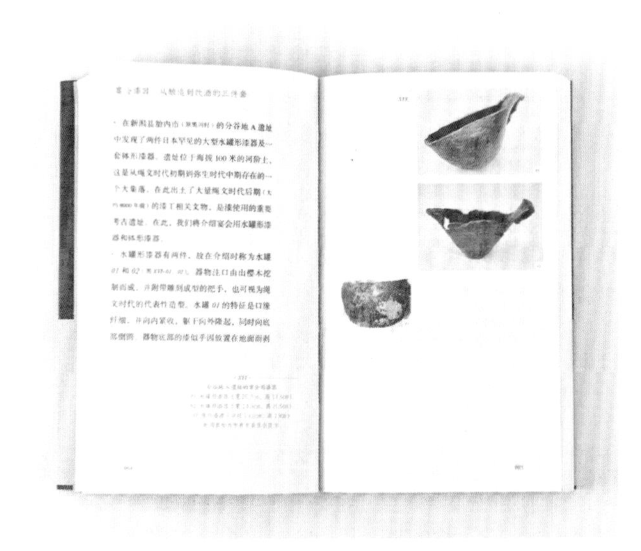

图 3-64　横线水平视觉版面

（2）斜线视觉流程：视线沿左上角到右下角之间，或左下角到右上角进行移动。斜线具有不稳定性，视觉冲击力强，有运动感和新奇感。

（3）竖线视觉流程：和横线视觉流程相反，是指画面主题元素按垂直方向进行排列。主要视觉是纵向的，给人简洁、有力、有序的视觉感受（图 3-65）。

（4）曲线视觉流程：画面中的元素按照弯曲的弧线进行排列，如 S 形、C 形。它给人柔美、轻松、自由之感。

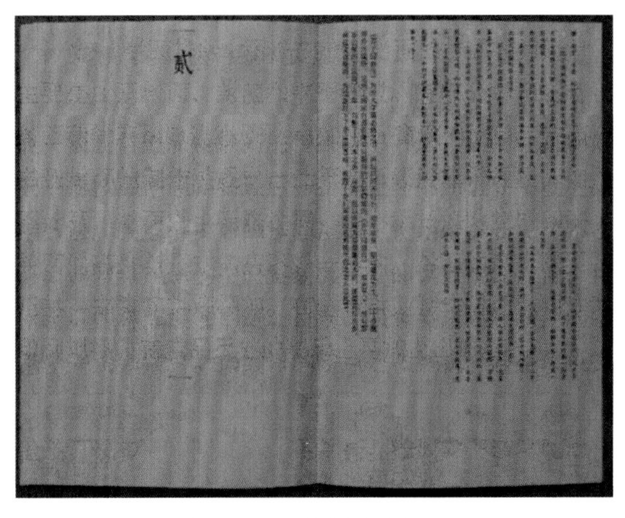

图 3-65　竖线垂直视觉版面

2. 反复视觉流程

反复视觉流程是让相同或相似的元素重复出现在画面中，形成一定的重复感。这样的排列方式使本身较为单一的图形富有生动感，并具有较强的识别性。反复视觉流程可以在视觉功能上加深阅读的印象，增强人的记忆。另外，在版式设计中对视觉进行反复的引导，可以增强信息传播的强度，使版面形式显得有条理。

3. 导向性视觉流程

引导读者的视线按照设计者的思路观赏画面，这就是导向性视觉流程。这种方式版面设计突出、条理清晰。导向性视觉流程主要分为两种类型：一种是运用点和线作为引导，使画面上所有的元素集中指向同一点，形成统一的画面效果，这是放射性视觉流程；还有一种是通过点和线的引导，将读者的视线从版面四周以类似十字架的方式向版面中心集中，以达到突出重点、稳定版面的效果，称为十字形视觉流程。

4. 散点视觉流程

将版面中的图形散点排列在版面的各个位置，呈现出自由、轻快的感觉，称为散点视觉流程。散点视觉流程看似随意，其实并不是胡乱编排的，需要考虑到图像的主次、大小、疏密、均衡、视觉方向等因素。将一个完整的个体打散为若干部分，重新排列组合，以形成新的形态效果展示给读者，散而不乱，给人自由、个性之感（图 3-66）。

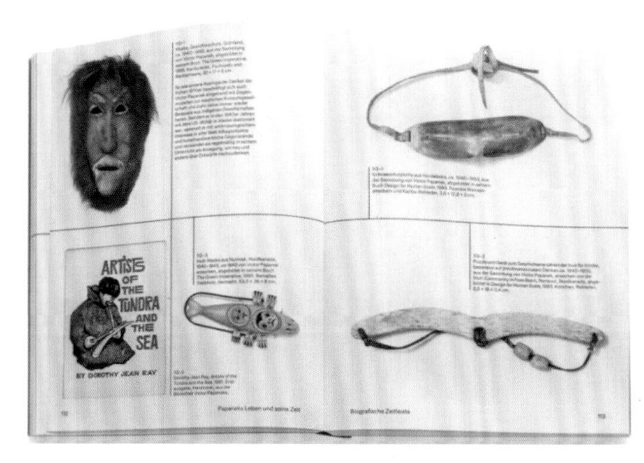

图 3-66　散点视觉版面

四、版式风格样式

版式样式设计合理，才能使图书思想内容的表达更易于被读者理解和把握。正确处理版心大小、图文搭配、字行间距排版的合理性和美观性，才能适应读者需求。不同的版式风格样式体现出不同的书籍内涵，要根据书籍的主题精神选择不同的样式。

（一）版式形式美法则

版式形式美法则是创造画面美感的途径，根据书籍不同主题可以在版式中应用常见的形式美法则，通过形式美的构建表达符合书籍精神内涵的优秀版式。

1. 对称与均衡

对称是指图形或物体相对的两边的各部分，在大小、形状和排列上具有一一对应的关系，是同等、同量、同形的平衡。在日常生活中，对称形式处处可见。在版式设计中，以两侧相同或近似的设计元素，以某点为中心，进行左右对称、中心对称、上下对称等。对称给人以安全、稳定、庄重、严肃和正规的感觉。

均衡即不对称的平衡，是利用事物的变化达到视觉上的平衡关系。均衡是对称形式上的发展，中心轴的两侧不相同也不近似，利用视觉规律和心理上的平衡原理，通过大小、形状、距离、色彩等因素的组合，来调节中心两侧的平衡，均衡给人以变化、活泼、动感的视觉感受。均衡的平衡可以弥补对称相对形式呆板的不足，它既不破坏平衡，又在形式上有所变化，从而达到静中有动、动中有静的视觉效果（图 3-67）。

对称与均衡是构图的基础，主要作用都是使画面具有稳定性。稳定的构图效果是人类在长期观察自然中形成的一种视觉习惯和审美观念。

图 3-67　均衡布局版面

2. 对比与调和

对比强调差异性，突出个性，着意让对立的要素相互比较。对比可以有效地突出版面的主题和个性，这样的形式会产生多种强大的表现力，版面元素对比形式有图文大小、高低、曲直、疏密、粗细、主次的对比；有色彩明暗、黑白、强弱、远近、软硬、浓淡、虚实的对比等。强烈的对比会使视觉效果活跃、鲜明（图 3-68）。

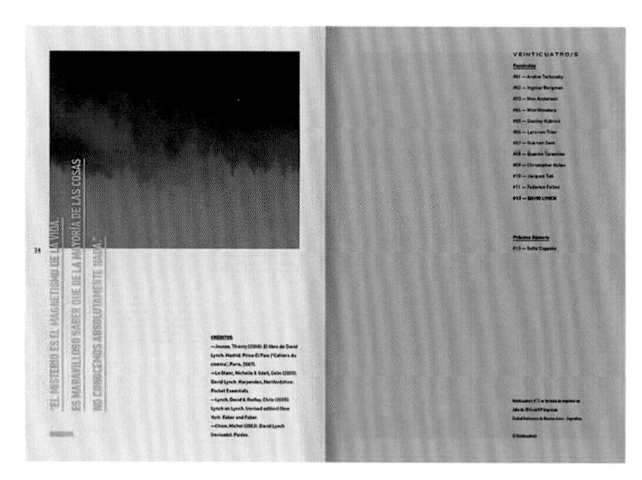

图 3-68　对比版面

调和强调近似性，是把各对比因素协调统一，使版面形成和谐、舒适、安定之感。可使两个或两个以上的要素形成共性。或强调主要元素，弱化次要造型，使画面布局合理。

对比与调和是相辅相成的，要相互呼应，默契配合。对比中有调和，调和中求对比。在进行版面设计时，整体版面宜调和，局部版面宜对比。

3. 节奏与韵律

节奏是指按照一定的条理、秩序，重复且连续地排列，形成的一种律动形式。版面节奏有均匀、渐变、大小、长短、明暗、形状、高低等的排列构成形式。反复的排列构成形式决定了版面视觉效果和节奏感的强弱（图 3-69）。

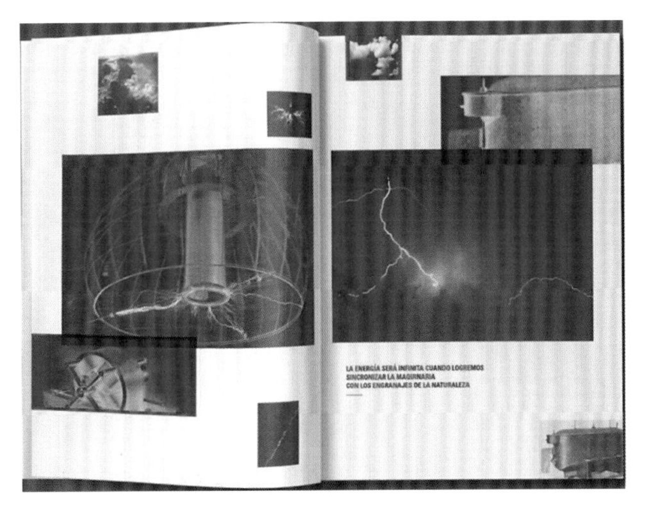

图 3-69　具有节奏感的版面

韵律则可看作节奏的较高形态，是将不同的节奏巧妙而复杂地结合起来，构成某种规律的节奏美。在节奏中注入美的因素和情感就有了韵律，韵律就像是音乐中的旋律，不但有节奏更有情调，它具有更强的感染力和艺术表现力。

节奏与韵律能使版面编排设计产生活力和积极向上的生气。在版面设计时，利用疏密、聚散、重复、连续和条理来编排，以获得节奏感，或利用渐明、渐大、渐高等渐变手法使版面更加生动、优美，富于节奏与韵律感。

4. 比例与适度

比例是一个总体中各个部分的数量占总体数量的比重，用于反映总体的构成或结构。版面中的比例是指形的整体与部分之间及部分与部分之间数量的比率。成功的版面设计取决于良好的比例配置。比例通常分为黄金比例、根号矩形比例和数列比例三大类。理想的比例关系存在着秩序美。例如，黄金分割比例在设计中普遍地使用是科学美感的体现（图 3-70）。和谐的比例给人以美的感受，也给版面增加了活力（图 3-71）。

适度是指版面的整体与局部之间的大小关系，符合人的生理或习性的某些特定标准，从而适应读者的视觉心理。也就是排版要从视觉上迎合读者的阅读习惯。

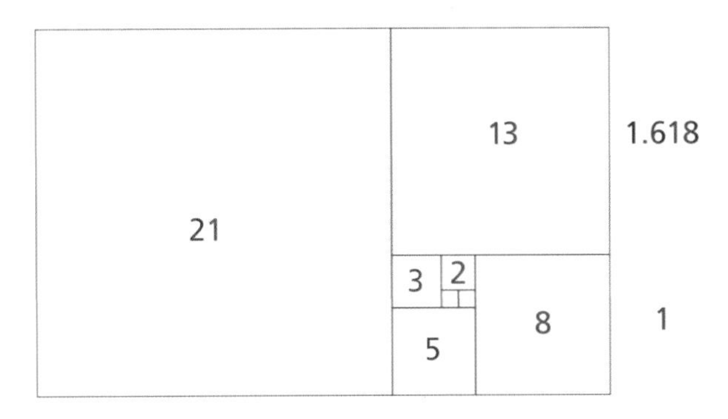

图 3-70　黄金分割与黄金比例

图 3-71　黄金分割版面

5. 虚实与留白

虚实是指画面的模糊和清晰。对于一个物体，亮实暗虚；对于一个空间，近实远虚；对于整幅画面，视觉中心实、其他虚；在版面设计中主体事物实、次要事物虚。虚实可以更好地突出重点，引导视线集中在主要内容上。

留白是一种构图技巧，其形式、大小、比例决定着版面的效果。在版面设计中，巧妙地留白是为了更好地衬托设计主题，集中读者的视线，形成版面的空间层次感。版面适当留出空白，能起到使视觉休息、缓冲的作用。留白能引起读者对非空白处的注意，反而强调了主题内容。

6. 变化与统一

变化主要借助对比的形式法则，强调的是各种视觉要素的差异性，可实现视觉上的跳跃，使得版面不呆板，给读者留下深刻印象。

统一则借助了均衡、调和、秩序等形式法则，着重强调各种视觉要素的一致性，从而使得版面具有整体感。

变化与统一是版式设计的基本形式美法则，使版面呈现出整体又富于变化的形式。变化与统一的完美结合是版面设计最根本的要求（图 3-72）。

图 3-72　各个版面间的变化与统一

（a）示意一；（b）示意二；（c）示意三；（d）示意四；（e）示意五

（二）版式表现形式

不同的书籍版式设计，呈现出不同的表现形式。版式的表现形式是对书稿的结构层次、文字、图形、色彩等方面进行艺术而又科学的处理，使书籍内部各个组成部分的结构形式清晰、明了，为读者提供阅读上的方便和视觉享受。

1. 传统版式

书籍的不同版式风格样式体现了书籍不同的艺术格调。它具备一定的文化特性。不同题材的书在不同的历史发展阶段都具有各自的风格，因而书籍设计的发展历程，也是书籍设计风格样式变化的历程，在它的每一个发展阶段，都有着它相应的审美形态和风格特征。

传统书籍版式是指那些经典的、历史悠久的书籍设计风格。这种版式的风格样式通常采用简洁的排版，注重文字的排列和版面的平衡。在这种设计之下，文字与图片的搭配和配色都非常考究，给人以庄重、稳重的感觉。传统版式风格样式能够更好地展现文化魅力和艺术内涵。

（1）中国传统版式。中国古代书籍设计艺术有着悠久的历史，在漫长的演变过程中，逐渐形成了极具民族特色的中式版面设计风格。我国的书籍发展历史久远，其饱含了深邃的文化底蕴。这种书卷之气润色下的版式浸染着传统艺术的意境之美。我国传统的艺术形式（如书法、绘画）的写意气韵在书籍版式设计中都有所体现（图 3-73）。

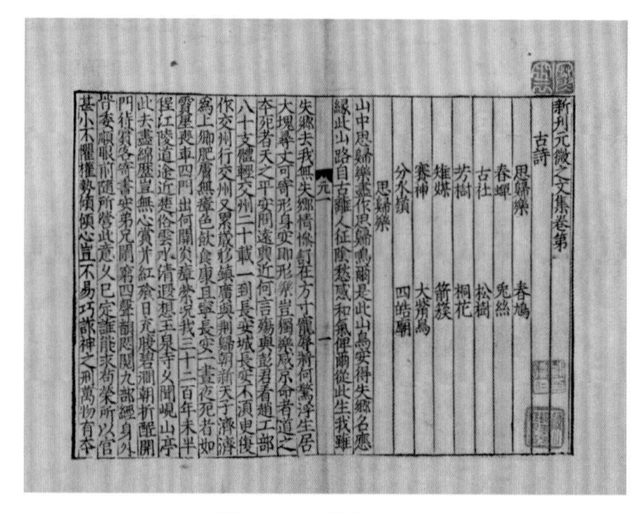
新刋元微之文集卷第一
古詩
思歸樂　春鳩
春蟬　兎絲
古社　松樹
芳樹　桐花
雉媒　箭鏃
賽神　大觜烏
分水嶺　四皓廟
思歸樂
山中思歸樂盡作思歸鳴爾是此山鳥安得失鄉名應緣此山路自古離人征陰愁感和氣俾爾從此生我雖失鄉去我無失鄉情慘舒在方寸寵辱將何驚浮生居大塊尋丈可寄形身安即形樂豈獨樂咸京命者道之本死者天之平安問遠與近何言殤與彭君看趙工部八十支體輕交州二十載一到長安城長安不須臾復作交州行交州又累歲移鎮廣與荆歸朝新天子濟濟為上卿肥家無蠹色飲食康且寧長安一晝夜死者如隕星喪車四門出何關炎瘴縈況我三十二百年未半程江陵道途近楚俗雲水清遐想玉泉寺久聞峴山亭此去盡綿歷豈無心賞并紅餐日充腹碧澗朝析酲開門待賓客寄書安弟兄閑窮四聲韻悶閱九部經身外皆委順眼前隨所營此意久已定誰能求苟榮所以官甚小不畏權勢傾傾心豈不易巧詐神之刑萬物有本

图 3-73　宋代版面形式

1）中国传统版式构成。中国古代印本书版式为竖排，由右至左排列，由上至下阅读。宋版书版式为中国古代印本书版式基本形式的代表。书籍的版式和书籍的装帧形式有着密切的关系，它随着书籍装订形式的变化而变化。初期，仍普遍使用卷轴装和经折装，随着印刷技术的发展，出现了蝴蝶装，这是册页装订的最早形式。在宋代，蝴蝶装形成了典型的宋版书版式独具的艺术特色，它简洁、典雅、古朴，内涵丰富。

2）中国传统版式在现代书籍设计中的应用。中华民族有着悠久灿烂的文化历史，书籍发展更是经历了漫长的发展过程。从商代的简册到战国的帛书；从卷轴装到册页书，书籍的版式也随之不断改良。汉代的帛书版式上出现了界格栏线，界行的形态模仿竹简之间形成的间隙，对文字进行分割。卷轴装的版式出现了天头、地脚的留白，保留了界行栏线，有了首行缩进的格式和图画的穿插。蝴蝶装版式上不仅继承了传统版式中的边栏、界行、天头、地脚，还演变出鱼尾等新元素，成为中国古代印本书版式的雏形。之后的包背装因为装订方式的不同，在版式上刚好与蝴蝶装相反，鱼尾由版心移到书口。线装书是中国古籍形态的最后一种，版式上沿用蝴蝶装、包背装的基本形式，发展得更具书卷气，是中国版式的集大成者。

书籍传统版式的设计特点在现代书籍设计中都散发着独有的魅力。其蕴含的文化气息对现代书籍发展有着深远影响。通过寻找传统版式设计与现代书籍设计的契合点，为现代书籍设计提供创作的灵感和源泉。

①竖排的秩序之美。中国古代书籍版式最大的特点就是文字的纵向排列。整齐排列的黑线构成了长条形界格，保证文字的整齐划一。界格既有助于文字的排列，同时在视觉上给人自上而下的流动感。四方规矩的界格配以长短不一、富有节奏变化的竖排文字，两者形成统一中富有变化的形式。再辅以长方形开本，视觉上给人纵向的延伸感和秩序的美感。

现代书籍设计受西方书籍印刷的影响，设计上采用更大的版心、更小的字体和间距。由于版面文字容量激增，为方便读者阅读采用横排形式。但这并不代表竖排版就失去了它的优势，因为相同行距下，竖排仍然比横排给人的感觉更通畅清晰。竖排给人下拉的感觉，没有横排的压迫感，相对给人轻松的印象。由于汉字在结构形态上相对稳定，所以竖排文字和横排文字都不会有太大起伏。文字如果体量不大，竖排也不会影响整体阅读，反而会提高阅读兴趣，不失中国传统文化的韵味。在现代书籍设计中，竖排和横排都有其不可取代之处（图 3-74）。

②留白的意境之美。出于中国传统“天人合一”的思想影响，对天、地的推崇，中国印本书版式形成了天头、地脚的留白设计。经典的印本书版式在版心周围留出 2 cm 的空白，称为周空。周空有利于读者视线对正文的关注，同时又具有做注释的功能性。布局合理的周空令版式雅致、朴实，极富书卷气。中国自古艺术都讲究留白，留白是中国艺术作品创作中常用的一种手法，书画艺术创作中的空白，给画面意境留有想象的空间。

图 3-74　文字竖排版式

现代书籍版式设计越来越讲究具象的文字内容与抽象的思想意境相互融合，设计师也越来越重视版式中的留白。空白是一种中国自古以来就有的美学理念，绘画中有“计白当黑”一说，表现在中国古籍版式上就形成了天头地脚的周空。留白给人无限的想象空间，是一种此时无声胜有声，甚至是胜过千言万语的情感体验。掌握好版面的黑白关系、虚实变化，恰到好处的留白可以突出重点、分割画面，使画面各部分形成一种比例关系。由于现代版面文字承载量极高，在密集的文字排列中留白，能使阅读变得轻松，让视觉得到片刻休息。这既满足了现代人放松的心理诉求，同时也满足了现代人追求简约而不简单的审美需求。设计师恰到好处的留白能让版式设计更具想象空间和生命力（图 3-75）。

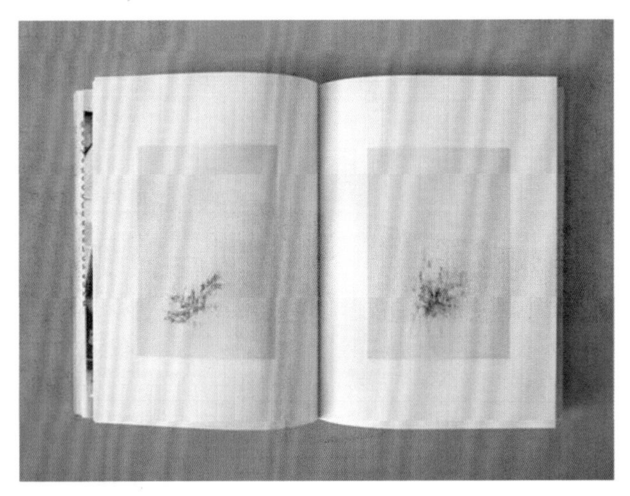

图 3-75　中式留白版式

③元素的多元化。古代书籍版式结构包含界格、边框、鱼尾、形态各异的朱红印章、精致考究的插图等元素。这样的版面图文设计元素丰富，独具特色。古人对元素的合理运用，使其既发挥了本身的实用价值，又丰富了整体的纵向版面。

这些元素形成了点、线、面相结合的形式美。文字、符号是“点”的元素，界格栏线、边框等是“线”的元素，图形、整个版面又是“面”的元素。这些元素在现代书籍版式中常常出现。现代版式中，虽然界格消失了，但在版面中添加粗细长短不同的线条却可以有效地引导文章内容。规律的线条能使版面文字条理化、秩序化，从而有助于阅读；少量的横向线条可以使版面更稳定，给人踏实的感觉。因此，在现代书籍版面的设计中，可根据横竖线条在空间上带给人的不同感受实现对版面空间的布局规划。

印章、书耳和鱼尾等元素发展到今天，已演变成现代设计的装饰符号。它们结合小标题文字或页码，在版式中构成了具有装饰意味的设计，在现代设计版面中给人传递文化、传统、写意、精致之感。

现代书籍设计不再拘泥于西方传统书籍设计形式，而是更多地从书籍的精神内涵出发，寻找能够展示其文化底蕴和内在精神的版式形式。中国古代书籍包含着一种由内而外的书卷气息，儒雅而优美，并且带有民族特色和历史的厚重感。中国现代书籍设计开始重视文化内涵的挖掘，除制作精良、设计考究、版式优雅外，最大的共同特点就是对中国古代书籍样式的灵活运用。唯有如此，才能设计出既包含传统韵味又富有时代气息的中国书籍。

（2）西方古典版式。15 世纪中期，以德国人古腾堡为代表的一些欧洲图书设计艺术家所确立的版式设计形式即为古典版式。古腾堡对《圣经》进行的版式设计是现存于世的最为古老的古典版式书籍。古典版式设计在书籍设计史上统治欧洲数百年不变，直到今天仍然具有很大的市场，它并没有因为时代的发展而被彻底淘汰（图 3-76）。

古典版式设计具有典雅、均衡、对称的特色，这种设计形式的特点是：以订口为轴心左右两面对称，字距、行距具有统一尺寸标准，天头、地脚、订口、翻口均按照一定的比例关系组成一个保护性的框子。文字油墨的深浅和版心内所嵌图片的黑白关系都有严格的对应标准。

古典版式设计风格是严谨、朴素、简洁、典雅，强调均衡、对称，给人稳定、庄严、整齐、秩序、沉静的感觉。

图 3-76　西方古典版式

2. 网格版式

网格设计是书籍内页版式设计中常用的风格样式。网格设计是运用数字的比例关系，通过严格的计算，把版心划分为无数统一尺寸的网格。在版面设计中，网格为所有的设计元素提供了一个结构，让设计师的编排过程变得简单，也使设计排版更加轻松、灵活。网格设计可以使版面布局显得紧凑而且稳定，为设计师在设计过程中提供一个逻辑严谨的模板（图 3-77）。

图 3-77　网格版面

（1）网格在版式设计中的作用。

1）组织版面元素。网格对版面中的构成元素，即文字、图片等进行有序的编排，使版面中的内容信息更清晰明确，使构成元素的编排位置更加精确。

2）调节版面气氛。加强版面凝聚力，使版面更统一化、整体化，也可使版面内容更加规整，使网格在版面中的运用更加灵活。

3）提升阅读的关联性。网格系统使版面结构更加清晰、简洁，能够有效地保证内容的关联性，使视觉在浏览时有一个清晰明朗的流程。

4）信息位置的确定。对各项元素的位置进行有效的组织、编排，能使版面内容具有鲜明的条理性，并且可以使版面元素呈现出更为完善的整体效果。

（2）网格版式设计的特点。

1）严格的数字比例关系。通过严格的计算，运用数字的比例关系，把版心划分为无数统一尺寸的网格，将版心中的网格分为若干栏，把文字图片安排其中，使版面有一定的节奏变化，产生优美的韵律关系。

2）网格形式的多样化。由于网格版式设计是通过网格划分而产生的，网格版式已不像古典版式那样形式单一。网格版式设计的形式多样，有正方形网格、长方形网格、重叠网格、栏目宽度不同的网格、有重点的网格等，设计师根据所设计书籍杂志的不同类型来选择不同的网格形式。

3）网格的整体性。约束版面，成系列的编排，利用相似的网格框架，保持每一页之间相互都有关联性，产生整体感。

（3）网格的类型。网格作为版式设计中的重要基础要素之一，构建出良好的骨架是很重要的。在版式设计中，一个好的网格结构可以帮助人们在设计的时候根据网格的结构进行版式设计。在编排的过程中有明确的版面结构。

1）对称网格。对称网格是根据左右两个版面或一个对页而言，指左右两页拥有相同的页边距、相同的网格数量、相同的版面安排等。对称网格左右两边结构相同，版面中的网格是可以进行合并和拆分的，能够有效地组织信息、平衡版面（图 3-78）。

图 3-78　对称网格示意

对称网格主要分为单栏式对称网格、双栏式对称网格、三栏式对称网格、多栏式对称网格、模块式对称网格。

①单栏式对称网格（图 3-79）。它是将一个版面中或连续页面的左右两部分的文字进行一栏式的编排。单栏式对称网格一般用于纯文字性书籍，如小说、文学著作等。在使用单栏对称网格时，可以适当在版面中配以图示，以缓解画面的枯燥感。

②双栏式对称网格（图 3-80）。左右对称的双栏式网格会令版面更加协调饱满，常被用于文字信息较多的版面。在文学类书籍、杂志内页正文中运用十分广泛。这种网格可用于纯文字版面，但文字的编排比较密集，画面显得单调，也可用于图文版面，版面平衡，阅读更流畅。一边放置文字，一边放置图片，将版面重新进行划分，增强版面的变化性（图 3-81）。

图 3-79　单栏式对称网格

图 3-80　双栏式对称网格

图 3-81　双栏式对称网格效果

③三栏式对称网格（图 3-82）。三栏式对称网格将版面左右页面分为三栏，适合信息文字较多的版面，可以避免每行字数过多造成阅读时候的视觉疲劳。三栏式网格的运用使版面具有活跃性，打破了单栏的严肃感（图 3-83）。

图 3-82　三栏式对称网格

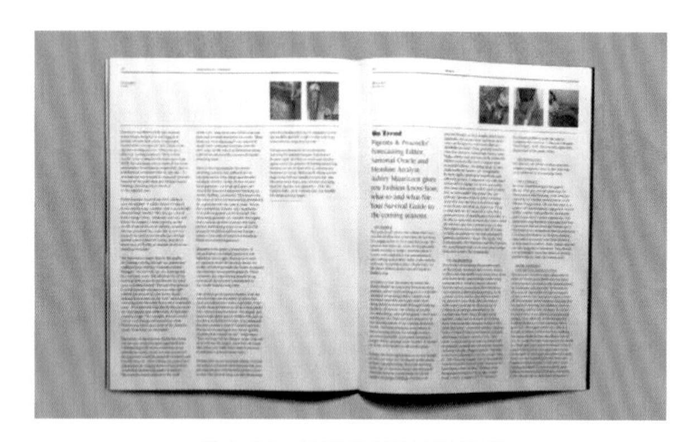

图 3-83　三栏式对称网格效果

④多栏式对称网格（图 3-84）。多栏式对称网格是指三栏及以上的网格形式。网格的具体栏数是根据版面的需要而确定的。多栏式对称网格版式设计适用于编排一些有关表格形式的文字，如联系方式、术语表、数据目录等信息。

图 3-84　多栏式对称网格

⑤模块式对称网格（图 3-85）。将版面分成同等大小的单元格的网格形式，再将版面中的文字与图片安置在相应的单元格中。这样的网格可以随意编排文字和图片，具有很大的灵活性。模块单元格之间的间隔距离可以自由放大或缩小，但同一个版面中每个模块单元格四周的间距必须相等。

图 3-85　模块式对称网格

2）非对称网格。非对称网格是指对页的排版打破对称的格式，在编排的过程中，会根据版面需要调整版面的网格栏的大小比例，使整个版面更灵活，更具有生气，强调页面的视觉效果。

①栏状式非对称网格（图 3-86）。栏状式非对称网格是指在版式结构上，左右两个页面的栏数相同但各栏比例不同，在图片与文字的编排上呈现的是非对称的组合状态。

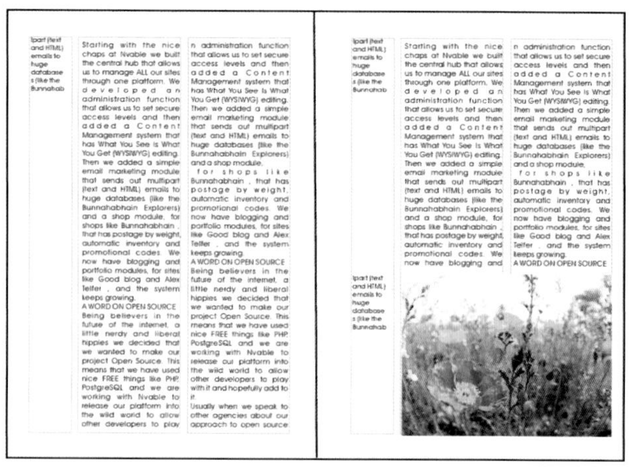

图 3-86　栏状式非对称网格

②模块式非对称网格。模块式非对称网格是指在版面中的左右两个页面划分不同大小的单元格，使之在版面中呈现对比、不对称的状态。

3）基线网格（图 3-87）。基线网格是辅助版面设计的基准线，为版面设计提供了视觉参考，对文字、图形位置、大小等具有规范作用，可以帮助版面元素按照要求准确对齐。基线网格通常是不可见的，但它却是平面设计师的基础。基线网格提供了一种视觉参考，它可以帮助设计师准确编排版面元素与对齐页面，获得仅凭感觉无法达到的版面效果。

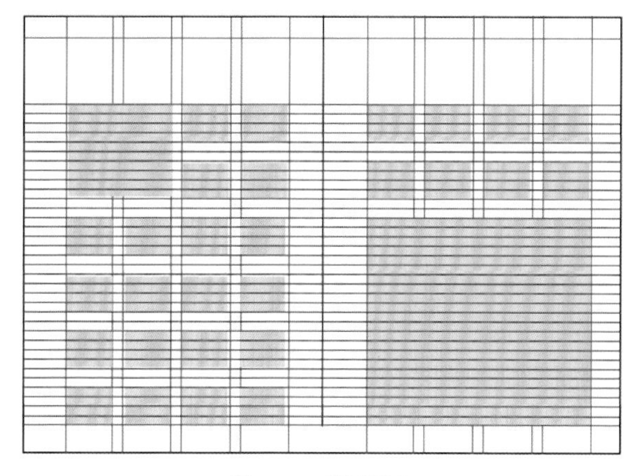

图 3-87 基线网格

4）成角网格。成角网格在通常情况下都是选择相同角度进行倾斜的，以避免造成版面内容的混乱，成角网格在版式设计中的应用是使版面结构错落有致，变化多样。成角网格发挥作用的原理跟其他网格相同，但是由于成角网格是倾斜的，设计师在编排版面时，能够以打破常规的方式展现自己的风格创意。需要注意的是，在设置成角网格版面倾斜角度与文字方向角度时，应充分考虑到阅读习惯。

（4）网格的创建。一套好的网格结构可以帮助设计师明确设计风格，排除设计中随意编排的可能，使版面统一规整。设计师可以利用两者的不同风格来编排出灵活性较大、协调统一的版面构成设计。

1）根据主题要求确定网格形式。网格的创建与书籍的题材、设计的主题、内容的篇幅、版心的大小等有着极为密切的关系，为此在创建网格之时需要对书籍整体设计进行分析把握，找到适合书籍内容的网格形式。如信息和信息组别比较多，或者图片比较多、版面空间比较大的版面就适合多划分一些网格。反之，网格的数量就应该少一点。杂志或娱乐性主题书籍上可以选择非对称或成角网格系统设计；而在严肃的主题上则使用理性的对称式网格系统设计。

2）根据版面大小确定网格的数量。网格的数量也不是随意划分的，而是需要根据内容的多少、信息构成、版面大小来安排网格的数量。根据设计研究，眼睛从左到右的标准阅读距离是 30 ～ 35 cm，处于这一范围的文字是最适合阅读的。这为栏宽的设置提供了一定的依据。栏宽对于文字的排列有较大影响，一般是栏宽越窄所使用的字体越小。如果设计中在较窄的栏宽中使用较大的字体就会造成同一行的文字数目过少，从而导致阅读过程中频繁换行，加速眼疲劳。

一般来讲，网格系统的栏数越多其产生的版式编排变化也越丰富。同时，若这些空间间隔或是文字区域间隔差异越小，那么所设计出的作品静态效果就越强，反之则具有较强的动态效果。以九宫格为例，其水平和垂直方向被均分为三栏。分栏位置非常接近页边的黄金比例，因此更易取得页面的平衡协调感及形式美感。在确定了网格数量后即可进一步确定其所包含的内容，如文字大小、数目、图片方式等，对所涉及的网格尺寸及间距等进行微调，从而优化版式的编排效果。

3）组织关联信息。我们进行版式设计主要针对两个内容，一是合理划分空间关系；二是清晰有逻辑地组织编排视觉信息、元素。网格恰好适应了这两种需求。版面内视觉元素复杂繁多，通过网格系统可以很好地将有关联的内容编排到一起，增加它们的关联性。把设计元素依照网格进行排版。注意版心内最顶部与最底部的信息需要与网格的边线对齐。

4）建立网格。

①划分版心。根据纸张的尺寸，确定版心与纸张上、下、左、右边缘的距离。主要保证版心与四周的距离疏密有致，不要太过拘谨，也不要太过宽松。例如，以 A4 纸的幅面，开本外侧边距最少要有 10 mm 以上，看上去内容才比较适宜。倘若边距太小，则有种挤压透不过气的感觉。当然，版心大小的确定需要根据书籍内容和书籍性质决定。

②预设分栏。主要确定分栏数、栏间距及栏宽三个数据。首先确定分栏数，主要依据是版心大小。一般而言 A4 版面分 3 栏，5 mm 的栏间距就比较合适，如果感觉太密、太疏，可以适当增减栏间距，如果 A4 版面分 2 栏，栏间距可预设 7 mm 或 8 mm，不合适再做调整。

③明确字号、行距。根据文字在版面上的视觉舒适度，以及设计需要，明确文字的字体、大小及行距，接下来划分横向线把版面进行网格化。

④设置网格间隔。横向的间隔通常要是正文行高的倍数，这样在文本进行跨模块布置的时候才不会出现行位混乱（图 3-88）。

图 3-88　网格设计书籍

3. 自由版式

自由版式（图 3-89）是由设计师打破传统版式而产生的新的版式设计。它是通过版式编排的自身元素自由组合排列的设计方式，是当代出现的具有前卫意识的版式形式和风格。自由版式设计的版面及版面的内容都是无拘无束的自由编排，强调韵律和视觉效果。每本书的每一页都可能出现完全不同的设计形式和排版方式。这要求设计者具备敏锐的感觉和整体的把握能力，使其相互适应，构成活泼、丰富的版面。

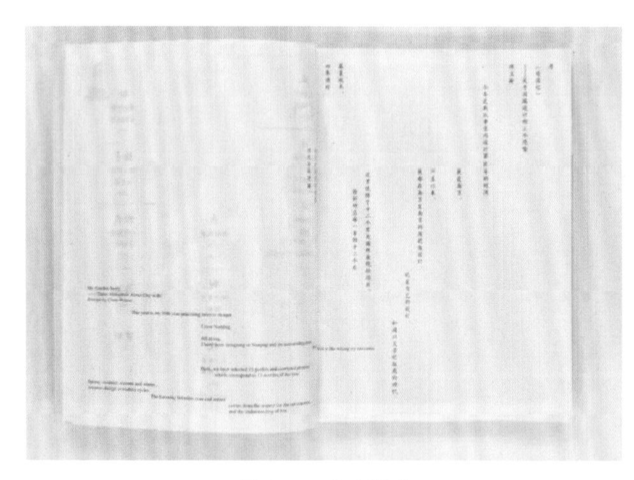

图 3-89　自由版式

自由版式体系的诞生首先来源于科技成果的突破。进入 20 世纪 90 年代后期，由于计算机制版技术的普及，自由版式设计变得非常容易，几乎一切设计构想都可以迅速落实到纸面上。自由版式设计在世界范围内广泛流行，并越来越为人们所重视，成为一股不可阻挡的设计潮流。最早推崇自由版式设计的是美国设计师戴维·卡森。他对自由版式设计的贡献在于改变了字体和书写规律，打破了人们对原有版式设计的认识，超越了传统的版式设计界限，一反过去重功能、轻装饰的倾向，突出形式美，强调艺术的重要性。例如，文字和图像被重叠，毫无秩序地挤作一团；一行字被断成数截，不同字号、行距、字体的文字混合编排等。

（1）自由版式的风格特征。自由版式设计与网格设计的理性形成了鲜明的对比，其风格特征主要有以下几点：

1）版心无边界。在传统版式中，书籍版面设计首先需要确定的就是版心大小，周空为多少。而自由版式设计的版心从诞生那天起就没有固定的天头、地脚和内外白边。它既不同于古典版式结构上的严谨对称，又不同于网格设计中栏目的条块分割概念。书籍的内页版式可以完全自由地进行设计，而不受框架的制约。

在排版过程中，文字常常冲出该区域使读者在阅读过程中产生不间断的联想，通过无拘束设计出来的作品往往具有强烈的个性和独特性。但自由版式的设计也并不等于漫无目的地盲目排版，而是有其自身的形式规律。自由版式设计并没有背离合理安排书籍视觉元素的基本原则和美学原理，依然是点、线、面合理布局的形式美法则。

2）版面的解构性。解构性是自由版式设计最主要的特征。解构就是对传统版式设计排版秩序的挑战，是对传统版面的打散和破坏。自由版式设计是力图使版式朝着多元化方向发展。它运用了不和谐的点、线、面等元素符号去重组新型的版画形式，可使版面产生极具不同的视觉效果，能够表达极具不同的观念。

自由版式中解构性的来源不是孤立的，它同样受到同时期哲学思潮和建筑设计的影响。自由版式设计把这种理论运用到实际中，其本质上与建筑中的解构主义一脉相承。

3）文字图形化。自由版式设计中的文字依然是符号化的存在。文字不再是简单的表意，而是和图形一样，成为可视化的符号。文字与图形的编排也不再是简单、平淡的组合关系，而是充分发挥文字的图形化形式和图形进行同理化应用。自由版式设计中版式就像一幅画作，版面中的每一个文字、每一个图形都是画面中的排列元素，文字与图形还可以任意叠加重合，使版面中有无数的层次，以增加画面的空间厚度。也可以说文字的功能从叙述性提升为表现性。

4）局部的不可读性。在自由版式设计中除部分可读取的信息外，还有一部分局部具有不可读性。所谓的

“可读”是指设计者在安排版面时认为读者应该读懂的部分；所谓的“不可读”是设计者在安排版面时认为读者无须读懂的部分。实际上不可读的部分只是对版面起到装饰作用，在处理手法上常常采取字号缩小，字体虚化、重叠、复加等方法。

5）字体的多变性。任何新颖的版式设计都离不开字体的创新。古典版式是这样，网格版式也是如此，到了自由版式时代对字体的要求不仅是种类多样，而是更要求字体根据版面的需要来进行设计，要求字体不断地创新并具有时代感。字体的多种形式是顺应时代发展的需要，它针对不同的版面效果而产生，不但能带来版面的新鲜感，而且能反映出时间的流动感、速度感。

（2）自由版式的应用。自由版式在现代书籍中的应用是非常普遍的，如经常使用到的设计手法：改变字体和字号；不统一的行距和字距；包罗万象的杂乱页面；层层叠叠不可读的版面等。自由版式为出版业注入了新的生命力，设法使那些无法吸引读者目光的书籍，重新与读者建立起联系（图 3-90）。

但自由版式并不能像传统版式或网格设计功能性那么突出，在传达信息上会受到阻碍。一旦表达没有到位，整个版面所能传达的信息就会变得很少。这种版面设计显然不会成为当代书籍版面设计的主体形式，更多的是和其他两种形式结合使用。如封面的设计、目录的编排及少量内页使用自由版式。另外，自由版式中一些细节的表现是可以在页面编排中使用的，局部运用自由版式的设计手法可使版面变得丰富，如用于文章标题、引言、图片说明等局部。我们也可参考自由版式设计视觉效果上的表达，如表现版面的视觉节奏、体现版面空间等。

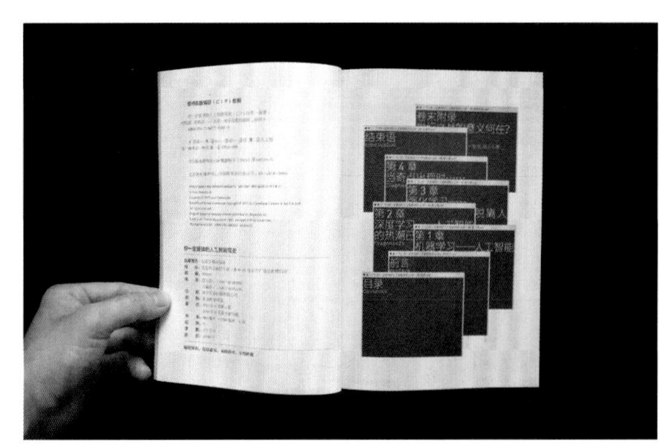

图 3-90　自由版式目录页设计

思／考／与／实／践

1. 调研实践

翻阅不同种类的书籍，如杂志、画册、小说及教材。分析不同种类书籍的内页排版有哪些区别；其文字、图形、色彩是如何运用的。

实训目标：

通过阅读书籍，掌握书籍内部结构设计的不同，锻炼学生发现问题的能力，并能通过实践完成对书籍内部结构的梳理。

2. 项目实践

设计一本关于“植物”的书籍。

要求：

（1）收集关于植物的图文素材，版式设计要求图文结合。

（2）在设计主题的指导下，运用多种内页版式风格样式进行排版。

（3）注重版面的形式美法则的应用。

（4）设计结构包括环衬、扉页、目录页、内页若干。

实训目标：

通过项目实操掌握书籍内页排版方式，熟练运用不同的版式风格样式。通过动手实际操作明确内页各个结构的设计方法。

模块四 MODULE 4

缺一不可——书籍材料、印刷与装订工艺

模块导入

随着科学技术的不断发展、人们审美的不断提高，对书籍的需求也变得多样化。书籍设计不仅要满足平面美感，还要满足工艺美感。书籍的工艺美感主要依托材料的选择和印刷工艺。独特的材料和精湛的工艺，是书籍设计之美不可或缺的因素。在书籍设计之初的策划方案中就要体现材料的选择和工艺的加持，并不是在后期印刷过程中才添加进去的。所以设计者要有全局观，在设计伊始就要全面而立体地对书籍整体设计做规划，只有将材料、印刷工艺纳入书籍的整体设计中，才能赋予书籍更强、更吸引人的艺术表现力。

学习目标

1. 知识目标

学习书籍设计不同材料的特点及应用；掌握书籍加工工艺的特殊效果；明确书籍不同装订工艺与书籍整体设计的关系；了解书籍整体设计、制作、出版的流程。

2. 能力目标

通过学习能选择适合的材料、工艺、装订方式完成书籍整体设计；会运用特殊材料、工艺、装订方式体现书籍美感；能够完成与出版社、印刷厂的对接。

3. 素养目标

培养学生善于发现、探索、欣赏身边事物美的能力；具有独立思考和探索精神；具备生态文明理念，合理运用材料，节约资源保护环境。

单元一 书籍材料选择与应用

材料作为一种强有力的设计语言，是书籍设计中不可替代的存在。材料本身具备质感、色彩、肌理等特质，在视觉和触觉上都能引起读者情感的变化，对书籍整体风格的表达起到了至关重要的作用。随着知识经济的不断发展，人们对于书籍设计的选材要求也进一步提升。不同材料的应用让书籍充满趣味性和艺术性。书籍材料不再局限于纸张，木料、皮革、织物甚至塑料都有可能出现在书籍结构中。合理地使用材料，能够使读者感到赏心悦目，增加读者阅读兴趣，同时提升书籍的品质。

由于各种材料自身的特点不同、审美特征和情感的表达也不同，传递的书籍内涵自然也各不相同。例如，轻薄的材料给人飘逸、浪漫之感；厚重的材料给人坚实、稳重之感；光滑的材料给人流畅之感；粗糙的材质给人古朴之感；柔软的材料让人感觉温暖，而坚硬的材质让人感到干脆、利落；透明的材质传递单纯之感；半透明的材质有朦胧的效果；不透明的材质则给人安全感（图 4-1）。

读者在进行书籍阅读时，除视觉感知外，还可以通过触摸材料感知书籍的质感。现代书籍设计甚至通过调动读者的视觉、触觉、嗅觉、听觉等多感官的综合作用，共同展现书籍的美。

图 4-1　自然古朴的纸张材料

我国古代对于书籍的材料选择非常重视。中国古代记录文字的载体有甲骨、青铜、竹木、棉帛等，到后来纸张的发明和印刷术的出现，使得纸成为书籍的主要载体，对于人类文明的传播起到了重要的作用。直到今天，纸张作为书籍的主要材料，它的主导地位仍然是不可取代的，是书籍设计中的重要组成部分。我国现代的书籍设计深受传统文化底蕴的影响，很多书籍在材料的使用上都别出心裁、古为今用，蕴涵着东方文化的意境（图 4-2）。

在书籍设计形式日趋多样化的今天，丰富多样的材质拓宽了书籍的表现空间，更有助于书籍主题的准确表达和整体效果的展示。书籍材质的选用是否恰当，对书籍的最终效果有显著影响。因此，在选用材质的时候，不仅仅要根据书籍的内容、形式、功能、主题风格等要求来决定，还要根据材质的特性来选择。每种材料都有其自身的特点，只有掌握了材料的性能特点，才能通过材料展现出书籍设计的内涵。

图 4-2　龙鳞装形式的现代书籍

一、纸张的不同类型

造纸术是我国古代四大发明之一。纸张的出现彻底改变了书籍的形态。纸张作为使用最广泛和普遍的书籍材料，有着不可替代的特性。纸张具有可压缩、可折叠性，便于印刷、装订又易于成型等特点；同时成本低、质量轻、携带方便也是纸张的优势。在书籍多样化的今天，纸张依然是书籍形态设计的主要材质（图 4-3）。

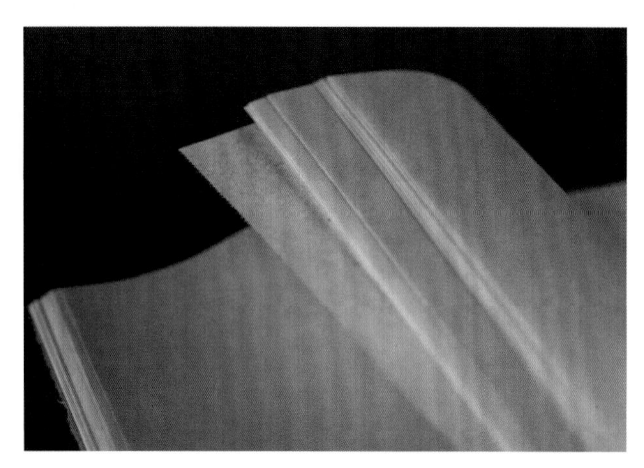

图 4-3　不同纸张呈现的效果

纸材的种类繁多，大致分为常用纸张和特种纸张两大类。由于纸材的色彩、光泽、质感、肌理不同，特性不同，设计效果也各有千秋。例如，常用纸一般应用在书籍的内页较多，也有用在平装书的封面；特种纸具有韧性好、颜色多样、肌理丰富等特性，所以主要应用在精装书的函套、护封、封面、环衬等处（图 4-4）。

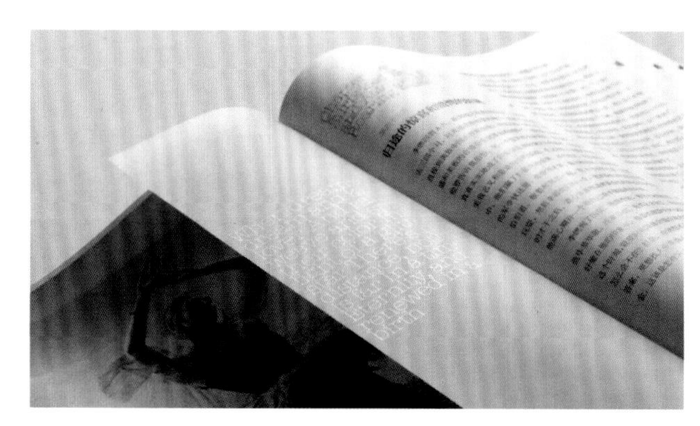

图 4-4　不同纸张装订印刷成书的效果

（一）纸张的特性

在选择纸张类型时要考虑到纸张的特性。纸张特性主要包括纸张平滑度、表面强度、颜色、白度、不透光度、纸重等。

1. 平滑度

平滑度是指纸张表面的平滑程度。平滑度对印刷有直接的影响，平滑度越高的纸张，可供较细致精密的印刷网点使用，生产的书籍品质越高。纸张平滑度越高，纸面与印版间的接触就越均匀和完整，印刷品的呈色效果也越好（图 4-5）。

图 4-5　不同平滑度的纸张纹理

2. 表面强度

表面强度是指纸张表面能承受油墨墨膜与印版之间分开时，对纸张表面所施加的垂直拔力，而纸张不致被剥皮或损坏表面的能力。表面强度越高的纸张可以承受油墨的压印越强，效果越好。

3. 颜色

纸张被看见的颜色，是纸张在拌浆过程中加入染剂呈现的效果。颜色的不同会影响油墨在纸张表面上的效果，同时产生心理差异。

4. 白度

白度也称光亮度，即白纸表面的光线反射量，是以百分比去表示反射的数率。工业界都会用这个数率为纸张划分等级，高数率的纸张为较高品质的成品。书籍的制作都会用较低光亮度的纸张，以避免眼睛受太多反射光线影响而容易疲倦。但一些宣传海报和杂志，都会使用高光亮度的纸张，因纸张的白度越高，越能准确表现油墨色彩，以突出图片的效果。

5. 不透光度

不透光度是指当印刷文字和图片在纸张的一面，而另一面也印有文字或图片时，它们不会发生透映现象。良好的纸张其不透光度高，制成的书籍使读者阅读时能集中在本页内容中，不致被背面隐约可见的内容影响。

6. 纸重

纸张都有厚薄之分，“厚”和“薄”这两个词只是形容词，纸张厚度具体的测量方法是按每平方米克数来计算，纸张使用的度量标准为 GSM，GSM 是国际纸度的重量单位，意思是克 / 平方米，用来测量纸张的厚度。纸张的厚度和重量是成正比的，GSM 越大，纸张越厚（图 4-6）。

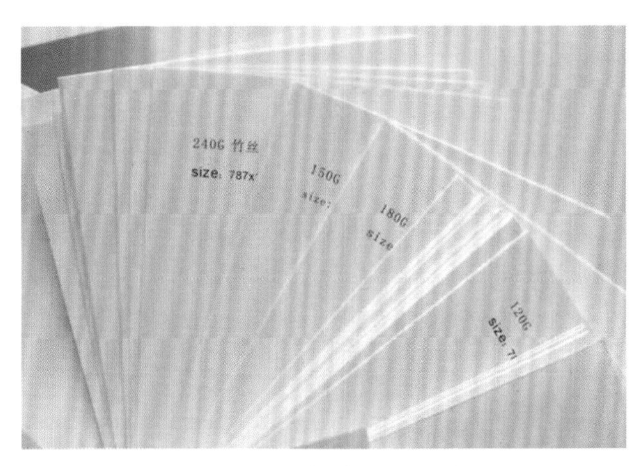

图 4-6　不同克数与白度的纸张

（二）纸张的类型

纸张类型不同，其特性不同，印刷效果也不同。只有了解不同类型的纸张特点，才能更好地将其应用在书籍的各个结构中，使之发挥相应的作用。

1. 常用纸张类型

书籍外部结构和内部结构最普遍用到的纸张类型如下。

（1）铜版纸。铜版纸又称涂布纸，是一种常用的高级印刷纸张。铜版纸是在原纸上涂布一层白色浆料，然后经过压光制成，有单面涂布和双面涂布之分（图 4-7）。

图 4-7　铜版纸印刷书籍的效果

铜版纸表面光滑，白度较高，厚薄一致，伸缩性小。纸质纤维分布均匀，有较强的抗水性和抗张性，对油墨的吸收性良好。铜版纸适用于画册、书籍封面、插图等对品质、色彩要求较高的书籍。铜版纸不耐折叠，一旦出现折痕，极难复原。

（2）哑粉纸。哑粉纸又称无光铜版纸。与铜版纸相比，其在日光下不易反光。用哑粉纸印刷的图案，虽没有铜版纸色彩鲜艳，但图案比铜版纸更细腻、更高档，印刷了颜色的地方也会跟铜版纸一样有反光度（图 4-8）。

哑粉纸适用于古画、国画等雅致、柔和的作品，但因其纹理疏松、墨色容易脱落，故不适用于大面积深色图形的印刷。

图 4-8　哑粉纸书籍印刷效果

（3）胶版纸。胶版纸旧称道林纸，是一种供印刷机使用的较高档的印刷用纸，有单面胶版纸和双面胶版纸之分。胶版纸适于印制单色或多色的书刊封面、正文、插页等，定量为 60 ～ 180 g/m^2。其中，双面胶版纸以 70 ～ 120 g/m^2 使用最广。单、双面胶版纸品号有特号、一号、二号三种。特号、一号双面胶版纸供印刷高级彩色胶印产品使用；二号双面胶版纸供印制一般彩色印件；单面胶版纸主要用于印刷张贴的宣传画、年画。

胶版纸伸缩性小，对油墨的吸收性均匀、平滑度好，质地紧密不透明，白度好，抗水性能强，应选用质量较好的油墨。油墨的黏度不宜过高，否则会出现脱粉、拉毛现象。还要防止背面黏脏，一般采用防脏剂、喷粉或夹衬纸（图 4-9）。

（4）新闻纸。新闻纸又称白报纸，包装形式也有卷筒与平版之分。新闻纸主要供印刷报纸、期刊使用。

图 4-9　卷筒胶版纸

新闻纸质地疏松，富于弹性、吸墨性好；纸张平滑，不起毛；有一定的机械强度。新闻纸适用于高速轮转机印刷。这种纸是以机械木浆（或其他化学浆）为原料生产的，含有大量的木质素和其他杂质，不宜长期存放。保存时间过长，纸张会发黄变脆，抗水性能差，印刷过程中存在纸张因吸水而发生伸缩变形所情况，对需要精密印刷的效果有较大影响（图 4-10）。

图 4-10　新闻纸印刷的报纸

（5）凸版纸。凸版纸是采用凸版印刷书籍、杂志的主要用纸，适用于重要著作、科技图书、学术刊物、大中专教材等正文用纸。凸版印刷纸主要供凸版印刷使用，可分为一号、二号、三号和四号四个级别。纸张的号数代表纸质的好坏程度，号数越大纸质越差。这种纸的特性与新闻纸相似，但又不完全相同（图 4-11）。

凸版纸质地均匀，不起毛，不易发黄变脆，略有弹性，机械强度较高。凸版纸的吸收性虽然不如新闻纸好，但具有吸墨均匀的特点，且抗水性、纸张白度均高于新闻纸。

（6）字典纸。字典纸是一种高级的薄型用纸，纸薄而强韧耐折，纸面洁白、细致，质地紧密、平滑，稍微透明，有一定的抗水性能。它主要适用于字典、词典等页码较多、使用率较高、便于携带的书籍（图 4-12）。

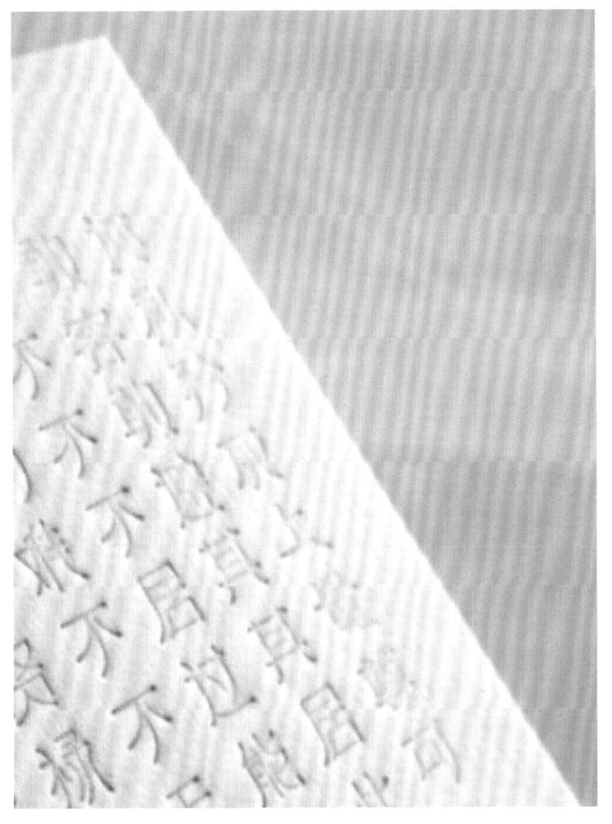

图 4-11　凸版纸印刷效果

图 4-12　字典纸印刷的词典

字典纸对印刷工艺中的压力和墨色有较高的要求，因此，在印刷时必须选择合适的工艺。

重量：25 ～ 40 g/m^2。

平版纸规格：787 mm × 1 092 mm。

（7）书皮纸。书皮纸主要供书刊作封面使用。书皮纸有多种颜色，如灰色、蓝色、米黄色等，以便适应印刷各种不同封面的需要（图 4-13）。

重量：80 g/m^2，100 g/m^2，120 g/m^2。

平版纸规格：690 mm × 960 mm，787 mm × 1 092 mm。

图 4-13　多种色彩的书皮纸

2. 特殊纸张类型

书籍外部结构和内部结构为突出设计感独特性而穿插使用的纸张类型如下。

（1）硫酸纸。硫酸纸又称制版硫酸转印纸，呈半透明状，纸页的气孔少，纸质坚韧、紧密，不变形、耐晒、耐高温，可以在其上进行上蜡、涂布、压花或起皱等加工工艺。在书籍设计中，硫酸纸因其半透明的性质，常被用作书籍的环衬、衬页或扉页，以烘托主题。硫酸纸对油墨的吸附性和色彩的再现能力较差，不适合大面积图形的印刷，但是在硫酸纸上少量印金、印银或印刷图文，往往会给人别具一格的感觉。定量为 45 ～ 75 g/m^2（图 4-14）。

图 4-14　硫酸纸印刷的内页

（2）拷贝纸。拷贝是英文 copy 的音译，意思是复写。拷贝纸主要用于印刷多联单，适用于复写、打字。由于拷贝纸呈半透明状，在书刊印刷中，主要起到保护书籍画像页中美术作品的作用，同时带有朦胧美感的装饰。定量为 17 ～ 20 g/m^2。

（3）压纹纸。压纹纸是专门生产的一种封面装饰用纸。纸的表面有一种不十分明显的花纹。颜色有灰色、绿色、米黄色和粉红色等，一般用来印刷单色封面。压纹纸性脆，装订时书脊容易断裂。印刷时纸张弯曲度较大，进纸困难，影响印刷效率。定量为 40 ～ 120 g/m^2（图 4-15）。

图 4-15　压纹纸制作的书籍封面

（4）牛皮纸。牛皮纸通常呈黄褐色，强度很高。半漂或全漂的牛皮纸浆呈淡褐色、奶油色或白色，有单光、双光、条纹、无纹等。多为卷筒纸，也有平版纸。牛皮纸呈棕黄色，具有结实、耐用、美观、环保的优点，常用于制作纸袋、信封等。在书籍设计中，牛皮纸可用作书袋或护封。牛皮纸具有很高的拉力，由于原色牛皮纸结构强度较大，从而具有较好的压凸、模切等加工性能。定量为 80 ～ 120 g/m^2（图 4-16）。

（5）毛边纸。毛边纸是中国古代劳动人民用竹纤维制成的淡黄纸。纸质细腻，薄而松软，呈淡黄色，没有抗水性能，托墨吸水性能好，适用于写字。毛边纸只宜单面印刷，主要供古装书籍设计使用（图 4-17）。

（6）纸板。纸板又称板纸，是由纸浆加工成的厚纸页。纸板与纸张的区别通常以定量和厚度来区分，一般将定量超过 250 g/m^2、厚度大于 0.5 mm 的称为纸板。纸板种类很多，书刊印刷所使用的纸板，主要用于制作精装书封面的压榨纸板，和制作精装书、画册封套用的封套压榨纸板。纸板均为平版纸，封面压榨纸板厚度一般分为 1 mm、1.5 mm、2 mm 三种。封套压榨纸板厚度有 1 mm、1.2 mm、1.4 mm、2 mm、2.5 mm、3 mm 六种。纸板也可用于制作系列书籍的函套（图 4-18）。

图 4-16　牛皮纸制作的书籍封面

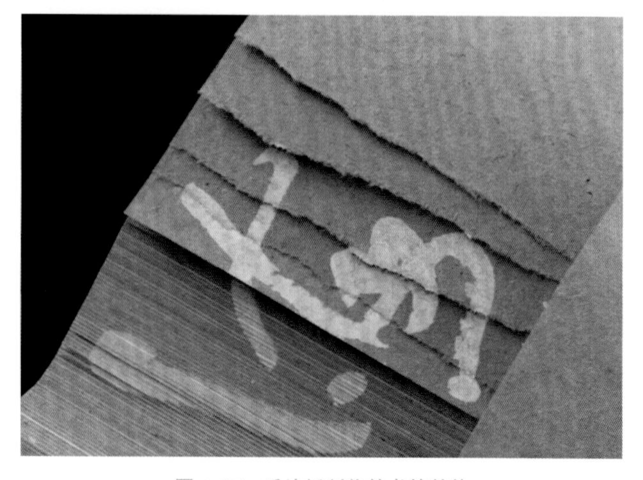

图 4-17　毛边纸制作的书籍整体

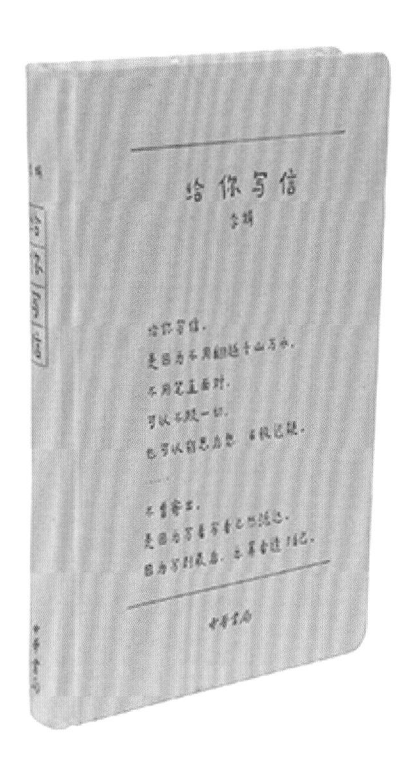

图 4-18 纸板制作的书籍封面

（三）纸张的选择

书籍设计中，纸张类型的选择影响着书籍设计的整体风格和表现的质感。书籍不同的结构应用的纸张类型也有所不同。选择合适的纸张作为书籍的载体，需要建立在对不同纸张的特性掌握的基础上，才能做出正确的选择（图 4-19）。

图 4-19 体现整体风格特点的纸张应用

1. 印刷效果

书籍印刷效果的好坏直接影响书籍给人的印象以及阅读的感受。书籍内容的良好呈现是纸张作为书籍材质的重要功能。首先要考虑书籍内容是以文字为主，还是图片居多。以文字为核心内容的书籍，从印刷文字的角度应选择双面比较平滑且纤维牢固，有一定机械强度，不容易起毛球，字迹印刷清晰的纸张，如胶版纸、凸版纸。以图形为主的书籍纸张选择，可以考虑对油墨吸收效果好，能够真实呈现出色彩的纸张类型，这样印刷出的图片效果能够给人带来真实、震撼之感，如铜版纸、哑粉纸等。

2. 纸张克重

不同克重的纸张有不同的特性，设计时应根据不同用途来选择。例如，教科书、小说等以文字为主的书籍内页一般用 60 ～ 100 g/m^2 的胶版纸；扉页常用 120 g/m^2 左右的纸张；128 g/m^2、157 g/m^2 的铜版纸用来印制彩色图片，一些高档画册则用 200 g/m^2 以上的铜版纸作为封面或护封。

3. 质感展示

读者在翻阅书籍时，必然会接触书籍纸张。不同纸张的质感会传递给读者不一样的情感感受。粗糙的、细腻的、柔软的、坚硬的、轻薄的、厚重的、带有肌理的，这些触感的展示都反映着书籍的内在精神。在书籍纸张选择时要充分考虑纸张质感和书籍主题内涵的联系（图 4-20、图 4-21）。

图 4-20 粗糙质感的纸张

图 4-21　轻柔薄透质感的纸张

二、特殊材质的应用

随着人们对书籍审美的不断提高，单一的纸张材料已经不能满足人们的需求，新材料的出现和加持是书籍设计发展的必然结果。丰富多样的材料拓宽了书籍的表现空间，更有助于书籍主题的准确表达和整体效果的展示。准确、恰当的材料应用给书籍设计锦上添花，也能更好地表现书籍的内在情感，使书籍产生更完美的艺术效果（图 4-22）。

图 4-22　特殊材料在书籍整体上的应用

中国古代书籍在纸张出现之前已经对很多特殊材料进行了应用，在文字载体的使用上有着悠久的历史。战国时期青铜铭文的撰写；简策时期的竹、木材料；帛书的丝织品应用等都汇集了中国悠久历史文化的智慧结晶。现代书籍设计中的特殊材料应用依然可以借鉴古人的使用方式，为现代书籍设计注入历史文化气息。

（一）特殊材料类型

1. 纤维织物

纤维织物包括棉、麻、丝、毛、竹纤维、人造纤维等。设计者可根据书籍内容的不同选择能够代表书籍的合适的织物。不同织物给人的质感不同，情感表现也不同。麻布粗糙，给人粗犷、大气之感；丝绸细腻、丝滑，给人精致、昂贵之感；毛线蓬松厚实，给人温暖、亲切之感。相比纸张，纤维织物的价格要昂贵得多，因而多在高档精装书中使用。纤维织物具有不同于纸张的特殊质感和比纸张更强的耐弯折、耐受力性。其一般作为书籍的包面材料。

还有很多书籍封面直接采用现成的衣物材质织物，如牛仔、网纱等，特殊的织物纹理都能给设计者提供灵感源泉（图 4-23）。

图 4-23　函套、封面采用蓝色粗布

2. 皮革

皮革作为封面设计的材料之一，相对来说价格较高，且加工困难。通常是数量很少且需要珍藏的精美版本，才使用这种昂贵的材料。各种皮革都有它技术加工和艺术上的特点，在使用时要注意各种皮革的不同特性。猪皮的皮纹比较粗糙，以体现粗犷有力的文学语言见长；羊皮较为柔软细腻，但易磨损；牛皮质地坚硬，韧性好，但加工较为困难，适用于大开本的设计。优质的皮革，由于其美观的皮纹和色泽，以及烫印后明显的凹凸对比，使它在各种封面材质中显得出类拔萃（图 4-24）。

（a）

（b）

图 4-24　皮革函套

（a）示意一；（b）示意二

市面上也有合成皮革，价格相对较低，加工方便，也被广泛应用到书籍的封面中。

3. 木质材料

竹、木作为木质材料，曾经是中国早期书籍最主要的材料。木质材料材质好、硬度高、韧性强，在现代书籍中被用作书籍、书匣、书籍函套的制作材料，从而用来保护书籍与收藏书籍。同时，木质材料材质有着天然的纹理、自然的色泽、古朴的风格，能够表达人与自然的亲和力，传达与自然贴合的设计理念，有着极强的艺术表现力。中国五千年文化，从有文字记载的出现，大部分采用了木质竹质载体，所以在书籍的文化底蕴和整体的档次上，木质材料有超强的表现力（图 4-25）。

4. 塑料

塑料又称 PVC，具有弹性好、抗压、抗冲击、抗弯曲、耐折叠、耐摩擦、防潮、轻便、透明性好、表面光泽好、价格相对较低等特点。因此，塑料常用来作为书籍护封或函套的材料。塑料的外观可变性大，在高温熔化下可形成各种各样的形态，光滑的肌理感、透明的色彩效果和工艺的方便性，都是塑料材质的优势。塑料具有很强的装饰性及现代感，为了提升书籍形态的整体性和艺术性，经常将塑料作为书籍封面的材料，给人细致、理性、安稳的心理感觉。塑料可利用多种工艺手段在表面做出极具变化的艺术效果（图 4-26）。

图 4-25　木质函套及书壳

图 4-26　塑料材质函套

5. 金属材料

金属材料是质感光滑、具有光泽的材料，有一定的延展性。金属材料一般分为黑色金属和有色金属。金属材料作为一种书籍设计的特殊材料，相较于其他绝大多数材料来说硬度高，抗冲击力强，但大面积使用会使得书籍的重量增加，不适合读者长时间拿在手中翻阅。金属材质具有很强的现代感与设计感，通过工艺的加持后运用到书籍中可以增加整本书籍的科技感（图 4-27）。

图 4-27 金属材料书壳

（二）材料的选择

书籍设计材料要根据书籍不同的主题与需求来选择，比如：具有古典韵味的书籍，可以选用木质、布料、竹片或皮革作为封面的材料；具有现代设计感的书籍可以选择塑料、金属等类型的材料。现代书籍设计风格的美很大一部分来源于不同类型材料的应用。正确地选择材料和合理地利用材料特性，是书籍魅力形成地一个重要组成部分，可以说材料在前期设计中的全面思考应用是书籍设计过程中必不可少的重要环节。

如果让人有自然亲切的感觉，使用藤蔓和竹条的材质是一个不错的选择。这种充满了自然气息的材质，既让读者在视觉和触觉上体验了古时人们的生活样貌，也带给更多的人一份返璞归真的生活态度。布料作为书籍装帧材料的一种，在一定程度上也弥补了木材与竹材质地相对坚硬、缺乏柔软与细腻感等的缺点，布料在自然之中更具亲肤感与细腻感。一些特有的布料可以直接用在封面处，给人日常、亲切、柔软之感。

在当代书籍设计中，有许多令人意想不到的材料应用在书籍中。这些材料最初并不是为书籍设计准备的，其就是生活中普普通通的东西，但在书籍设计师敏锐的洞察力下，化平凡为神奇，甚至变废为宝，把不可能的材料应用到书籍中去。稀有材料的使用可使书籍显得珍贵、高雅，日常生活中常见材料的使用则可以拉近书籍与读者的距离，显得更加亲切。书籍设计新材料的探索与发现，实际上既是一个继承的过程，也是一个创新的过程（图 4-28 ～图 4-30）。

图 4-28 特殊材料书壳（1）

图 4-29 特殊材料书壳（2）

图 4-30 仿古代简策形式的函套

单元二　书籍的印刷工艺

书籍的最终物化成形需要通过印刷工艺来完成。印刷工艺是将编排过的原稿图文制成印版，通过合理的工艺将图文转移到指定承印物上的过程，其实就是大量的复制过程。从书籍企划立案到印刷品的完成，必须经过多道工序，结合无数专业技术人员才能完成。如策划人员、设计人员、校对人员、拼版技师、印刷技师、装订技师等，缺少任何一个环节都无法顺利完成印刷品。

一般来说，印刷工艺包括印前、印中和印后三个过程。印前是指印刷前期的工作，一般包括设计、制作、排版、出片等；印中是指印刷中期的工作，通过印刷机印刷出半成品的过程；印后是指印刷后期的工作，一般是指印刷品的后期加工，包括折页、覆膜、模切、上光、烫金等。

印刷方法有多种，方法不同，操作也不同，印成的效果亦各异。传统使用的印刷方法主要可分为胶版印刷、凸版印刷、凹版印刷及丝网印刷四大类。

一、印前工艺

随着计算机技术、激光照排技术等在印前工艺中的广泛应用，印前技术发生了翻天覆地的变化。其基本趋势是工艺流程的高效化和一体化。印前工艺主要包括图像处理、拼版、打样、打印输出等。

（一）图文处理

1. 原稿扫描

原稿扫描是印前工艺的开端，常用的印前数字化设备有专业扫描仪、数码相机和数字摄像机等，其任务是利用激光扫描、光电转换等技术将原稿上的图像及色彩信息转换为数字信号，再以电子文件的方式存储在计算机中用于印前排版。

2. 原稿图文处理制作

原稿图文处理是指在完成原稿图像扫描处理后，依照客户提供的文本信息及要求确定设计构思，并对图文版式进行编排、调整或变形等处理。数字图文处理制作以 Photoshop 图像处理软件和 Illustrator 图形处理软件为主。排版软件可以使用 InDesign，这是一种专门用于排版操作的软件。排版软件可将之前录入保存的文字信息以及图形和图像直接在其中进行混排，从而得到想要的效果。

（1）封面排版（图 4-31）。封面的构成较为简单，主要是由正封面、封底和书脊组成。有部分书刊还有正封面和封底切口边缘 50 ～ 100 mm 宽度的勒口。在整个书刊封面的制作过程中，计算书脊厚度非常重要，如果不计算，封面大小无法设置，也不能很好地完成印刷。封面的高度与开本的高度是一样的。封面的宽度需要把正封、书脊和封底相加。在进行封面制作时还需要注意印刷规格，在成品尺寸的基础上再加上出血。

图 4-31　封面排版

（2）内页排版（图 4-32）。版心是图书版面上负责承载图书内容的部分。其是版面构成要素之一，是版面内容的主体。人们看书的时候总是看到双面的，在图书正文用字确定后，可以根据既定的图书开本计算出版心规格。

书籍内页排版是跨页形式制作，跨页是将图文放大并横跨两个版面以上，以水平排列方式使整个版面看起来更加宽阔。排版时应该根据印刷版面要求进行版面设计。如一例书册的印制，制作时需要注意开本的大小，排版的形式（横排或竖排），正文的字体字号，每页的行数及每行的字数，字与字及行与行之间的空隙，页面的栏数及每栏的字数，栏与栏之间的间距，页码及页码的摆放位置，页眉、页脚的位置及大小等。

（3）出血位。出血位是指任何超过书籍裁切线或进入书槽的图像，图像边缘正好与纸张边缘重合的版面所需要的工艺处理。其作用主要是保护成品。出血位的标准尺寸为 3 mm。就是沿实际尺寸加大 3 mm 的边。这种“边”按尺寸内颜色的自然扩大最为理想。

(a)

(b)

图 4-32 内页排版
(a) 示意一；(b) 示意二

(二) 拼版

为了适合上机印刷，书籍并不是单页输出，而是整版印刷的。拼版是把已经完成的图文稿依照页数、纸张尺寸、装订方式、插页处理方式、印刷方式等要求，与众多单版组成一个印刷大版的作业过程。拼版时，可用计算机自动拼版，也可请菲林输出公司进行拼版，还可送印刷厂进行手工拼版。拼版是进行图文混排的重要过程。拼版的规范化、标准化是保证印刷质量的有效手段。拼版时要考虑单页纸的组合排版方向，尤其是异形开本，怎样能合理安排纸张，尽量减少浪费节约成本，是需要仔细思考的。

(三) 打样

打样是指将根据拼组的图文信息复制出校样的加工过程。为了能看到最终的成品效果，排除电脑屏幕和彩喷稿的误差，需在出菲林后，用印刷的传统工艺打印一份油墨稿。打样的目的是确认印刷生产过程中的设置、处理和操作是否正确，为客户提供最终印刷品的样品。打样既可为客户提供审稿校样，又可作为上机印刷墨色、确定纸张和规格等的依据（图 4-33）。

(四) 打印输出

打印输出是指在印前图文信息处理完、进行打样定稿后，需要将这些信息记录在某种介质上，以达到输出印刷的目的。常用的打印输出方式有打印机输出、激光照排机输出、计算机直接制版机输出和计算机直接在印刷机上输出等。

图 4-33 打样后进行校对修改

二、印刷工艺

(一) 印刷方式与油墨

1. 印刷方式

（1）平版印刷。平版印刷即胶印，是将印版上的图文墨层转移到橡皮滚筒上，再利用橡皮滚筒与压印滚筒之间的压力将图文墨层移到承印物上，完成一次印刷。其印版上的图文部分和空白部分几乎处在同一个平面上。图文从印版转移到承印物（纸张等）上，中间经过一个橡皮滚筒，所以平版印刷属于间接印刷，因为最后转移到承印物上的是橡皮滚筒上的图文，橡皮滚筒又称胶皮滚筒，所以平版印刷又称胶印。

1）印刷原理。印刷过程是利用水墨不相溶的原理，印版滚筒上先上水润湿印版，再上油墨，由于空白部分亲水憎墨，图文部分着墨拒水，这样就使得空白部分全部被水润湿，再上油墨时，只有图文部分沾上油墨，不会使得空白部分被油墨弄脏（图 4-34）。

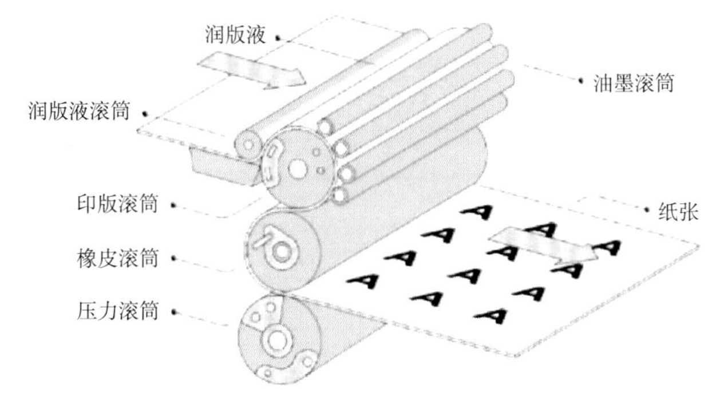

图 4-34　平版印刷原理示意

2）印刷特点。平版印刷制版简单，版材轻而且价低，可拼制成大版，因而在大幅面印品（如地图、彩色图画、年画、招贴等）中有很好的应用。平版印刷还具有拼版容易、制版迅速、印刷速度较快的特点，因而被广泛应用于书刊、报纸、海报等长版活的印刷中。目前随着计算机直接制版技术的发展，平版印刷的制版工序更加快捷，减少了激光照排出片的工序。平版印刷更加占据主导地位。

平版印刷品的墨层厚度有限，故印品的色调再现性不够，颜色不够深。一般印出的印品墨迹均匀，平淡不实，图文部分有时会有点状等露白现象，无起凸或溢墨现象，纸张上无印版压痕。有时由于印版有瑕疵或背面蹭脏的原因，空白处常有点状油墨脏点。

（2）凸版印刷。凸版印刷是一种重要的印刷方式。凸版又称铅字，是一种高度制造的印刷版。其由铅、锡、锌、铜等金属制成，表面通过镀镍、镀铬等方法进行处理，具有高硬度、高精度和耐磨性的特点。凸版的制作需要通过重复的凿刻和组合，形成一整个文字、图案等的镶框，然后填上油墨后于纸张上进行印刷。

1）印刷原理。凸版印刷的原理比较简单，其就像盖章一样，有文字与图像的部分向上凸起，没有图像的部分凹进，凸版印刷的图文均为阳图反像，其图文部分与空白部分不在一个平面。在印刷过程中，凸版先被涂上油墨，然后通过轮轴的滚动在印刷版与纸张之间印刷，油墨随着凸版上的文字或图案被印刷到纸张上，并形成固定的图形或文字（图 4-35）。

2）印刷特点。由于印刷时的压力较大，所以印刷轮廓清晰、笔触有力、墨色鲜艳，对承印物的材料要求较低，一些特殊印刷工艺，如烫金、烫银、凹凸压印等，一般也采用凸版印刷。在书籍和杂志印刷中，凸版印刷被广泛应用。凸版印刷可以印刷出非常细腻的文字和图案，使得书籍和杂志的质量得到了很大的提高。但凸版印刷的制版比较难，上色时油墨的均匀度也难以把握。而且随着印刷次数的增加，版面也会不断磨损，使印刷数量受到很大的限制。

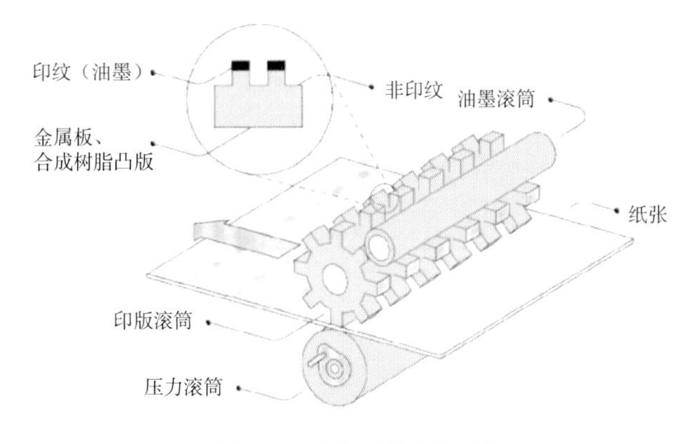

图 4-35　凸版印刷原理示意

（3）凹版印刷。凹版印刷是使整个印版表面涂满油墨，然后用特制的刮墨机构，把空白部分的油墨去除干净，使油墨只存留在图文部分的网穴之中，再在较大的压力作用下，将油墨转移到承印物表面，获得印刷品。凹版印刷与凸版印刷相反，其版面上的图文部分低于印刷平面，以印版表面凹下的深浅来呈现原稿上晕染多变的浓淡层次。

1）印刷原理。凹版印刷的印版，印刷部分低于空白部分，而凹陷程度又随图像的层次有不同深浅，图像层次越暗，其深度越深，空白部分则在同一平面上，印刷时，全版面涂布油墨后，用刮墨机械刮去平面上（即空白部分）的油墨，使油墨只保留在版面低凹的印刷部分，再在版面上放置吸墨力强的承印物，施以较大的压力，使版面上印刷部分的油墨转移到承印物上，获得印刷品。填入的油墨量多，压印后承印物面上留下的墨层就厚；图文部分凹下的浅，所容纳的油墨量少，压印后在承印物面上留下的墨层就薄。印版墨量的多少和原稿图文的明暗层次相对应（图 4-36）。

2）印刷特点。印品墨色厚实、色彩丰富、清晰明快、反差适度、形象逼真、产品规格多样。印刷机结构简单，印版耐印力高，大批量印刷时成本较低。

凹版印刷与凸版印刷相比，其印版耐印率高、印制品质量稳定，其印制品墨层厚实、饱满、清晰，没有凸版印刷那种明显的压痕。钱币、邮票、有价证券等均采用凹版印刷，凹版印刷也适用于塑料膜、丝绸、皮革材料、金属箔等承印物的印刷。

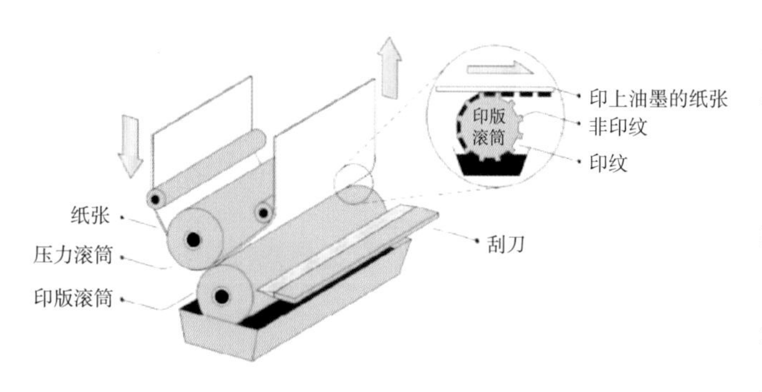

图 4-36　凹版印刷原理示意

（4）丝网印刷。丝网印刷又称丝印、网印，是一种被广泛应用的孔版印刷方式。其印版上有网框和带图文漏孔、紧绷在网框上的丝网，油墨通过丝网上的图文漏孔漏印到承印物上。丝网印刷由丝网、刮刀、墨水、印刷台和承印物五大要素组成。

1）印刷原理。丝网印刷是一种网纱和模板结合的印刷技术。印刷时，印刷模板与丝网放在同一平面上。丝网上方覆盖着油墨，在压力的作用下，刮板将油墨从图形部分的网孔挤压到基板上。由于墨水的黏性作用，印记被固定在承印物上，形成图案或文字。在油墨形成的过程中，通过丝网的开口让油墨自然渗出，这个过程叫作渗透或传递（图 4-37）。

图 4-37　人工操作的丝网印刷

2）印刷特点。丝网印刷适用性强。由于印版采用丝网制作，柔软而富有弹性，所以书籍的材料无论为平面还是曲面、硬或软、大或小都能进行印刷。此外，丝印因压力小而适合印刷易碎、易变形的承印物。丝网印刷可印刷金属、玻璃、布料、纸张等多种不同形态的材料。

丝网印刷的图像效果清晰、细腻、品质高，并且丝网印刷墨层厚且遮盖力强，这是其他印刷方法无法比拟的。丝网印刷印制的效果会有一定立体感。

丝网印刷不受机器制约，纸张大小可以调整，所以丝网印刷可以印刷大幅面作品。在印刷面积方面，一般胶印、凸印等方法因受机械设备的限制而远远比不上丝印。丝印幅面可达 3 m × 4 m 或更大。

总之，丝网印刷适用范围广泛、全色彩、印刷质量较好。同时，丝网印刷还可手工操作，也可通过很先进的丝印设备印刷，其印刷颜色鲜艳，经久不变，可在各种纸张、玻璃、木板、金属、陶瓷、塑料或织物上印刷。但它也存在一些缺点，如印刷附加成本较高，如果需要印刷的材料的形状不规则，则可能需要耗费较长时间，丝网也易损坏。

（5）数字印刷。数字印刷也称为数码印刷，是指由数字信息生成逐面可变的图文影像，借助成像装置，直接在承印物上成像的过程，并将呈色及辅助物质间接传递至承印物而形成印刷品的印刷方式。它通常将各种图文信息输入计算机中进行处理，然后使其直接通过光纤网络传输到数字印刷机上进行印刷（图 4-38）。

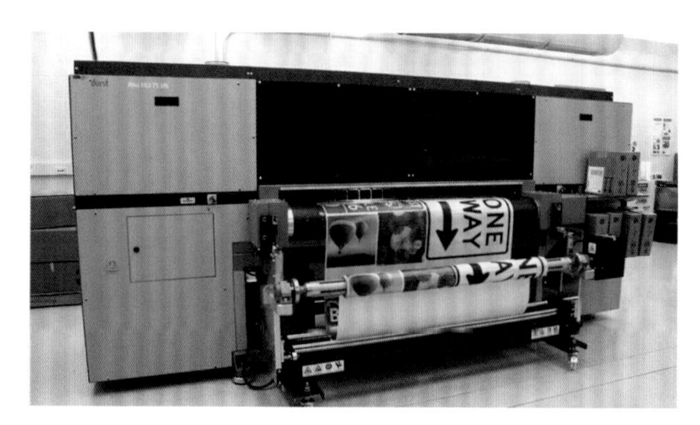

图 4-38　数字印刷的大型印刷机

数字印刷灵活，输出速度快，印刷周期短，可以随意改版，印刷装置小，操作控制方便，容易实现自动化操作。数字印刷能够直接从印前系统的数据库中读取可变数据，在连续页面上产生版式、内容、尺寸等不同的印张，实现个性化印刷或按需印刷。

2. 印刷油墨

油墨是由有色体（如颜料、染料等）、连结料、填料、附加料等物质组成的均匀混合物，其能进行印刷，并在被印刷体上干燥，是有颜色和一定流动度的浆状胶粘体。印刷油墨的种类很多，物理性质也不一样，有的很稠、很黏；而有的却很稀。性质不同使用方法和效果也不同。印刷油墨的选择是根据印刷的承印物、印刷方法、印刷材料的不同来决定的。

（1）印刷油墨组成。印刷油墨主要由有色体（颜料、染料等）、连接料、填料、附加料组成。

1）有色体。有色体在油墨中起着显色作用，包括颜料和染料等。颜料能给油墨以不同的颜色和色浓度，并使油墨具有一定的黏稠度和干燥性，常用的是偶氮系、酞菁系颜料，它对油墨的一些特性有直接的影响。颜料根据其来源与化学组成，可分为有机颜料和无机颜料两大类。

2）连接料。连接料是油墨的主要组成成分，起着给予油墨以适当的黏性、流动性和转印性能，以及印刷后通过成膜使颜料固着于印刷品表面的作用。连接料俗称调墨油。连接料由少量天然树脂、合成树脂、纤维素、橡胶衍生物等溶于干性油或溶剂中制得，它有一定的流动性，使油墨在印刷后形成均匀的薄层，干燥后形成有一定强度的膜层，并对颜料起保护作用，使其难以脱落。所以油墨的质量好坏，除与颜料有关外，主要取决于连接料。

3）填料。填料是白色、透明、半透明或不透明的粉状物质。主要起充填作用，充填颜料部分，适当采用一些填料，既可减少颜料用量，降低成本，又可调节油墨的性质，如稀稠、流动性等，还能提高配方设计的灵活性。

4）附加料。附加料是在油墨制造以及印刷使用中，为改善油墨本身的性能而附加的一些材料。按基本组成配制的油墨，在某些特性方面仍不能满足要求，或者由于条件的变化，而不能满足印刷使用上的要求时，必须加入少量辅助材料来解决，如调整油墨的印刷适性、干燥性，提高印刷效果等。附加料有干燥剂、防干燥剂、冲淡剂、增滑剂、增塑剂等。

（2）印刷油墨特性。油墨的性能与纸张一样直接影响书籍的质量，适时对其进行相应的调整对提高生产效率和产品质量有明显的改善作用，油墨的特性有密度、细度、黏稠度、干燥性、着色力、透明度、光泽度、耐光性等（图 4-39）。

图 4-39　油墨显色效果好的儿童书籍

1）密度。油墨密度是指 20 ℃时，单位体积油墨的质量。在相同的印刷条件下，密度大的油墨用量大于密度小的油墨。油墨的密度过大，容易形成堵版现象。同时，密度大的油墨与密度小的油墨进行混合使用时，容易产生墨色分层现象。

2）细度。细度是指油墨中颜料、填充料等固体粉末在连结料中分散的程度，又称分散度。细度不好的油墨在印刷过程中容易产生传墨和布墨不均、积墨糊版、磨损印版、呈色效果不好等质量问题。油墨细度好其浓度相对也较大，印刷也较清晰。

3）黏稠度。黏稠度是指阻止流体物质流动的一种性质，是流体分子间相互作用而产生阻碍分子间相对运动能力的量度，即流体流动的阻力。若油墨黏度过大，印刷过程中油墨的转移不易均匀，容易造成印张粘脏，传墨、布墨不均，拉脱纸毛纸粉，使版面起糊或发花。

4）干燥性。油墨应具有良好的干燥性能，油墨干燥过快或过慢都会对印刷过程的控制及印刷质量造成影响。若油墨干燥性过慢，印刷品在堆积的过程中容易造成背面粘脏，严重时会出现粘连现象；印迹无光泽甚至粉化。若油墨干燥过快，在印刷过程中油墨的流动性就难以控制，从而导致墨辊堆墨、传墨困难，墨色前后不一致，纸张脱粉掉毛，墨膜晶化等故障，还会破坏墨辊表面性能。

5）着色力。油墨着色力的大小决定油墨色彩鲜艳程度。当油墨着色力大时，印刷色相就偏深；反之，印刷色相就偏浅。着色力大的油墨在印刷中所耗费的油墨量相对较少，墨色质量也较好；反之，着色力小的油墨在印刷时所用的墨量相对较多，墨色也相对较清淡。

6）透明度。透明度是指油墨对入射光线产生折射（透射）的程度。油墨的这种性能又称为遮盖力。油墨的透明度低，不能使底色完全显现时，便会在一定程度上将底色遮盖。油墨的透明度与遮盖力成反比关系，透明度用油墨完全遮盖某种底色时厚度越大，表明油墨的透明度越好、遮盖力越低。

7）光泽度。光泽度是指印刷品表面的油墨干燥后，在光线照射下，向同一个方向集中反射光线的能力。光泽度高的油墨在印刷品上表现为亮度大。

8）耐光性。油墨在光线的作用下，其色光相对变动的性能称为油墨的耐光性。实际上，绝对不改变颜色的油墨是没有的，在光线的作用下，任何油墨的颜色或多或少都将产生变化。耐光性好的油墨，印出的产品色泽鲜艳，版面上的网点饱满结实，富有立体感，并可长期保存。而耐光性差的油墨，印出的墨色容易产生褪色和变色现象。

纸张、印刷和油墨的性能多种多样，它们都在一定程度上影响着印刷产品的质量。了解和认识它们的性质，有助于避免印刷工艺操作的盲目性，防止印刷过程中故障的发生，使印刷效率和质量得到同步提高（图 4-40）。

图 4-40　油墨印刷的质感

（二）印刷技术

现如今，书籍的图文排版都是通过计算机软件进行制作的。但书籍最终是通过印刷工艺物化成形。这就需要考虑：计算机屏幕上显示的色彩、字体、排版形式等能否制出印版，印刷出成品；打印出的书籍是否和屏幕上呈现的一致；两者之间的转换会不会有差异等。仅仅掌握书籍排版的知识和熟练的图形软件操作技能是不够的，还应当清楚印刷过程中与之相关的常识，在此基础上才能得到正确设色和分色、字体和版式，用于制版并印刷成书（图 4-41）。

图 4-41　书籍发展的多样化离不开科技的进步

计算机显示器上看到的颜色是 RGB 色彩模式。数码相机、扫描仪和大多数桌面打印机产生的颜色都是RGB 模式。RGB 色彩模式是一种颜色标准，是通过对红（R）、绿（G）、蓝（B）三个颜色通道的变化，以及它们相互之间的叠加来得到各种各样的颜色。屏幕上的任何一个颜色都是由一组 RGB 值来记录和表达的。RGB 的色彩几乎包括了人类视力所能感知的所有颜色，是运用最广的颜色系统之一。

而在印刷过程中使用的颜色是 CMYK 色彩模式。RGB 和 CMYK 是完全不同的成色原理，因此，如果打算使用 CMYK 四色印刷打印书籍，就不要用 RGB 颜色模式来设计图稿文件。在计算机排版、制作之前就需要把颜色转换成 CMYK 色彩模式。如果是 RGB 文件，在设计完成之后，输出前再转换成 CMYK 色彩模式，则会有很大色差。

采用 CMYK 色彩模式的印刷称为四色印刷，除此之外还有专色印刷。

1. 四色印刷

四色印刷是指运用青（C）、品红（M）、黄（Y）和黑（BK）四种颜色的可控叠印，再现原图像的印刷方式。它是传统的印刷方式之一，也是最常用的一种。四色印刷相对于其他印刷方式，不需要制作多个颜色版，因而生产成本相对较低。基于色彩分离和叠色的技术，四色印刷可以制作出高品质的色彩复杂图像，颜色还原效果很好。并且四色印刷可以用在多种书籍的材料上。也可使用高速印刷机，生产效率非常高，适合大规模印刷生产。四色印刷可以应用于书刊、杂志、画册、广告、海报等各种印刷品的制作。

但由于受到色料和生产工艺的限制，四色印刷使用 CMYK 模式，印刷显色的光谱曲线与理想颜色光谱曲线有较大差距。油墨叠印的二次色 CM、CY、MY 显色效果，特别是蓝色和绿色，与理想颜色差距更大。CMYK 值在 0 ～ 100 范围内，只有 101 个级别，一共只有 C、M、Y 三个颜色，再加特别的 K，所以在理论中，CMYK 的颜色一共是 101^3+101=1 030 402 种。而 RGB 色彩模式值在 0 ～ 255 范围内，也就是说有 256 个级别，一共有 R、G、B 三个颜色，所以在理论中，RGB 的颜色一共是 256^3=16 777 216 种。16 777 216 跟 1 030 402 相差 16 倍之多。所以，CMYK 模式很难达到计算机屏幕呈现的效果。

虽然四色印刷存在一些缺点，但总的来说四色印刷仍然是一种高效、低成本且质量稳定的印刷方法。在实践中，人们也会尽力弥补这些缺陷，创造出更为优秀的书籍产品。

2. 专色印刷

专色印刷是指采用青、品红、黄、黑四色以外的其他颜色油墨来复制原稿的印刷工艺。专色是专门的油墨，是单一色，没有混合、渐变，所以，图案颜色放大观看也是没有任何变化的实色。专色印刷所调配出的油墨是按照色料减色法来混合获得颜色的，其颜色明度较低，饱和度较高。由于专色印刷不是靠 CMYK 四色合成出来的，是预先配制好的，因此，使用专色可以使颜色更准确，一般用于印刷大面积单一颜色。同一印刷品中可使用多种专色（图 4-42）。

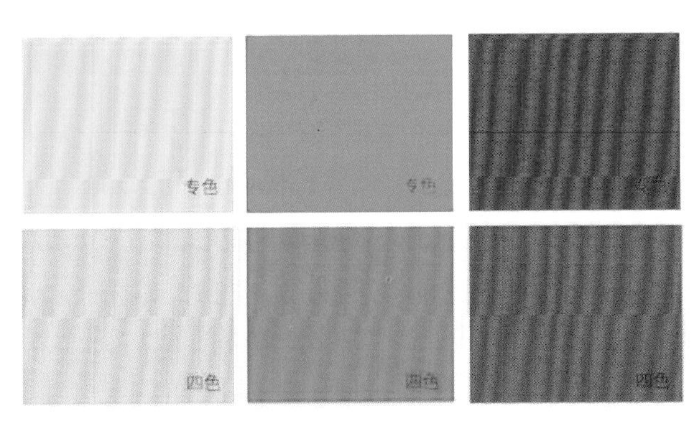

图 4-42 专色与 CMYK 四色呈色效果的不同

专色印刷的每一种专色都有其本身固定的色相，所以它能够保证印刷中颜色的准确。专色油墨是一种覆盖性质的油墨，它是不透明的，可以进行覆盖。并且专色色域更宽，超过了 RGB 的表现色域。所以，有很大一部分颜色是用 CMYK 四色印刷油墨无法复制的。

目前的彩色印刷，绝大多数是采用 CMYK 四色油墨印刷。CMYK 四色印刷适合颜色复杂的印刷，如照片、图片等。但在书籍封面上为了达到某种特殊的效果，常采用专色印刷。CMYK 四色印刷油墨的色域与可见光色域相比有明显不足。在计算机上设计出来的效果，在印刷品上却常常不能体现，故要使用专色油墨来印刷指定的色相，如金属色（金、银色）、高亮色、荧光色、珍珠色等。在颜色少的情况下用专色印刷能节省印刷工序和成本，如印刷大面积底色。有时一个产品也可同时使用四色印刷和专色印刷。

3. 四色印刷和专色印刷的应用

（1）什么内容需要采用四色印刷？用摄影方式拍摄的反映自然界丰富多彩的色彩变化的照片；画家绘制的色彩斑斓、笔触丰富的美术作品。出于工艺上的要求或是出于经济效益上的考虑，必须经过电子分色机或是彩色桌面系统扫描分色，然后采用四色印刷工艺来复制完成。

（2）什么样的产品会用到专色印刷？大面积色块需要采用专色印刷，因为能够减少套印次数。既能节省印刷成本，又能节省印前制作的费用。例如，书籍封面、画册的封面经常由不同颜色的均匀色块或有规律的渐变色块和文字来组成，这些色块可以调配专色墨，然后在同一色块处只印某一种专色墨。

如果某个产品的画面中既有彩色层次画面，又有大面积底色，则彩色层次画面部分就可以采用四色印刷，而大面积底色可以采用专色印刷。这样做的好处是：四色印刷部分通过控制实地密度可使画面色彩得到正确还原，底色部分可以获得墨色均匀厚实的实地效果。

（3）四色印刷与专色印刷视觉效果有何不同？专色印刷颜色明度较低，饱和度较高；墨色均匀的专色块通常采用实地印刷，要适当地加大墨量，当版面墨层厚度较大时，墨层厚度的改变对色彩变化的灵敏程度会降低，所以更容易得到墨色均匀、厚实的印刷效果（图 4-43）。

图 4-43 专色与四色不同内容的印刷

三、印后工艺

为了增加书籍设计感和美观度，会在书籍印刷之后对其进行再加工，以获得更炫酷的视觉效果。这一系列的加工工艺，会营造出不同的视觉和触觉的提升，能够增加书籍作品创意的艺术价值，使其作品在质感上产生鲜明的对比效果，更加富有表现力和独特的个性。

1. 覆膜

覆膜是指以透明塑料薄膜通过热压覆贴到印刷品表面，形成薄膜，起到保护印品及增加光泽的作用。覆膜材料包括亮光膜、亚光膜、镭射膜等，通常采用油性覆膜、水性覆膜、干式覆膜等生产方式加工，是目前应用最广泛的全面整饰工艺，被广泛用于书刊的封面进行表面装帧及保护。覆膜可以使书刊封面的色彩更加鲜艳夺目，增加封面的耐磨性、耐湿性、耐折性、抗拉性；使封面更加平滑、光亮、不易破损、卷边，达到保护封面的目的。但是覆膜不环保，覆膜以后的纸张无法回收。

2. 上光与压光

（1）上光。上光是指在印刷品表面涂上一层无色透明的涂料，经流平、干燥、压光、固化后在印刷品表面形成一种薄而匀的透明光亮层。上光主要用于书籍封面，起到增强表面平滑度、保护印刷图文的作用，并且不影响纸张的回收再利用。上光的透明涂料包括亮光油和哑光油。

亮光油在封面上形成一层无色透明的膜，并且经干燥后图文不变色。不会因日晒或使用时间长而变色、泛黄。哑光油即消光上光，降低印刷品表面的光泽度，从而产生一种特殊效果。由于光泽度过高对人眼有一定程度的刺激，因此，消光上光是目前比较流行的一种上光方式。

上光工艺按上光油的干燥方式，可分为溶剂挥发型上光、UV 上光（紫外线上光）和热固化上光等。

（2）压光。压光是上光的进一步操作，是在上光油干燥后，通过压光机的不锈钢带热压，经冷却后使印刷品表面形成镜面反射效果。压光可使上光涂布的透明涂料更加具有致密、平滑、高光泽亮度的理想镜面膜层效果，可提高印刷品的档次。

3. 烫印工艺

（1）烫金。烫金工艺是利用热压转移的原理，将电化铝中的铝层转印到承印物表面以形成特殊的金属效果，是一种不用油墨的特种印刷工艺。因烫金使用的主要材料是电化铝箔，因此烫金也称电化铝烫印。烫金的金属光泽装饰效果强，以其美观大气、色彩鲜艳、耐磨等特点广泛应用于印刷品设计中，可起到画龙点睛、突出设计主题的作用。选择普通金时，要注意字体设计时不能过细，否则容易糊版、掉版，导致效果不理想（图 4-44）。

图 4-44　封面图形运用烫金处理

（2）镭射烫印。镭射烫印是指利用温度与压力的作用，把电化铝上面的镭射图案转移到承印物上面的工艺过程。镭射烫印工艺的特点是印品能随着观察角度的变化而呈现出不同的颜色，具有明显动态变色效果，在聚光下能产生彩虹环效果（图 4-45）。

图 4-45　镭射烫印封面文字效果

烫印种类包括烫金、烫银、镭射烫印、黑金（漆片）烫印等。

4. 起凸压凹

起凸压凹是将印刷品表面整饰加工中一种特殊的工艺技术。其使用阴凹、阳凸模具以机械作用施以超过印刷品基材弹性极限的压力，在印刷品表面上进行艺术加工。其常用于精装书的封面和护封印制。

起凸压凹部分立体感更强，形成和纸面不同高度的层次，强化了平面中的设计元素，增强了设计的视觉感染力。一般来说，起凸压凹工艺特别适合在厚纸上加工，因为厚纸比薄纸更能保证最后立体效果的强度和耐力（图 4-46）。

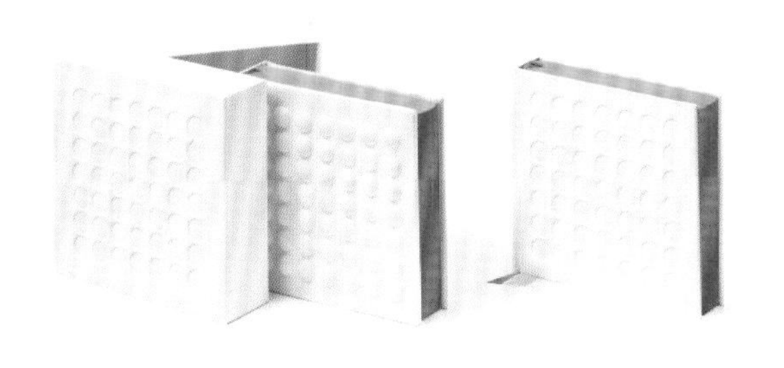

图 4-46　起凸压凹的书籍外部结构

5. 模切

模切是指用硬质模具对纸面的文字、图形、线条等进行裁切成型的加工工艺。将纸面冲切成一定形状的工艺称为模切工艺，模切让各种印刷包装以立体和曲线呈现，创造出的各种各样的形状和造型都更加美观和精致，充满创意。模切工艺大大解放了书籍的样式，形成许多特殊的视觉、触觉效果，增加了书籍本身的欣赏趣味（图 4-47）。

图 4-47　模切装饰的书籍封面效果

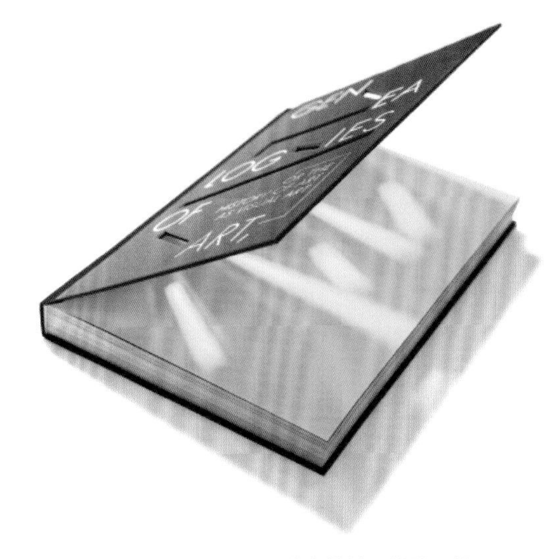

图 4-47　模切装饰的书籍封面效果（续）

模切工艺除可以起到塑造作品外形的作用外，还可以完善设计的实用功能。比如，用模切工艺能够在印刷品上进行各种花样的镂空制作，读者就能透过镂空的纸面观察、获得内页的图文信息，有时也能营造出意想不到的光影效果，使得作品更加精致，增加和设计者的一种互动性，提升作品艺术价值（图 4-48）。

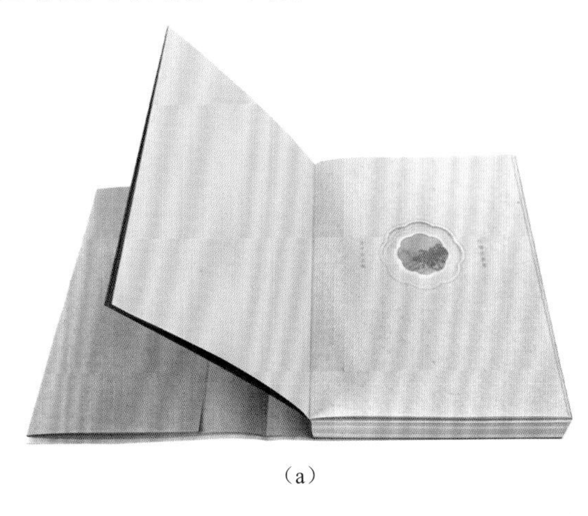

（a）

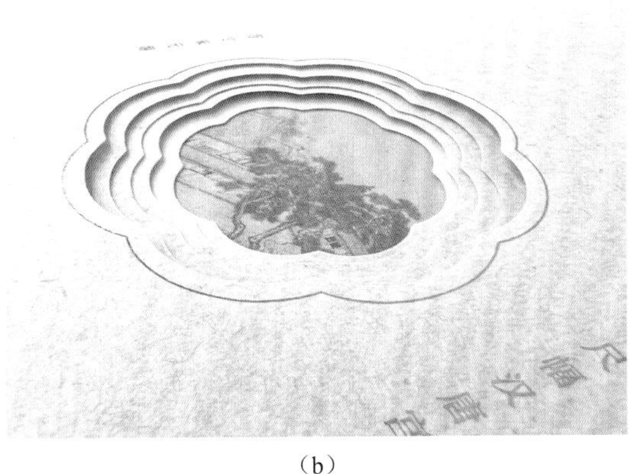

（b）

图 4-48　多层模切装饰的书籍效果

（a）示意一；（b）示意二

6. 激光镂空工艺

激光镂空就是利用激光的高能量密度特性，照射到产品表面，将加工的产品切穿并产生一定的镂空图案效果。传统印后加工的圆形或直角模切加工精度有限，而利用激光雕刻能实现很多特殊的图形并大幅度提高产品的精度。激光镂空使印品充满艺术感（图 4-49）。

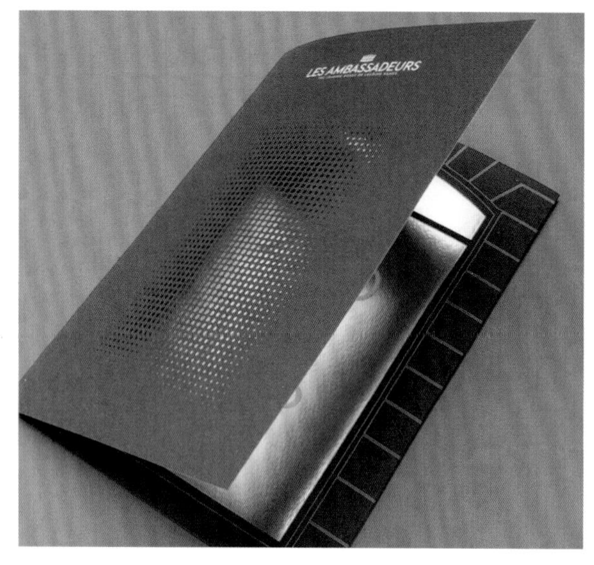

图 4-49　激光镂空工艺的封面

7. 刷边工艺

刷边工艺是运用手工或数码技术在纸张侧面将不同颜色或图文印在书籍的切口位置。采用书籍刷边滚金边工艺所制作的书籍边角充满丰富变化，冷艳优雅；且耐久度更高，更加高端大气。该工艺已广泛应用于各类书籍出版、印刷等领域（图 4-50）。

图 4-50　刷边的书籍切口

除以上提到的几种工艺技术外，还有很多新型的印后工艺。要实现书籍整体的设计方案，就要对书籍的形态进行精加工。所以，印后工艺是提高书籍品质并实现增值的重要手段。但印后加工又是一把双刃剑，若加工质量好，可以为书籍锦上添花；若质量不好，如书籍出现起泡、起皱等质量问题，便会造成销售不畅、大量退货的局面。所以说，不仅要考虑适合的加工工艺，同时还要保证工艺的质量。印后工艺是决定书籍销售成败的关键。

单元三　书籍的装订工艺

书籍在经过印刷过程与印后工艺的加工制作后就进入书籍最后的组装成形阶段。书籍的装订工艺是将零散的书页组装粘合成册的过程，包括装和订两大工序。装是将分散的书籍材料进行组合装配，如折页、配页等。订是利用各种连接材料，通过订、缝、粘、夹等方法，将书籍的所有结构按照一定顺序连接成册。因此，装订就是将书籍从平面集合变成立体实物的过程。

一、装订方式

（一）常见书籍装订方式

1. 平订

平订是指平装书的装订方式，是将印好的书页经折页、配帖成册后，将配好的书贴相叠后在订口一侧离边沿 5 mm 处用线或铁丝订牢，再包上封面的装订方式。平订的优点是装订方法简单，双数和单数的书页都可以订。缺点是书页不能完全打开铺平，阅读不方便。其次是钉眼要占用 5 mm 左右的版面，降低了纸张利用率。平订不宜用于厚书籍，且铁丝易生锈折断，影响美观并导致书页散落。在现代书籍设计中已经较少使用。

2. 骑马订

骑马订是书籍装订方式中最简单的方法，适用于页数不多的期刊和小册子。书籍内文部分事先并不订合成书心，而是配上封面后再整本书刊一起订合、切齐。书脊则既窄又呈圆弧形且明显露出订书所用的铁丝，所以不能印刷文字。骑马订装订处不占版面，纸张利用率高，装订周期短、成本较低，具有快捷实惠、易于翻阅的特点（图 4-51）。

图 4-51　骑马订装订

骑马订装订的牢固度较差，而且使用的铁丝难以穿透较厚的纸页。所以，书页超过 32 页的书籍不适宜采用骑马订装订。并且骑马订装订的文件的页数必须是 4 的倍数，否则内文就会有空白。

3. 无线胶订

无线胶订是一种不用铁丝、不用线，而是用胶粘合书芯的装订方式。无线胶订一般是将书帖配好页码，在书脊上锯成槽或将书帖铣背打毛成单张，经过装订机的冲压，用一种特制的胶粘剂将书帖或书页粘合在一起制成书芯。再将设计精美的封面同内文粘合在一起，装订成册。由于文本装订后需要修边，故切口处不宜放置重要图文（图 4-52）。

图 4-52　无线胶订书籍

无线胶订的优点是装订方法简单、成本较低、外观坚挺、翻阅方便、书籍平整度高，目前大量书刊都采用这种形式进行装订。其缺点是牢固性比较差，时间久了，胶粘剂老化会导致书页散落。

4. 锁线订

锁线订是质量较高的传统订书方法，是用线将配好的书册按顺序逐帖在最后一折缝上将书册订联锁紧的联结方法。锁线订书芯的牢固度高，使用寿命长。其不占订口，装订成册的书籍容易摊平，阅读时翻阅方便，可以装订各种厚度的书籍。目前，质量要求高和耐用的书籍多采用锁线订。锁线订的缺点是锁线机一般是单机操作，书芯中书帖的数量越多，锁线劳动强度越大，与其他装订设备的生产效率不易平衡，难以实现装订联动化（图 4-53）。

图 4-53　锁线订书籍装订

5. 锁线胶订

锁线胶订又称锁线胶背订、锁线胶黏订，是先用线将各书帖穿在一起，再用胶水粘合制成书芯。锁线胶订书籍结实、平整、耐用、便于保存，书帖经过锁线胶订后可以增加书脊强度，使书页不散，便于开合，故锁线胶订多用于精装书或页数较多的书籍。

6. 车线订

车线订是使用缝纫机车线进行书籍装订的装订方式。与骑马订的配页方式相同，一张套一张，中间对折，再用线进行固定。车线订的特点是装订速度快、美观、牢固，但其只适用于比较薄的书籍，比较厚的书不宜采取这种装订方式（图 4-54）。

图 4-54 车线订书籍装订

7. 塑料线烫订

塑料线烫订是一种介于无线胶订与锁线订之间，比较先进的装订方式。塑料线烫订将无线胶订的低成本及锁线订的高品质融为一体，并可与现代高速折页设备联机完成。

塑料线烫订的特点是对书芯中的书帖进行两次粘接。第一次粘接的作用是将塑料线订脚与书帖纸张黏合，使书帖中的书页得以固定；第二次粘接的作用是通过无线胶订将塑料线烫订的书芯粘接成书。塑料线烫订书籍非常牢固，由于无须对书背进行铣背打毛处理，因此减少了胶质不良对装订质量的影响（图 4-55）。

图 4-55 塑料线烫订的精装书籍

（二）特殊书籍装订方式

1. 环订

环订又称圈订，是一种专为加工活页本册等而用的装订方法。其是在书页装订处打孔，用梳型夹、螺旋线等订书材料将散页装订成册。常见的环订有双线环订、金属螺旋线环订和塑胶环订等。环订常用于产品的样本、目录，以及相册、挂历等印刷物的装订，在书籍中也偶尔可见（图 4-56）。

图 4-56 环订效果的书籍

环订的主要优势在于易于翻看。封面封底一般加透片或磨砂片，内页常用纸为铜版纸。需要注意的是，文本装订一侧需留出 7 ～ 12 mm 的打孔距离。

2. 折页装订

折页装订是由不同折叠方式和折叠次数的组合，完成对一张纸的缩小的装订过程。折页装订通常用于宣传册、地图、手册、杂志、书籍及书籍插页的制作装订。它是所有装订方式中工序最少、印刷成型最快的一种装订方式。折页装订只通过纸张的折叠即可装订成册。并且可以让一张纸拥有多面。中国古代即有这样的装订形式，即经折装。折页方式包括：

（1）弹簧折：一内一外反复折叠的形式，又称为风琴折。

（2）对折（4 面）：将一张纸两端相对折一折的简单形式，折线位置通常在正中央。

（3）弹簧二折（6 面）：于三等分的位置，一内一外地折叠，又称为 N 字折。

（4）包芯折（6 面）：于三等分的位置，将两端往中央折，设计上，折在里头的那一面，尺寸会略小一点。

（5）观音折（8 面）：将开门折从中对折的形式，最多可构成 8 面。

（6）十字折（8 面、16 面）：水平和垂直方向轮流各对折一次的形式，有十字二折和十字三折等变化。

（7）十字三折（16 面）：以十字折的要领连折 3 次，只要裁切两边，即可形成共 16 页书帖（图 4-57）。

图 4-57　风琴折形式书籍设计

3. 线装

线装书是用线将书页和封面连接成册，订线露在外面的装订方式。它出现于明代，是我国传统书籍艺术演进的最后形式，通称线装书。实际上在装订时，纸页折好后须先用纸捻订书身，上下裁切整齐后再打眼装封面。线装书一般打四孔，称为四眼装。较大的书，在上下两角各多打一眼，就成为六眼装了（图 4-58）。

图 4-58　线装形式的现代书籍

线装书加工精致，造型美观，是我国的传统装订方法，具有独特的民族风格。在现代书籍设计中有许多表现中华民族传统文化的书籍在胶粘订的基础上又用线装形式来装饰和点缀书籍，这种组合的装订形式，是由设计师巧妙的设计结合现代工艺的一种与时俱进的线装形式。

采用线装形式进行书籍设计形成一种书籍上的视觉差异，并能反映东方美学思想和中国的文化意境。

4. 夹（边）条装订

夹（边）条装订是用装订机将资料打上孔后，将其串到一条特制的细长塑料杆所连接的塑料片上，手压即可的装订方式。其具有方便快捷、非常易于加减内容的特点（图 4-59）。

图 4-59　夹（边）条装订书籍

5. 活页装

活页装是指书籍的封面和书芯不作固定订联，可以自由加入和取出书页的装帧形式。活页方便简单、制作成本低。但活页装订的书芯比较松散，需要采取盒子或袋子进行收纳，以免丢失（图 4-60）。

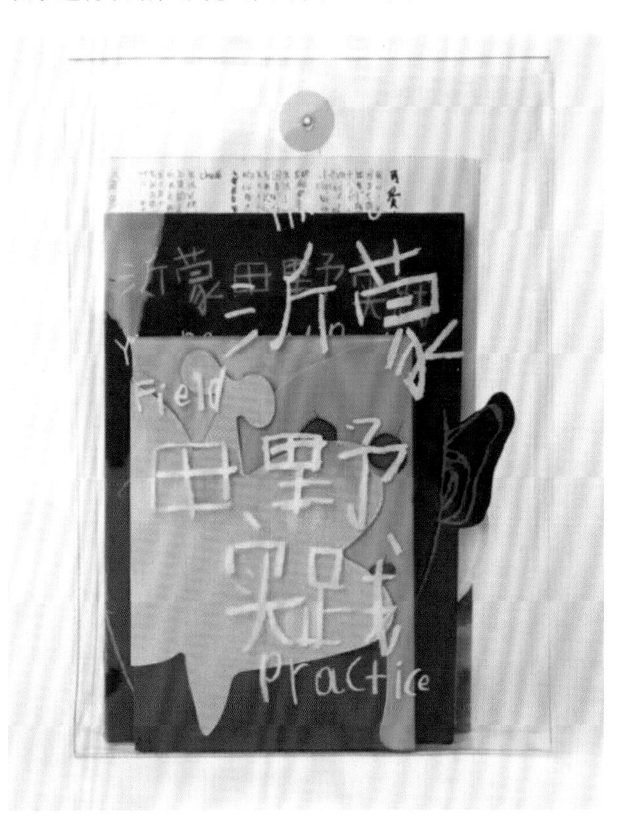

图 4-60　活页装书籍

6. 特种材料装订

特种材料装订是指采用特殊材料或工艺进行装订的

装订方式。特种材料的范围很广，如松紧带、橡皮筋等弹性材料，金属丝、铆钉等金属材料，以及中式盘扣、时装扣等纽扣材料等。

二、装订工序

装订工序承担着书籍印刷品最后的加工成形任务，关系到书刊的使用价值、阅读价值和收藏价值。因此，装订是书籍设计印刷工艺的重要加工工序。

平装书的装订工序分为书芯制作、包封、切书。

精装书的装订工序分为书芯制作、书壳制作、书芯书壳组装。

（一）平装书的装订工序

1. 平装书书芯制作

（1）裁切。根据工序的要求，印刷好的大幅面书页撞齐后，用单面切纸机裁切成符合要求的尺寸。裁切的印刷半成品可以是书籍的文字印张、插图印张、衬页、封面等。

（2）折页。印刷好的大幅面书页，按照页码顺序和开本的大小，折叠成书帖的过程，称为折页。折页的方式大致分为垂直交叉折页法、平行折页法和混合折页法三种。

（3）配页。配页也称配帖，是将书帖或多张散印书页按照页码的顺序配集成书的工作过程。配页又分为配书帖和配书芯。把附加页按页码的顺序粘贴或套入某书帖称为配书帖。把整本书的书帖按顺序配集成册的过程称为配书芯，也称为排书。配书芯又有套配法和叠配法两种。

（4）锁线订联。运用装订方式把书芯的各个书帖牢固地连接起来。

2. 平装书包封

包封是将加工完成的书芯包上封面，使其成为平装书的毛本。从加工工艺的角度来说，包封最主要的作用体现在它对书芯的保护功能上，通过包封延长了书籍的使用寿命。包封有手工包封和机械包封两种形式。其中，手工包封要经过折封面、刷胶、粘贴、包封面、括平五道工序。

3. 平装书切书

切书是待上了平装书封面的书干燥后，进行三面切齐，使其成为光本。切书由裁切机械完成。书籍切好后，需要进行逐本检查，防止成品书刊产生折角、白页、污点字等缺陷，避免不符合质量要求的书刊出厂。有时，为了体现某些书籍材质的特殊质感和质朴的视觉效果，可不对印刷品进行裁切（图 4-61）。

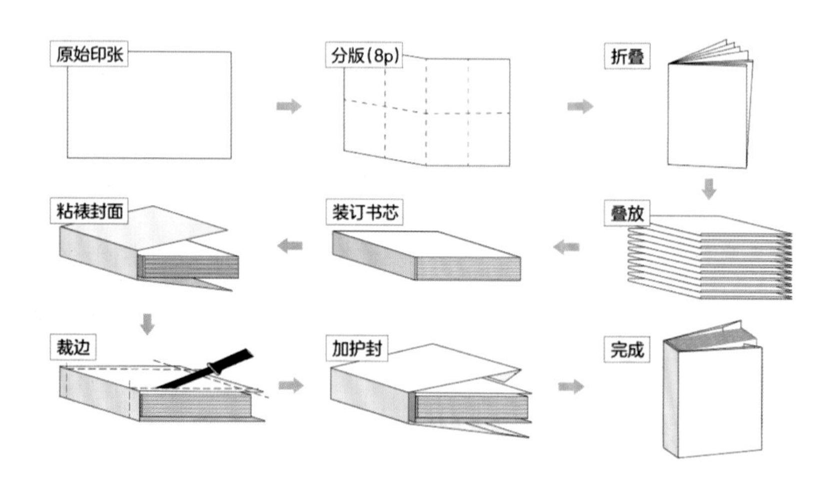

图 4-61　平装书装订工序示意

（二）精装书的装订工序

1. 精装书书芯制作

精装书书芯制作的前一部分和平装书相同，包括裁切、折页、配页、锁线与切书等。在完成上述工作之后，就要进行精装书书芯特有的加工过程。书芯为圆背有脊形式，可在平装书芯的基础上，经过压平、刷胶、干燥、裁切、扒圆、起脊、刷胶、粘纱布、再刷胶、粘堵头布、粘书脊纸、干燥等完成精装书芯的加工。书芯为方背无脊形式，就不需要扒圆。书芯为圆背无脊形式，就不需要起脊。

（1）压平。压平是在专用的压书机上进行，使书芯结实、平服，提高书籍的装订质量。

（2）刷胶。用机械或手工刷胶，使书芯达到基本定型，在下道工序加工时，书帖不发生相互移动。

（3）裁切。将打捆刷胶后基本干燥的书芯用单面切书刀或三面切书刀按书籍的开本尺寸裁切成为光本书芯。

（4）扒圆。由机械或人工把书脊背脊部分处理成圆弧形的工艺过程，叫作扒圆。扒圆后书芯的各个书帖以至书页都均匀地相互错开微小距离，使书芯的前口和针口的折缝处成为均匀的半圆形，圆背书芯易于翻阅、摊平，同时也给书壳与书芯的连接提供了方便，增强了连接牢度。

（5）起脊。由机械或人工把书芯用夹板夹紧压实，在书芯正反两面，接近书脊与环衬连线的边缘处，压出一条凹痕，使书脊略向外鼓起的工序，叫作起脊。起脊起定型作用，通过两边凸起的脊垄，可以确保扒圆所形成的圆弧形态。并且沿凸起的脊垄可以压出清晰的槽沟，在翻阅书页时，减少纸张对书背、胶层的弹性作用力，使书壳容易打开。起脊增加了书芯的牢度，也能起到美化书籍外观的作用。

（6）贴背。贴背是指在书芯背上刷胶后粘纱布、粘堵头布、粘书背纸、粘书签带的工序。贴背对书背的最后加固起着非常重要的作用。书芯经扒圆起脊后，书背产生了较大的变形，不采取有效措施，扒圆、起脊后的书芯很快就会恢复原形。因此，在书背上涂以胶液，粘上纱布、堵头布、书背纸，以使书芯的外形固定，并使帖与帖之间、书壳与书帖之间的连接牢度提高，使上完书壳后的书籍更美观耐用。

2. 精装书书壳制作

书壳是精装书的封面。书壳的材料应有一定的强度和耐磨性，并具有装饰的作用。用一整块材料将封面、书脊、封底连在一起制成的书壳，叫作整料书壳。封面、封底用同一材料，而书脊用另一种材料制成的书壳，叫作配料书壳。通常以织物作书脊，以纸张裱糊在硬纸板上作封面，这种形式一般多为圆脊不带护封。

制作书壳时，先按规定尺寸裁切封面材料并刷胶，然后再将前封、后封的纸板压实、定位，包好边缘和四角，进行压平即完成书壳的制作。制作好的书壳在前后封及书脊上压印书名和图案等。为了适应书背的圆弧形状，书壳整饰完以后，还需进行扒圆。

3. 精装书书芯书壳组装

把书壳和书芯连在一起的工艺过程，叫作上书壳，也称套壳。上书壳的方法是：先在书芯的一面衬页上，涂上胶水，按一定位置放在书壳上，使书芯与书壳一面先粘牢固，再按此方法把书芯的另一面衬页也平整地粘在书壳上，整个书芯与书壳就牢固地连接在一起了。最后用压线起脊机，在书的前、后边缘各压出一道凹槽，加压、烘干，使书籍更加平整、定型。如果有护封，则包上护封即可出厂（图 4-62）。

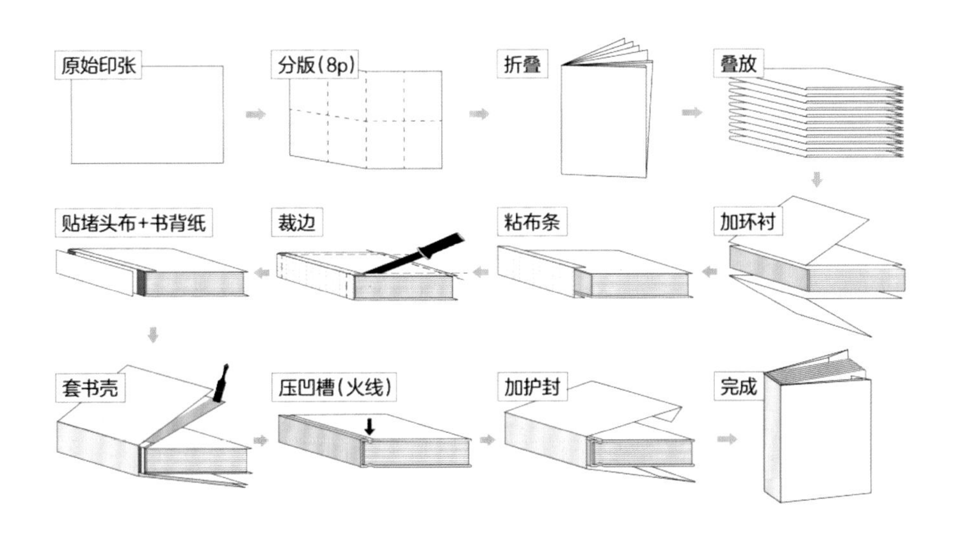

图 4-62 精装书装订工序示意

单元四　书籍设计常用软件

随着计算机技术的不断发展，现如今的书籍设计大多通过计算机软件制作完成。无论是整体设计、图片处理还是图文排版等制作，都需要一套适合的设计软件来完成。书籍不同内容的设计要找对适合的软件来进行制作，这样才能够起到事半功倍的效果。

一、Adobe Photoshop

Adobe Photoshop 简称 PS，是应用最为广泛的平面设计软件、修图软件，其功能十分强大。从功能上看，该软件可分为图像编辑、图像合成、校色调色及功能色效制作部分等。图像编辑是图像处理的基础，可以对图像做各种变换，如放大、缩小、旋转、倾斜、镜像、透视等；也可进行复制、去除斑点、修补、修饰图像的残损等。Adobe Photoshop 主要处理以像素所构成的数字图像。使用其众多的编修与绘图工具，可以有效地进行图片编辑工作。书籍设计涉及的图形绘制、图片处理、文字排版、版面布局等内容都能进行制作。

Adobe Photoshop 应用最为广泛的是图书封面制作。它可以提供多样化的工具，帮助用户创建任何主题和艺术风格的书籍封面，还可以通过各种插件进一步扩展功能。下面介绍运用 Adobe Photoshop 软件设计书籍封面的制作过程。

1. 确定尺寸和分辨率

在使用 Adobe Photoshop 软件进行设计之前，首先要选择一个合适的封面尺寸和分辨率。书籍封面的尺寸要根据开本设定的大小设置，分辨率一般为 300 dpi，以确保封面打印出来的效果清晰、锐利。

2. 挑选合适的图片素材

根据书籍设计主题和风格选择合适的图片素材，并具有吸引力。在使用图片时，可以使用 Adobe Photoshop 软件中的剪裁、调色、边缘处理、笔刷等功能来调整图片，使其更符合封面设计的要求，也更有创意。

3. 设计文字内容

书籍的封面需要有一个吸引人的书名设计和简洁的文字描述。在 Adobe Photoshop 软件中，使用文字工具添加书名和文字，并根据封面的整体风格进行排版和设计。可以通过调整字体、颜色、大小，以及变化笔画粗细、结合图形图案等设计方法，使书名更加突出、美观、有吸引力。同时要注意文字的层次感和视觉重心，使整个封面看起来更加均衡、和谐。

4. 运用图层和滤镜

Adobe Photoshop 软件的图层和滤镜功能是设计封面非常有用的工具。可以使用图层来组织和管理各个元素，方便后期的修改和调整。另外，通过应用滤镜效果，如模糊、颜色调整等，可以让封面更具艺术感和视觉冲击力。但要注意不要过度使用滤镜，以免影响封面的可读性和美观性。

5. 添加特殊效果和装饰

为了使封面更加吸引人，可以使用 Adobe Photoshop 软件中的特殊效果和装饰功能来增加封面的视觉效果。比如，可以使用渐变和阴影效果来制造立体感，或者使用笔刷工具来添加一些细节和纹理。同时，还可以尝试使用 Adobe Photoshop 软件中的滴墨工具、蒙版和混合模式等功能来创造出独特的艺术效果。

6. 调整色彩和色调

色彩和色调的选择对于书籍封面的设计非常重要。通过调整 Adobe Photoshop 软件中的色彩平衡、色阶和曝光等功能，可以使封面色彩更加鲜明，或者通过调整色调和倾斜等工具来营造出特定的氛围和情感。

合理运用 Adobe Photoshop 软件中的各项功能可以很好地完成一本精美的书籍封面设计的所有需求。其是非常适合书籍设计的软件。

二、Adobe InDesign

Adobe InDesign 是用于印刷和数字媒体的专业排版设计软件。Adobe InDesign 拥有强大的排版功能，可以通过使用专业的字体和样式来制作高质量的书籍版式设计。数据表明 Adobe InDesign 可以链接和导出到多个图像 / 原型编辑器，具有良好的版面设计工具，包括网格、参考线、准线和页边距等。

1. 文本处理

在书籍设计中，文本处理是一个非常重要的环节。Adobe InDesign 提供了丰富的文本处理工具，使设计师能够对文本进行排版、字体设置、段落样式调整等操作，包括调整文字的对齐方式、行高和字间距等。此外，可以学习如何添加自动页码、脚注和尾注等特殊文本效果。通过合理运用这些文本处理工具，可以让书籍的文字内容更加清晰、易读。

2. 图像处理

除了文字，图像也是书籍设计中不可或缺的一部分。Adobe InDesign 提供了丰富的图像处理功能，可以对图像进行裁剪、调整尺寸、修饰等操作，调整图像的透明度、添加边框和阴影等效果。此外，还可以使用多图像和文本环绕功能，让图像与文字更好地协调组合，增强视觉冲击力。

3. 版面布局

版面布局是书籍设计中的关键要素，Adobe InDesign 提供了强大的样式和布局功能，使得设计师能够更好地掌控整体风格和版面结构。可以创建和应用字符样式、段落样式、对象样式等，提高设计效率。布局功能可以建立栅格系统、使用基线网格、调整页眉页脚等，提升版面设计的一致性和美观性。

Adobe InDesign 作为专业的排版工具，为书籍的制作提供了强大的功能和灵活的操作方式。这些功能能够帮助设计师在使用 Adobe InDesign 制作书籍时更加得心应手，创作出精美的作品。

三、Adobe Illustrator

Adobe Illustrator 简称 AI，是一种应用于出版、多媒体和在线图像的工业标准矢量插图的软件。该软件主要应用于印刷出版、海报书籍排版、专业插画、多媒体图像处理和互联网页面的制作等。它不仅能够为线稿提供高精度和控制，还具有文字处理、上色等功能。因此，其在书籍设计、插图制作方面应用广泛。

1. 排版设计

出版物的排版是其视觉形象的重要组成部分。AI 提供了一系列的排版工具和功能，帮助设计师实现多样化的排版效果。比如，可以使用文本工具添加文字，选择合适的字体、字号和行距等参数进行调整，还可以通过对齐工具来对齐文本和其他元素。此外，AI 还支持导入和编辑文本框，以及调整文字的颜色、样式和效果等。

2. 图形设计

图形设计是出版物中常见的另一项重要工作。使用 AI 进行图形设计可以轻松创建各种复杂的图形效果。通过使用绘图工具可以绘制基本形状和曲线，并进行编辑和变形。此外，AI 还提供了一系列的插件和滤镜，用于创建特殊的图形效果，如渐变、纹理和投影等。

3. 色彩管理

色彩管理在出版物设计中起着重要作用。AI 提供了一套完善的色彩管理系统，可帮助设计师调整颜色和控制色彩的输出。通过使用色板工具可以选择和创建自定义颜色，还可以调整色彩的饱和度、明度和对比度等。同时，AI 还支持多种色彩模式，如 RGB、CMYK 和 Pantone 等，以满足不同输出要求。

4. 样式和效果

样式和效果的运用可以使出版物的设计更加丰富和吸引人。AI 提供了一系列的样式和效果工具，可以应用到图形和文字上，如可以使用形状工具绘制图形，并通过应用渐变和阴影效果使其具有立体感。此外，通过应用图层样式可以为文本和形状添加描边、阴影和发光等效果，以及使用图形样式和纹理填充等。

通过 AI 的各种工具和功能，设计师可以轻松进行出版物的排版和图形设计。

思/考/与/实/践

1. 调研实践

寻找不同的书籍材料，感受不同材料能够带给书籍怎样的魅力，并思考材料的可实现性。同时运用寻找到的材料完成一本书籍的手工制作。

实训目标：

通过实际操作了解不同材料的性能及应用，锻炼动手实践能力及解决问题的能力。

2. 项目实践

完成“植物”书籍的印刷与装订。

要求：

（1）书籍的材料除纸张外还需运用其他材料进行装订。

（2）完成书籍所有内容的打印，并选取适合的方式进行装帧。

（3）封面、内页可进行手工装饰，丰富书籍形式，提升吸引力。

实训目标：

锻炼动手操作的能力，以及在整个过程中如遇到问题，如何调整方案解决实际遇到的困难的能力。

MODULE 5

模块五 拔新领异——特殊种类书籍设计方法

模块导入

数字化媒介的蓬勃发展，不断冲击着传统媒介领域，使书籍的形态必须不断寻求突破。书籍作为知识信息的载体，必将和科技的发展并驾齐驱。时代的不断发展势必造就书籍形态的多元化发展。多侧面、多因素、多层次的三维空间特性使得书籍从结构、层次、内涵等多角度进行求新求异的突破。即使在数字化媒介的今天，传统书籍媒介凭借自己的无尽魅力和创新形式依然能够吸引读者的目光，带领人们畅游知识的海洋（图5-1）。

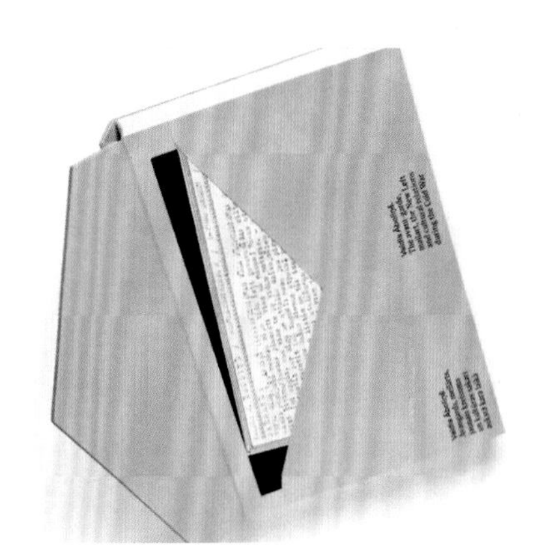

图 5-1　书籍创意设计

学习目标

1. 知识目标

学习不同种类书籍的整体设计方法，掌握书籍设计创新的要点；明确系列化书籍设计应注意的事项；了解立体书、概念书的设计方向。

2. 能力目标

通过学习能完成系列书籍整体设计；能设计并制作具有创新性的手工书籍；会使用计算机绘制和设计立体书，以及完成概念书的概念图输出。

3. 素养目标

培养学生继承优秀传统文化的同时能够应用现代化手段完成设计；培养学生动手实际制作的能力；具备探索精神，勇于挑战，敢于创新。

单元一　书籍创新设计

一、书籍形态结构观念的改变

随着文化传播方式的多元化，人们获取信息的方式变得多样而丰富。读者的层次、阅读心理和阅读需求千变万化，千篇一律的书籍设计形式势必无法吸引读者的阅读兴趣。一本理想的当代书籍设计，应当有丰富的信息量，强烈的趣味性，才能够给读者带来新鲜感。无论哪一类型的书籍，都应当使读者得到超越书本阅读内容的体验，使书与读者之间产生情感互动和心理的动态联系。书籍不仅要给予读者一个吸取知识的过程，还应得到自身智慧想象和扩张的机会，以及视觉的美感与阅读的参与感。因此，书籍设计师应该跳出传统的思维模式，去寻找新的设计理念和设计方法，为满足读者的切实需求在书籍设计领域不断探索。新的书籍形态设计，应当打破以往原有的规律，大胆创新，不单是平面元素组合的创新，更多的是从书籍立体层面的各个元素进行考量，即深入挖掘书籍的特殊材料、特种工艺、空间展示等。富有立体感、层次感、多感官的书籍设计形式，更能生动化地传递内容。掌握好书籍的多维“情感”表达，可以使其为书籍设计打开一片新的天地（图 5-2）。

图 5-2　书籍创意设计（一）

图 5-2　书籍创意设计（一）（续）

书籍形态结构的创新，必须注入现代编辑设计的观念和手段，制造内容的新形式。人们阅读的过程不单是知识摄取的单一属性，而是一种多感官参与的互动过程。通过多维度的设计解析让视觉材料信息变得清晰易懂，通过引导、图解、互动参与等方式帮助人们把复杂抽象的内容形象具体化。在互联网时代，设计师需要加强信息收集、整理和归纳的能力，使信息可视化，将用文字无法表达的信息通过其他方式展示出来，为读者提供丰富有趣的视觉形象，最终满足市场需求（图 5-3）。

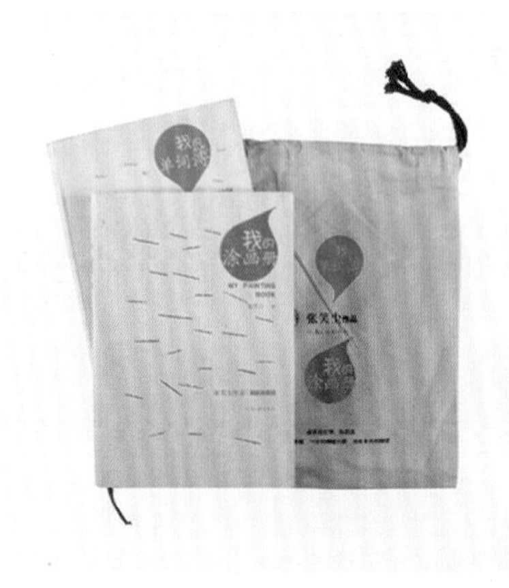

图 5-3　书籍创意设计（二）

二、书籍封面创新

书籍的封面作为吸引读者驻足翻阅的首要结构，在书籍创新设计中应优先考虑。与时俱进、标新立异、有朝气和活力的新设计会第一时间抓住读者眼球。书籍封面设计必须体现时代特点，并且呈现较高的艺术品位和深厚的文化内涵。这样的封面才更容易吸引读者的视线。缺少创新的封面，就缺少了灵动的生命力（图 5-4）。

图 5-4　封面创意设计（一）

1. 结构形态创新

通常书籍封面的设计重点会放在平面元素即图形、文字和色彩的组合上，往往设计者会忽略结构形态的变化，这恰恰成了封面创新的新阵地。封面、封底、书脊、勒口、切口以及开本形状都可以看作封面的整体结构形态。封面的创新设计可以运用互动、立体等形式吸引读者注意。例如，采用开窗式、抽取式的互动性封面（图 5-5）；勒口可以设计成反折或口袋形式；而切口更是有色彩、图案以及造型上的创新方式；书脊也可以打破原有形式进行创新设计（图 5-6）。

图 5-5　抽取式封面创意设计

图 5-6　书脊创意设计

2. 设计手法创新

在进行封面设计时，设计者应通过艺术的手法对书籍内容进行补充和改造，创作出封面所需要的、带有浓厚情感的艺术形象。设计者根据图书的主体内容进行具体分析，以比喻、象征、想象、写实、虚构、唯美等表现手法设计图书的封面，为了使读者看到图书封面后可以进行一系列的联想活动，引发读者在情感上产生共鸣。封面设计若要确切地表现书籍的主题，就必须突破封面自身容量的局限，借助联想去扩大意境，使读者不局限于封面的表象，而是通过封面的表象去联想到更多的内容。这既能使读者加深对书籍主题的理解，同时也能丰富封面的表现力，使设计者获得更多的创作自由。一幅成功的封面设计作品，应能惟妙惟肖地展现联想的艺术魅力，使读者由此及彼，由表及里，在无尽遐思中得到美的享受。

图书封面设计者必须贯彻以上设计理念才能设计出好的封面作品，全面了解所有的艺术风格，通过对优秀设计作品的借鉴，打破传统的艺术设计风格，将传统的设计风格进行有效的消化和吸收，创作出具有自己独特风格的图书封面（图 5-7）。

图 5-7　封面创意设计（二）

3. 视觉元素创新

以视觉元素图形、文字、色彩进行创作是封面设计最基本的手法。而视觉元素的创新形式多样，如图文的造型创新、图文的编排创新、色彩情感的应用等。当封面被注入大量图文符号，展现出强烈的观念性和趣味性视觉语意后，书籍将不仅仅是一个纯粹意义上的阅读工具。现代书籍封面的视觉形式更偏重采用针对性的创作手法。

通过图文符号以点、线、面的形式组成视觉空间。所有的平面设计都不能离开点、线、面的应用，图书封面内容和形式的设计可以用点、线、面来概括。在设计师眼中，所有的事物都是点、线、面的组合，字母和汉字可以看作一个点，字行可以看成一条线，图片、段落和空白可以看成面。点、线、面这三者相互作用和依存，形成了丰富多彩的形态，构造成了一个全新版面。仅仅了解点、线、面的平面构成知识还远远不够，必须通过大量的实践积累经验才能设计出好的作品。这个积累过程非常漫长，通过研究学习成功的封面设计，可得到创作经验（图 5-8）。

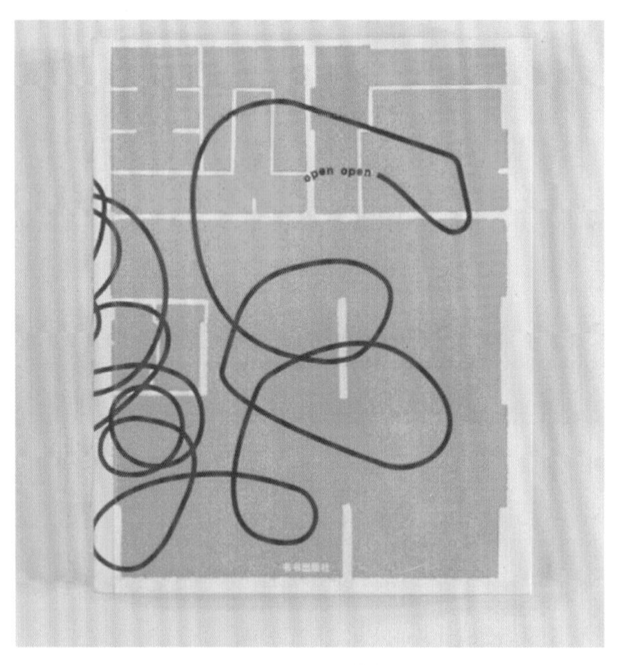

图 5-8　视觉元素创新

三、书籍装帧形式的创新

现代书籍以册页装帧形式为主。市面上的大多书籍为了读者阅读的便利、成本的控制等因素往往都会采用最基本的书籍装帧形式。但也正因此，在网络发达的今天，册页式的书籍形式已变得索然无味。

1. 古代书籍形式的现代应用

中国从古至今有着众多的书籍装帧形式，例如卷轴装、旋风装、经折装、包背装、蝴蝶装、线装等，这些装帧形式都是古代科技发展水平的表现。如今这些装帧形式也成了书籍设计创新的基础，在结合了现代先进的工艺和材料技术之后得到了焕然一新的面貌（图 5-9、图 5-10）。

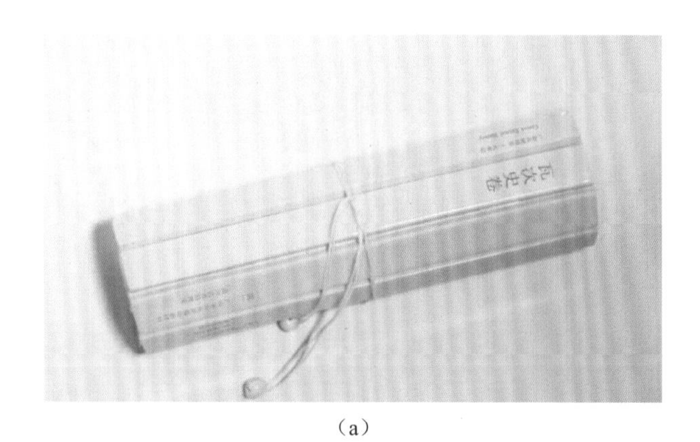

（a）

（b）

图 5-9　装帧形式创意设计（一）

（a）示意一；（b）示意二

图 5-10　装帧形式创意设计（二）

2. 别具一格的创新结构设计

书籍的形式从属于书籍的内容，但不能完全真实地展现内容，想在有限的画面上表达整本书的思想难以做到，因为它受到一定空间的限制。书籍装帧设计的创新形式应突破原有的空间限制，大胆尝试新的结构形式，把在生活中的积累和观察应用到书籍设计整体中，去诠释深刻的内涵和领悟，便可能探索出新的书籍设计道路（图 5-11、图 5-12）。

图 5-11　创新结构设计（一）

（a）

（b）

图 5-12　创新结构设计（二）

（a）示意一；（b）示意二

四、特殊材料和先进工艺的运用

材料化是现代书籍设计的显著特点。今天的书籍设计的材料不再只局限于纸张，还有纤维织品、皮革、木材、塑料、玻璃等，各种材质的肌理、色彩、质感散发着不同的艺术气息（图 5-13）。先进的印刷工艺以及特殊的印后工艺又赋予了书籍新的样态和气质，为书籍的创新设计添砖加瓦（图 5-14）。

图 5-13　特殊材料的函套设计

图 5-14　特殊工艺应用的封面设计

1. 特殊材料的运用

特殊材料的运用增强了读者阅读时的新鲜感，材质不同质感也就不同。质感多指某物品的材质和质量给人的感受，是视觉和触觉对不同物态特质的感觉。生活中大部分的读者对传统纸质书籍产生了倦怠感，当新的材质出现在眼前时，就会被材质的特殊美感所吸引，增加阅读的新奇感，给读者不同的体验。特殊材质的书籍可以使读者从书籍外在的形式上感受到内容主题所传达出的意境（图 5-15）。

图 5-15　粗布材料的书籍设计

2. 环保材料的选择

二十一世纪，环境问题与可持续发展战略问题是最迫切的课题，绿色设计已经成为设计的主流方向。书籍设计同样面临着环保问题。书籍设计的根本是要以人为本，在为读者创造最愉悦的阅读方式的同时，也要最大限度地减少环境污染，保护生态平衡。因此，作为一名书籍设计者应树立绿色、环保的设计观。

绿色设计的核心是减少物质和能源的消耗与浪费，使产品能够方便地分类回收、再生循环或重新利用。书籍设计的选材过程中应尽量选择可循环利用的环保材料。选择使用再生纸张，减少对森林树木的砍伐。对于书籍外观和内文运用的材料以及印刷加工材料的选择，应该首先选无毒、无刺激性、无放射性和低公害的材料，防止对人体或环境造成破坏。剩余材料的部分可以用来做书籍的书签、腰封等书籍附件，既能增加书籍的趣味性，又避免了资源的浪费。在能源危机和环境问题越来越突出的当下，有利于生态保护的绿色环保设计在书籍设计领域将越来越被重视（图 5-16）。

3. 先进工艺的应用

随着科学技术的不断发展，新的印刷方式、独特的油墨、特殊的加工工艺层出不穷，也为书籍整体设计的创新提供了新思路。现代书籍设计已经不再是单一的感官体验，而是通过调动读者的五感，即视觉、触觉、嗅觉、听觉、味觉的体验来传递书籍的情感。设计者不应简单地为了设计而设计，而应从各个角度赋予书籍各种各样的感觉。例如，一些特殊工艺可以制作凹凸质感的书籍，给人们提供触感的体验；带有特殊气味的油墨印刷，在翻阅书籍时给读者传递不同的嗅觉体验；带有发声电子零件的书籍，可以给读者提供听觉的体验等。通过先进工艺的应用调动读者五感的体验，让阅读更有乐趣和体验感（图 5-17）。

图 5-16　用回收塑料袋制成的书

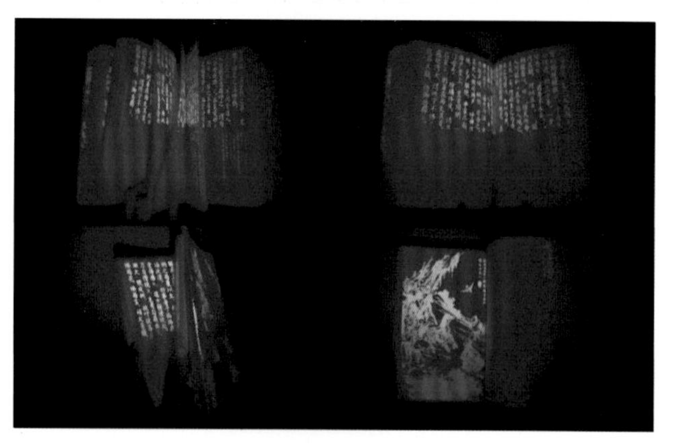

图 5-17　《聊斋志异》书籍设计，运用荧光油墨印刷体现书籍创意

单元二　系列书籍设计

一、系列书籍的概念

系列书籍或称丛刊、丛刻、套书，是把各种单独的著作汇集起来，冠以总名的一套书。它通常是为了某一

特定用途，或针对特定的读者对象，或围绕一定的主题内容而编纂，其形式分为综合型和专门型两种。一套书籍内的每一本书均是独立存在，除共同的书籍名外，各书都有其独立的书名；有整套书籍的编者，也有各书自己的编著者；系列书籍一般有相同或类似的版式、开本、色彩、字体等，且多由同一个出版社出版（图 5-18）。

图 5-18　系列书籍设计（一）

二、系列书籍的设计要素

系列书籍设计作为视觉传递的视觉形象，其主要设计要素有版式设计、图形的变化、色彩的运用效果、开本的大小等。这里我们就对系列书籍的版式设计和色彩设计做简要分析（图 5-19）。

图 5-19　系列书籍设计（二）

（一）系列书籍的版式设计

版式设计是指对书籍中的文字、图形、色彩和装饰性元素等视觉元素在版面上进行有机的排列组合设计，在一定的开本上，把书籍原稿的体裁、结构、层次、插图等方面作艺术而又合理的处理，在满足信息传递这一功能性要求的基础上体现艺术性。它是书籍设计中最核心的一部分，是寻求通过艺术方法来正确地表现书籍版面信息的一种创造性活动。伴随着现代科学技术和经济的飞速发展，版式设计所体现的文化传统、审美观念及现代精神等都已经成为人们理解时代和认同社会的重要艺术形式。

系列书籍的版式设计也是书籍形成一个整体系列所传达的视觉效果的重要手段。除要对书籍的封面、封底、书脊、扉页、文字、插图等必要视觉元素的合理编排外，还应该特别注重系列书籍设计整体的统一性和连续性。

统一性指的是在系列书籍中，每一个单本无论在它的书眉设计、书脊设计、页码设计、标识设计或其他设计元素中都有统一的设计表现。而且翻开各单本书籍，相互比较，有很多的设计表现可以找到一致性即相同点。

连续性指的是系列书籍的开本、文字、图形、色彩和装饰性元素巧妙地处理好统一与不统一的关系，让读者产生视觉上的连续性。如每一个单本的图形不一样，但图形的表现手法和色彩一样；标题不一样，但字体的设计方法一样等，这样就可以产生视觉的连续性（图 5-20）。

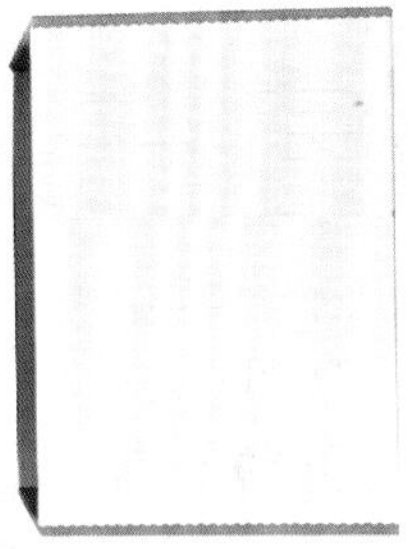

图 5-20　系列书籍设计（三）

（二）系列书籍的色彩设计

色彩是系列书籍封面设计引人注目的主要艺术语言，是最有诱惑力的元素，在设计书籍时，如果色彩运用整体到位，就会在第一时间生成书籍的整体美感，同时俘获读者的心。系列书籍的色彩表现方法有很多，有些系列书籍使用不同的色彩或采用某一共同色做渐变或肌理的处理来实现不同的视觉效果，同样也可以起到系列感的作用。有些系列性书籍版式风格与颜色不变，只在书的名称或字形上变化；有些系列书籍，大的版式框架是固定的，因其内容不同，采用不同样式但风格接近的图形来填充于固定的图形框架中，不仅表达特定的书籍内容并同时表现系列感（图 5-21）。

图 5-21　系列书籍设计（四）

三、系列书籍整体性设计的体现

（一）系列书籍各元素的整体设计

整体设计是对书籍外部装帧和内文版式的统一设计，它是在整体的艺术观念指导下对组成书籍的所有形象元素进行完整、协调统一的设计。其内容包括开本、封面、护封、书脊、版式、勒口、环衬、扉页、插图、活页、封底、版权页、书函、装订方法和使用材料等。

把系列书籍分开来看，每一本书都是一个可以独立存在的个体，系列书籍的整体性如果只是从几本书的外部特征来分析，就未免过于肤浅。所以，每一个单独的个体，其设计也同样追求整体规划、统一设计。那么，要做到整体规划、统一设计，就必须先从书籍的各个形象元素开始整体布局，使其构成因素和谐、统一，共存于书籍这个统一体中。并做到个体与个体之间的有机联系，相互设计。内部整体的规划设计是书籍整体性表现的基础。

（二）系列书籍形式与内容的统一设计

书籍的设计与书的内容是一个完整的统一体。形式在于显示内容；脱离内容去追求形式，便会导致创作的空洞。有精彩的内容，却没有好的设计表现，那么，就会影响到书籍内容最直观的传播。书籍设计的作用，就是用特殊的艺术语言来准确表达书的内容。要将书籍内容和外在表现形式融为一体，这是以心变物、心化自然的一种升华。系列书籍的设计更加注重形式与内容的整体表现，因为系列的表现性较于个体要强得多，所以在表现形式上要更加注重内容的写照。同时还需要重视书籍种类和写作风格，以达到协调一致。做到形式与内容的统一是书籍整体性表现的桥梁（图 5-22）。

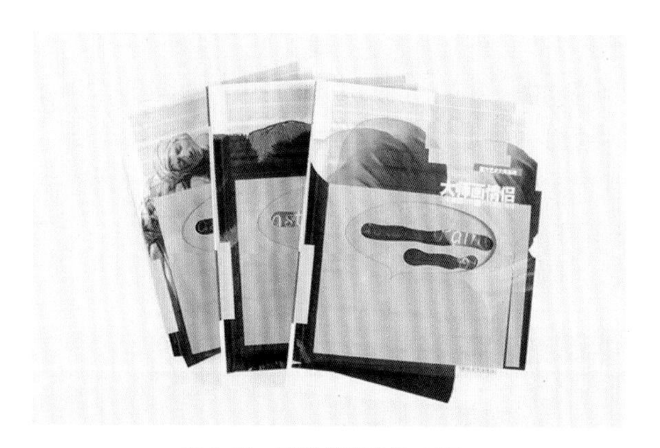

图 5-22　系列书籍设计（五）

（三）系列书籍的外在整体设计

系列书籍的外在整体表现更能突出书籍之间的联系。很多系列书籍在设计之初，就会把所有书籍作为一个整体进行设计。相当于看成一本书籍进行整体封面、书脊、封底的设计。常用的方式是在书脊上下功夫。例如，运用一张完整图片设计系列书籍的所有书脊。系列书籍放置在一起，书籍组成完成图案，分开每本书脊又有区别。系列书籍外在整体性设计的方法可以参照单本书籍设计的形式。

（四）系列书籍的色彩统一性表现

系列书籍的色彩表现与构图、造型及其他表现语言相比较更具有视觉冲击力和抽象性的特征，也更能发挥其诱人的魅力。同时它又是美化系列书籍、表现系列书籍内容的重要元素。其中，色彩中的色调可以吸引读者的注意力。在系列书籍中，内面与封面的色调与图形元素的重复出现，可以获得引起读者注意、稳固读者的效果，所以色调的呼应在系列书籍中起到了一定的潜移默化的作用（图 5-23）。

图 5-23　系列书籍设计（六）

1. 明色调

明色调表现是指以白色为基调的整体色彩设计，画面中有大量的留白设计，局部的图形有的以强烈的色彩表现出强烈的视觉感，有的是以混入了白色或黑色的调和色与整体色彩形成一种淡雅的气质。清澈的整体色彩相比纯粹的色彩在书籍应用上更加具有明朗的、梦幻般的效果，虽然没有像纯色那样具有很强的视觉冲击，但是它表现的意境更突出。这种表现适合于时尚类、服装类、文学类的系列书籍等（图 5-24）。

图 5-24　明色调系列书籍设计

2. 温和的色调

温和的整体色调是指在书籍的整体用色上很少使用纯色，使用较多的是调和色、类似色，使画面看起来对比很弱，色彩感觉很轻、很柔软，给人温柔的效果。由于温和的色彩有很强的女性化倾向，因此得到女性的喜爱，所以在很多女性系列书籍中，色彩的使用都非常柔和（图 5-25）。

图 5-25　温和色调系列书籍设计

3. 浊色调

色彩对于硬朗的质感通常是用混合的浊色来表现，浊色可以钝化纯色具有的纯粹感，能够衍生微弱和素雅的氛围，给人以男人味的感觉，适合的范围比较广泛，如电子消费类、游戏类、建筑类、财经类系列书籍等。

系列书籍整体性设计，应该从整体上把握全局，强调单本与单本之间的连贯统一；强调封面与内页的结构呼应；强调各个元素之间的相互配合等。我们期待当代的设计者能寻找到更多、更新的表现手法，展现多样化的系列书籍表现形式，设计出更具当代特色的书籍，创造出更符合人类使用及收藏的艺术品。

单元三　概念书籍设计

一、概念书籍形态的内涵

当今社会科学技术不断进步，文化艺术飞速发展，人们对于书籍设计的探索也从未止步。在书籍的设计观念上寻求新的突破；用新的视角、新的观念、新的设计方式来不断提升书籍设计的审美功能与文化品位，是当代书籍设计者的追求方向。在日常生活中，概念住宅、概念汽车、概念服饰等概念产品层出不穷，概念书籍的出现让人们眼前一亮，概念书籍设计秉承“概念”的核心，是对书籍设计进行实践性、探索性、前瞻性的艺术研究，是对未来书籍设计的一种大胆探索。

概念书籍是对传统书籍设计形式的突破和挑战，是对书籍形态和阅读方式的新的探索。从本质上说，概念书籍是对空间结构、时间结构和因果结构的新的艺术处理方式，既要以书的审美与功能为出发点，又不要被固有陈旧的观念束缚创造性思维和想象力空间。设计者应勇于在探索的道路上不断实践，挖掘具有独创性和前瞻性的新型书籍形态（图 5-26）。

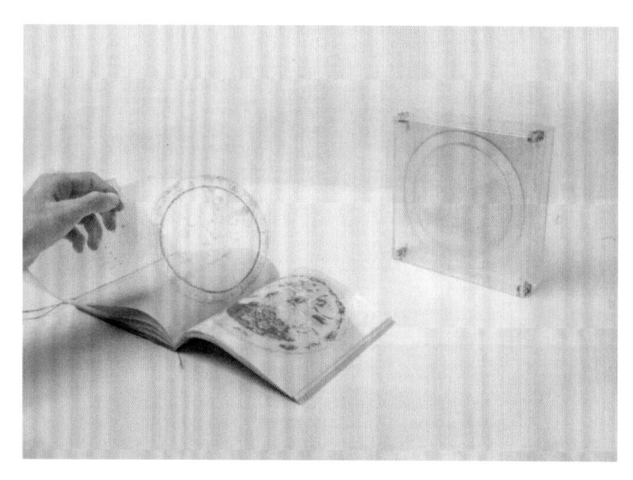

图 5-26　概念书籍设计

二、概念书籍的形态创新设计

（一）概念书籍设计的形态、结构创新

概念书籍的设计是一门综合的造型形态表现艺术，它不是仅局限于单纯的开本、版式、文字、图形、色彩的美化与装饰。对于概念书籍设计，我们要以创造性思维去设计令人耳目一新，独具个性特征的书籍形式。可以通过书籍的形、质、时空三者来创造构建书籍的新面貌（图 5-27）。

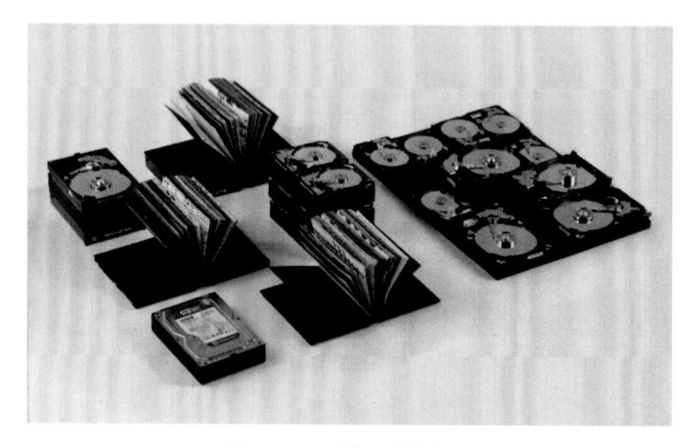

图 5-27　形态、结构创新

1. 概念书籍设计形之创新

随着人们审美进程的不断提高，人们已不满足常规结构的书籍形态，而更期待在结构形态上有所创新的概念性书籍，也更期待有新的理念与意识融入书籍设计中。耳目一新的书籍形态结构设计会给人以强烈的艺术感染力，给人以美的感受，这种创新结构形态的概念书籍由平面形态扩展到立体形态，并呈现给读者个性化、创新性的感官享受。而这样的传达方式又使概念书籍从书籍形态结构的层面进入了多维度、全方位传播发散的时代，使概念书籍形态结构向更广阔的空间发展，形成了概念书籍创新形态设计的新形式。

2. 概念书籍设计质之创新

概念书籍质的创新即书籍材质与印刷工艺的创新。随着现代科技的不断发展，概念书籍设计的艺术表现手段越来越多元化，为了不断满足人们的审美需求，就必须引起对诸如忽视个性化材质与印刷等工艺的思想观念的重视与深思。概念书籍的形态设计与材质的形态是密不可分的，材质作为书籍内容的载体，通过材质的物质形态是可以改变概念书籍的形态特质的。所以概念书籍设计要兼顾书籍的材质与工艺的运用、创新，选择不同的材质从而达到不同的表现效果，进而传达出不同的书籍文化内涵。所以，在进行概念书籍设计时，无论设计师从哪方面下手，只要大胆地尝试各种设计材质与工艺，都可以构建出一个创新概念的设计（图 5-28）。

图 5-28　概念书籍设计质之创新

3. 概念书籍设计时空之创新

对于常规书籍设计而言，设计只停留在纸的表面，而对概念书籍设计而言，其设计思想已不局限于纸的表面，而是透过纸的深处思考纸的背后，挖掘纸的其他特性，通过纸和纸上之物来表现一种时间和空间的奇妙感觉。书是立体的，当我们的视线被书所吸引，我们会将书拿在手上反复翻阅，此间就产生了时间的流动，而从书封到书脊再到封底，从环衬到扉页再到正文，书在我们的视线和手中又产生了不断变化的空间关系。一本富有时间感和空间感的书是通过文字、图像、色彩、材料

等视觉元素和富有变化节奏的纸张折叠、开启、封合所传达出来的。尤其是概念书籍的设计，就更讲究一种时间和空间的节奏美、秩序美、意识美三者的共同创新。

（1）概念书籍设计的节奏美。概念书籍的节奏是丰富的，一本成功的概念书籍，不仅要追求书籍的内容与设计风格的高度一致，更要讲求概念书籍整体的节奏之美。节奏美的形成，是书籍设计者对概念书籍的各个构成内容与形式的一种分清主次的理性建构。书籍由护封、内封、环衬、扉页、目录、篇章页、正文等内容组成，在这众多的内容层次中，只有抓住主旋律，再将概念书籍的内容与形式进行理性的穿插与衔接，并将各个环节统一于富有阅读动态的整体节奏之中，才能使概念书籍形态产生跌宕起伏的节奏变化，从而强化概念书籍内容与形式的表现力，引导读者更全面地把握书籍内容的精神内涵。所以，书籍设计者要学会将千篇一律的文字及内容融入概念书籍形态的时间和空间的多维度中去驾驭概念书籍的节奏美，这样才能丰富并完善概念书籍的形态设计，并调动人们对于概念书籍的阅读激情。

（2）概念书籍设计的秩序美。贡布里希在《秩序感》一书中说道："有机体在为生存而进行的斗争中发展了一种秩序感，这不仅因为它们的环境在总体上是有序的，而且因为知觉活动需要一个框架，以作为从规则中划分偏差的参照。"也就是说，秩序感是客观存在于艺术的各种形态之中的，而对于概念书籍而言，秩序感也广泛存在于概念书籍设计的方方面面，同时也对概念书籍的形态构成起到重要的作用。尤为凸显秩序感的便是概念书籍中的版式设计，书籍版式的秩序感体现在图文、色彩及空间的排列组合上，这种排列组合可以是遵循一定的有序规律排列，也可以追随不断变化的运动规律排列。书籍版式的秩序感就是人为地适应和选择某种有机秩序的结果，根据书籍的功能特点决定了版式设计的秩序感具有规律性和平衡感的美感表征。也就是说，对于概念书籍设计，书籍设计者应根据概念书籍内容与形式的异同，对设计元素进行理性的排列、组合，从而形成一种元素丰富、层次分明、富有秩序感的表现形式，进而传达出概念书籍内容的精神内涵，并引起读者的精神共鸣。

（3）概念书籍设计的意识美。随着知识经济的到来以及人们审美水平的不断提高，人们对文化意识这一精神层面的要求也呼之欲出。因此，人们越来越注重概念书籍所传达出的文化内涵、艺术品位及其内在的文化意识。那么，概念书籍作为一种精神的载体，一种文化的传达形式，就必须深化其文化意识。概念书籍的意识美作为一种设计者与读者及书籍的交融方式，必须对读者的审美意识进行全面的考究，才能全面地传达书籍内容的思想内涵，引起读者的共鸣。如我国香港设计师黄炳培的概念书籍作品《无处不在的红白蓝》，它是一系列以全中国百姓最常用的日常生活用品红白蓝编织袋为题材和原料来展现一种"香港精神"，传达那是香港人存在、参与、耕耘、付出的红白蓝，强化主题内容真实的近距离感受，使人们感同身受，与概念书籍产生一种思想上的共鸣（图 5-29）。

（a）

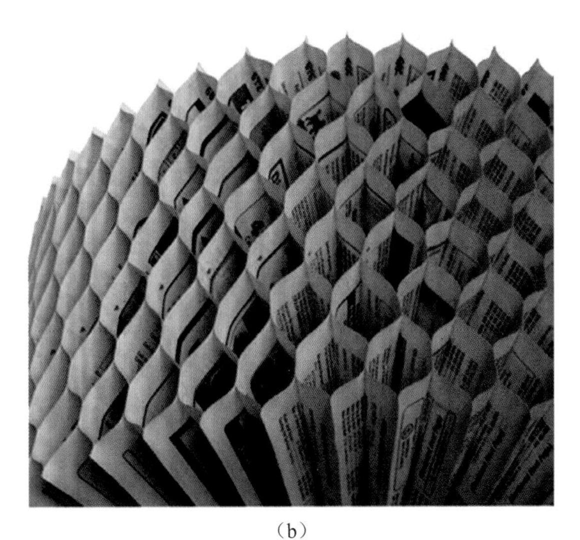

（b）

图 5-29 概念书籍时空之创新

（a）示意一；（b）示意二

书籍作为信息文化传播的媒介之一，同时也是知识和思想的重要载体。概念书籍的设计，恰恰就是对信息传播的方式进行设计。设计者不仅要对书籍形态和相关设计元素进行全面的思考，还要对书籍的内容进行双重设计。为设计师提供更宽阔的渠道，更好、更直接地去表达、挖掘、延伸书籍的灵魂，为读者提供一次视觉、触觉、听觉上的深刻体验。

三、设计方法

1. 更新观点打破常规

首先要转变学生对书籍的理解，从“静态”转为“动态”，引导学生打破传统的单一的设计思维模式，进入一个动态、时空的思维训练并从抽象的理性理解上去整体地理解设计对象。读者与书通过手的触感、目的观感，以及上下左右、由内及外的一个动态的过程中与书籍沟通产生交流和互动。整个阅读是空间与时间的过程，所以书籍是驾驭时空的能动的生命体。使学生理解人与书的关系是动态的，书籍的整体美也产生于动态，学生便产生新的感悟，会从一个新的角度去理解人对书籍的一个感知过程，设计观点也会产生独特的创新思维。

2. 多元思维模式训练

从“单一”转为“多元”的训练来引导学生从思维方式上实行创新设计，在教学中可采取以下方式训练：

（1）可从设计题材出发实行思维训练。设计既来源于生活又高于生活。概念书籍是极具有前瞻性的设计，所以在概念书籍设计的教学中启发学生留意生活点滴，从设计题材提出概念，加以提炼和整合，并添加无限的创意。课题练习确定一个主题后，引导学生设计多个方案，从多角度、多方面来思考，打破传统单纯套路方式，发现创新的视觉艺术形态表现书籍的内容思想。通过训练培养学生思维的灵活性、敏捷性。通过以小组为单位，来分组创意，每一组做一套方案，完成创意报告后以小组代表陈述、学生互评、教师总评的方式来提升学生思维的积极性和主动性，并且有利于开阔学生思维的宽度。在概念书籍设计时，既要鼓励学生大胆展开丰富的想象力，同时也要做到严谨、可行性。在创意思维上能够鼓励单纯地注重艺术美感的表达方式，不拘于条条框框，但要强调设计立足于未来书籍的发展趋势，不能盲目跟风。从主题内容所产生的理性结构中，引申出创意思维，把握功能性与美学的关系。引导学生站在时代前沿，以独特的、新颖的构思理念，来思考、探索，找到书籍创新概念与大众需求之间的切入点。

（2）从材料出发实行探索。概念书籍中材料的巧妙使用是获得全新感受、强化设计创意、提升设计表现效果的重要因素。不同的材料具有不同的个性特征，给读者带来迥然不同的视觉和触感，以及不同的情感体验。通过培养学生积极主动地去接触材料，理解和把握材料的本质属性，发掘材料潜在的价值、功能，从而启迪学生充分发挥创造精神和想象力。所以在概念书籍的教学中，从材料来启发创新思维可采用以下训练：从材料角度实行构思，实行联想的训练，比如通过布、木片、玻璃、金属等多种材料触觉质感、视觉质感的比较，表达出素朴、繁华、简约、怀旧等艺术效果。使学生善于发现、体现和利用材质美，把设计与材料表现融为一体，以及尝试不同材质的多样化组合效果上的统一与对比。在概念书籍设计的教学实践中，要求学生扩展材料的选择范围，收集多类别材料，鼓励其在设计时大胆实行实验，在应用中善于把握每种材料的特征，使之达到表达概念书籍不同的个性化效果，提升书的整体情趣和品位，从而使学生通过训练获得更丰富的思维灵感。

（3）从形式上探索。教师要有意识地引导学生勇于打破固有书籍设计框架，尝试从其他角度来探索书籍的形式可能性：构成元素、规格大小、材质、空间构造、阅读方式以及“五感”等都是书籍创新的要素。概念书籍的形态与读者能产生一个互动、交流的过程，通过书籍各设计元素的感受从而转化为一种情感上的反应。所以在概念书籍设计的教学过程中要启发学生以书籍的思想内涵及内容为基础，用多种角度思考：探索概念书籍能够是奇异的形态，能够是多种设计语言的综合，能够是以一种更新的阅读方式来阅读。

概念书籍设计不仅改变了人们对传统书籍的审美和阅读习惯，还改变了对书籍的形态认知。概念书籍的创新设计是对传统的思维方式进行的挑战，肯定会在初级阶段受到各种非议。法国艺术家马歇尔·杜尚就因“艺术品”的概念化被质疑，受到很多人的强烈批评，但是正是他的这种思维方式影响了一代人。也许现在可以接受概念书籍设计的人还不是很多，但是我们应该知道，这种探索对书籍设计的发展会有很大的突破。随着人们的审美意识和知识的提升，就像其他领域中的概念事物一样，越来越多的人会逐渐接受这种概念书籍。概念书籍设计师也会探索更多的艺术语言来适应人们日益丰富的审美意识和阅读需求。

《沂蒙田野实践》是一套非常有趣的图画书组合，其是在作者与 9 名大学生到沂蒙山区同 22 个孩子共同创作的作品基础上，重新编制的绘本组合（图 5-30）。作者打破一般图画书的规则，让孩子们通过涂鸦、绘画、拼贴等方式尽情发挥天性，在自由的游戏中创作。在该书中，无论是蘑菇、石头世界，还是自画像、名作摹写，它们稚拙的图、纯真的色，都激发了读者的想象。该书的设计由多种形态载体汇聚而成，以展现一种亲身前往田野考察的意境。该书在图文中灌入盲文和 UV 起鼓图形，以便于盲人读者触摸阅读。该书设计构思新颖，表现风格独特且充满童趣，透露出一股大自然的气息，是一本探索少儿美育教育的好书。

概念书籍的特征主要表现在材质工艺、外部形态、表现技法三个方面。概念书籍所能使用的材质新颖、独特、多样，任何和主题概念相关的材料都可以应用到书籍装帧设计上。因此，概念书籍是被视觉化的作品，其材料结构就是它的内容。阅读这类视觉性的概念书籍能唤起读者对材料、结构的感知力。

概念书籍的外部形态不同于传统书籍，外部形态的创新、突破是概念书籍最典型的特征。概念书籍的外观形态往往打破传统书籍的六面体形态，圆形、多边形、立体形态可以在视觉上带来新鲜感，增加趣味性。书籍形态的创新不能仅仅停留在表现、外型，而应更多地从书籍的内涵出发，做到形式与内涵的完美统一。

（a）

（b）

图 5-30 《沂蒙田野实践》设计
（a）示意一；（b）示意二

思/考/与/实/践

1. 调研实践

收集生活中的材料，探索书籍创新形式。如吃完的食品包装、不穿的衣物、剪下的标签、掉落的树叶、花瓣等。

实训目标：

增加日常生活积累及提升对事物敏锐的观察力和思维能力。

2. 项目实践

设计制作一本关于“我的校园生活”的书籍。

要求：

（1）围绕校园生活展开书籍设计，内容自选。充分发挥大脑思维的想象力，设计一本关于“我”的校园生活的“小百科”。

（2）书籍设计强调趣味性和积极向上的校园生活。

（3）在设计主题的指导下，进行有创新性的书籍设计。打破常规，新颖独特，可从开本、版式、材料、印刷及装订方式上突破传统，寻找符合主题的设计风格和形式。

实训目标：

通过熟悉的校园生活挖掘想象力和发散性思维，能够从日常生活的小事儿中发现生活的美好。通过实际设计制作整体考虑书籍形态、材料、工艺的结合和创新，并能够完成书籍的手工装订制作，锻炼动手能力和实操能力。

参考文献

[1] 李淑琴，吴华堂 . 书籍设计 [M]. 北京：中国青年出版社，2010.

[2] 黄彦 . 现代书籍设计 [M]. 北京：化学工业出版社，2019.

[3] 邓中和 . 书籍装帧创意设计 [M]. 北京：中国青年出版社，2004.

[4] 余秉楠 . 书籍设计 [M]. 哈尔滨：黑龙江美术出版社，2005.

[5] [英] 安德鲁 · 哈斯拉姆 . 书籍设计 [M]. 王思楠，译 . 上海：上海人民美术出版社，2020.

[6] 王受之 . 世界平面设计史 [M]. 2 版 . 北京：中国青年出版社，2018.

[7] [英] 夏洛特 · 里弗斯 . 优设计：书籍创意装帧设计 [M]. 苑蓉，译 . 北京：电子工业出版社，2011.

[8] [日] 原研哉 . 设计中的设计 [M]. 朱锷，译 . 济南：山东人民出版社，2006.

[9] 荆世鹏 . 书籍设计 [M]. 镇江：江苏大学出版社，2021.

[10] [美] 金伯利 · 伊拉姆 . 网格系统与版式设计 [M]. 王昊，译 . 上海：上海人民美术出版社，2013.

[11] 杨永德 . 中国古代书籍装帧 [M]. 北京：人民美术出版社，2006.

[12] 杨敏 . 版式设计 [M]. 3 版 . 重庆：西南师范大学出版社，2009.

[13] “最美的书”，https://www.beautyofbooks.cn/web/.